[法]让－吕克·勒布伦 Jean-luc Lebrun
[法]贾斯廷·勒布伦 Justin Lebrun
王嘉义　译

著

Scientific Writing 3.0
A Reader And Writer's Guide

如何写出
期刊欢迎的科技论文

让你的论文脱颖而出，
吸引编辑、审稿人和其他研究者

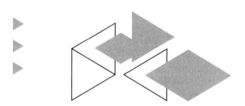

世界图书出版公司
北京　广州　上海　西安

图书在版编目（CIP）数据

如何写出期刊欢迎的科技论文 /（法）让-吕克·勒布伦，（法）贾斯廷·勒布伦著；王嘉义译 . — 北京：世界图书出版有限公司北京分公司，2024.8
ISBN 978-7-5232-1271-4

I. ①如… II. ①让… ②贾… ③王… III. ①科学技术-论文-写作 IV. ① G301

中国国家版本馆 CIP 数据核字（2024）第 077587 号

书　　名	如何写出期刊欢迎的科技论文	
	RUHE XIECHU QIKAN HUANYING DE KEJI LUNWEN	
著　　者	［法］让-吕克·勒布伦　　［法］贾斯廷·勒布伦	
译　　者	王嘉义	
责任编辑	程　曦	
特约编辑	吕梦阳	
特约策划	巴别塔文化	
出版发行	世界图书出版有限公司北京分公司	
地　　址	北京市东城区朝内大街 137 号	
邮　　编	100010	
电　　话	010-64038355（发行）　　64033507（总编室）	
网　　址	http://www.wpcbj.com.cn	
邮　　箱	wpcbjst@vip.163.com	
销　　售	各地新华书店	
印　　刷	天津光之彩印刷有限公司	
开　　本	880mm×1230mm　1/32	
印　　张	13	
字　　数	277 千字	
版　　次	2024 年 8 月第 1 版	
印　　次	2024 年 8 月第 1 次印刷	
版权登记	01-2023-5688	
国际书号	ISBN 978-7-5232-1271-4	
定　　价	79.00 元	

如有质量或印装问题，请拨打售后服务电话 010-82838515

前　言

你是一名科学家，通过数年自学，提高了你的科研技能。多年来，你不断完善新技术和新方法，不断收集、归纳数据，以及不断适应新的挑战。在实验室、图书馆或家中的电脑前度过的每一个小时，都拓展了你在本领域的知识和能力。凭借奉献精神、持之以恒和偶尔的失败，你发现了一些新东西——一些世界上未知的东西。尽管你只是稍稍突破了科学的界限，但是你可以有理由说，在你的领域内，你是世界级的专家之一——也可能是唯一的专家。成为世界上唯一的专家有什么好处呢？独自一人，无法凭一己之力承担科学进步的重担。所以你打开笔帽（或拿出键盘），开始给其他科学家写一封信（你的论文）。

这里面有一个问题。摆在你面前的这项任务——写作，不是通过研究就能完成的。你可能会感到畏惧，毕竟，你可能从未接受过专门的培训，无法面对通过学术期刊与同行进行交流所带来的诸多挑战。

在此关头，你有两条选择路径。第一条路径是最多人走过的路：你不认为自己缺乏写作方面的专业知识。毕竟，在你受教育的过程中，你不是已经写了几十万字了吗？你不是已经在本科、硕士和博士期间发表了几篇论文吗？如果你确实缺乏专业知识，但你的面前不是有成百上千的学术期刊、论文中的海量实例，供你研究、学习和模仿吗？或者说，你是不是个伟大的作家又有什么关系呢？你选择的是科学，又不是文学。

第二条路径是少有人走的路：你想获得写作方面的专业知识，成为一名更好的传播者，以增加你发表论文的机会。这才是你拿起这本书时应该考虑的路径。

如果我们告诉你，两条路径都通往同一个目的地，你是否会感到惊讶？一条路径蜿蜒曲折，穿过隐喻的迷雾、河流和荆棘，路途需要耗费数年，并且充斥着论文拒稿信和写作上的困难。最后，你可能已经掌握了多方面的写作技能，但是就个人而言，你付出了多少代价？而另一条路径就短得多。这是一道陡峭的崖壁，需要数周时间攀至顶峰。但是，在顶峰，你可以清楚地俯瞰那些荆棘、河流和迷雾……然后径直从上方越过去。①

本书是你通往山顶的路线图。阅读并且练习书中推荐的技巧，就像是在攀登陡峭的崖壁。你需要绷紧智力的肌肉，不是夸夸其谈（walk the talk），而是锻炼思维（walk the thought），通过我们特别制定的练习付诸实践。你甚至可能会感到阵阵痛苦，但这条路径值得一试。

一生中，你可以选择掌握许多技能。有些技能（如更换汽车轮胎）会在非常特定的情况下有所帮助，而另一些（如游泳）则会在更广泛的情况下有用。但是，某些特定的技能会影响你生活的方方面面，如果不掌握它们，那真是太过粗心大意了。写作就

---

① 这话并非空口无凭，我们从一位资深科学家那里听到了这样的反馈，他表达了在职业生涯中没有早点读到这本书的遗憾。

是其中之一。

　　现在，你手上拿着的这本书，与我们最初在2007年或2011年的版本中提出的路线图有所不同，现在这本书是第三版——乃是我们从不断更新的对读者与作者的思想的研究中得出的第三部编年史。书中已经更新了新的例子、新的故事和新的发现。本书的最初版本侧重于写作技巧，第三版在此基础上还讨论了作者对读者的态度、发表论文的策略、可读性的客观衡量标准，以及主要的科技写作风格，包括其特征和缺陷。

　　你正在正确的路径上——那就迈出第一步吧。

目录

第一部分

——

阅读工具包

这个标题可能会让人联想到一个学生的文具盒，里面有一些精心挑选的有助于阅读的物品：一副眼镜，以更清晰地阅读脚注和公式；一个书签，以在我们记忆衰退时有所帮助；一袋白毫茶，以提高我们的注意力；一个LED手电筒，以断电时让我们在黑暗中继续阅读。然而，我心目中的阅读工具包充满了无形的资源：时间、记忆力、精力、注意力和动力。一个熟练的作者会利用这个工具包来最大限度地减少读者阅读所需的时间、记忆力和精力，同时保持他们的注意力和积极性。

第一章

作者还是读者，是个态度问题

在本书的开头，请让我问你一个颇有些令人诧异的问题：你是谁，是读者还是作者？

正在**阅读**这本书的你，一定是个读者。

而你正在阅读**这本书**，所以你一定是个作者。

准确说来，作为一名科研人员，你既是读者，又是作者。你阅读学术期刊上发表的论文，以加深你对某领域的认知，了解最近的进展和突破，甚至从现有的研究方案中借鉴几个步骤。有时候，你阅读科技论文只是出于好奇，但绝不会是为了好玩儿。作为读者，你带着一定的目的，需要被满足；而作为一名科研写作者，你写论文也不是为了好玩儿。那么，你为什么要写？

请允许我向你介绍一位科研写作者——约翰，作为科研写作者原型。

约翰喜欢做研究，他希望自己的工作得到认可，有朝一日，能作为课题组长（principle investigator, PI）①带领自己的团队。更紧迫的是，他的老板要求他完成一些科研关键绩效指标（key

---

① 科研机构一般是课题组制，负责维持课题组的组长即PI。——译者注

performance indicator, KPI），包括每年要在高水平期刊上发表一定数量的论文。因此，约翰在准备他的论文时，会考虑以下几点："我已完成了研究，现在我需要将我所做的事写下来，这样我的工作就有了白纸黑字的明证，再通过他人的引用正式被认可，并帮助我完成科研关键绩效指标。"

从表面上看，约翰的思路看似合理，但深入研究起来，会暴露出几个严重的问题。阅读至此，请暂停一分钟，试着找出在约翰的想法中，关键问题出在哪里。

......

都想好了吗？希望你已经找到了主要症结：约翰只关心自己，以及关心自己的需求。他希望记录下自己的工作，希望被认可，希望完成他的科研关键绩效指标。为了实现这些自利的目标，他才想要写一篇论文。他的目标**以作者为中心，而非以读者为中心，而这种态度，会为他的写作带来明显的缺陷。**

我为什么要写这篇论文

约翰的缺陷是什么，以及这些缺陷是如何产生的？在我们进一步思考这些问题之前，要先将其余的一切放在一边，先回答指导他写作的这个最基本的问题。

作为一名科研人员，约翰必须写科技论文。但是，为什么呢？

因为他需要完成科研关键绩效指标才能保住工作。**但还是那句话，为什么呢？**

因为当他的研究工作在学术期刊上发表之后，其他科学家就可以利用其来推进自己的研究。这样一来，他就为科学界创造了无可争议的价值，而这才应当是约翰作为科研人员的终极意义。他以此为业，并非是因为他喜欢冲击科研关键绩效指标的挑战——之所以投身科研事业，是因为他对拓展科学的疆界有着根本的兴趣，想要对人类现有的知识做出独一无二的贡献。

以作者为中心的路径，使约翰处于金字塔的底端，并且使他只想提升到较高一级的层次，体现在下图中，这属于混淆了短期目标（objective）和长远目的（goal），是一种短视行为。

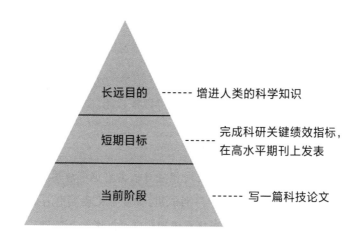

你花费在研究上的时间越长，就越容易关注眼前的得失，从而忽略了大局。**写作不是为了在学术界谋生，而是为了让他人有所收获**。这种态度上的细微变化，虽然看似并不重要，但可以预防在写作中出现明显缺陷。这些缺陷将在下文详细叙述。

清晰的错觉

如果你是所在领域的专家，那么写作就应当毫不费力，不是吗？毕竟，你有相关知识，需要做的不过就是"写你所想"。

但事实真有这么简单吗？请阅读以下段落，这段文字由一篇摘要修改而来①。

> 已知肠道菌群的变化对宿主代谢具有调节作用，这些变化已经在GEMM中得到证明，但在野生类型中尚未得到证明。目前的研究旨在调查非同源菌株是否揭示了与初始研究相似的发现。

在你看来，这段话表达清楚了吗？答案可能是"是"或"否"。这取决于你，也就是这段话的读者，以及你对这个领域和其中专属词汇的熟悉程度。尽管对于大多数生物学家来说，这段文字可以称得上"清楚"，但对于其余的专家学者，比如水力学专家来说，可能就不那么"清楚"了。"清楚"这个词太过笼统，这是个形容词，而形容词中的大多数都是主观的。对于你而言清楚明白，对于我而言就不那么清楚，反之亦然。

---

① 对这段话不必过于上心！其中并不包含任何真实的科学，只供解释说明之用。——原注（后文若无特别说明，皆为原注）

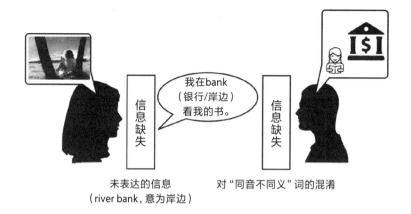

未表达的信息
（river bank，意为岸边）　　　　对"同音不同义"词的混淆

不要仅仅因为你认为文章清楚，就假定读者能清楚地读懂你的文章。

事实上，随着时间的推移，甚至有可能作者都不清楚自己的文章了！

现在是星期五晚上，你刚刚写完一个颇有挑战性的专业段落，对自己说："尽管花了些功夫，但我很高兴，终于能够将我的想法表达清楚了！"但是，下周一早上，当你回到办公桌前，重新阅读那个"清楚"的段落时，你发现它非常难以理解。到底发生了什么？

因为文本自身即便过了个周末也不会有所改变，所以一定是你变了。周五晚上，你以作者的身份阅读：任何理解文本所需要的知识或背景，都在你的脑海中记忆犹新，填补了理解上的空白。但是，在接下来的几天里，随着时间的流逝，并且你从想要表达的内容中抽离了出来，清空了脑子里的缓存，因此在周一早上，你以读者的身份阅读。

在写作时考虑读者[①]，会让你的写作更清晰、更易懂——这是

---

① Lebrun, Jean-luc. *Think Reader—Writing by Design: Reader-based techniques to improve your writing.* Scientific Reach, 2019, https://www.amazon.com/THINK-READER-WritingReader-based-techniques/dp/173389750X

审稿人和编辑非常看重的论文的两种品质。考虑读者并不像人们想象的那样无私。通过帮助读者理解你的论文，你节约了读者的时间，避免让读者感到挫败，提高了读者的满意度。所有这些都会让读者更有可能使用、分享并引用你的文章。

"别人怎么对你，你就怎么对别人"的反向操作

具有讽刺意味的是，我们发现，在阅读大多数科技文献的时候，我们都会感到难受。但是，当轮到我们写论文的时候，我们却也延续了同样令人难受的写作风格。我们不喜欢过多的数据，但在自己的论文中，却充斥着数据；我们不喜欢在文档中四处搜索首字母缩写词的含义，但是在我们自己的论文中却毫不吝啬地使用缩写词。我们不愿去读那些作者写出的文章，那么为什么我们就一定要像他们一样写作呢？

有些科研人员使用稠密的语句和令人生畏的词汇，他们认为，只有通过这种写作方式，才能体现出在期刊发表所必需的专业水平和复杂程度。"复杂性不可避免，也是科学所必需的，"他们说道，"如果科学的复杂性让交流变得困难，也只能这样了。"

然而，这些科学家常被证明是错误的。荣获诺贝尔奖的科学家，可以用最通俗易懂的方式表达最复杂的话题，这已经有了很多精彩的例子。复杂性在读者与作者之间形成了一道鸿沟，并且这道鸿沟时常让人觉得难以跨越。这道鸿沟之上，需要一座桥梁。唉，作者却时常依赖他们的读者来建造这座桥梁。

这番话虽然可能有些刺耳，但很难被否认。在目前情况下，仍然欠缺指导科研人员如何撰写科技文章的正式培训，许多人转向已发表的期刊论文，以寻找优秀的写作范例。虽说通过范例学习

写作值得尝试，但是当优秀的范例被一众拙劣的论文淹没时，又怎么能学好呢？我们难道不应该努力提高科技写作的标准吗？毕竟，你拿起这本书，并不是为了成为一名平庸的科学传播者，而是为了成为一个优秀的模范。黄金法则：**想让别人怎么对你，你就怎么对别人。**以读者为中心才是正确的态度。

（更）正确的态度

现在，你已经知道以作者为中心的态度不可取，那就让我们来谈谈采取以读者为中心的心态到底意味着什么。不幸的是，你很少有机会直视读者的眼睛，并告诉他们：你关心他们和他们的阅读体验。但你可以通过清晰明了、带有目的的写作，在力所能及的范围内关心他们。你这么要求自己，是为了什么？只需要在下面画线的空白处签上你的名字就知道了。

　　你好，读者，我是_____。我希望你能直接从我的工作中受益，由此向前迈进，并取得成功。我想让我的工作激励你，成为点燃你新的研究思想的火花，开辟新的研究路径。

　　我知道，阅读文献并非主要目的，你的时间非常宝贵，我希望通过组织我的写作，让你迅速找到需要的信息，从而节省你的时间。我会简明扼要，会用一种让语句流入你的头脑的方式来写作，正如大河入海——没有漩涡，没有瀑布，没有礁石，没有潜流。我不会编造误导性的标题和无法兑现的承诺来浪费你的时间。我想给你展示足够的细节，从而能够让你重现我的工作。我不希望误导你，因此我不会编造数据，也不会修改图像，更不会筛选p值。

同样，我将尽我所能，使我的行文清晰明了，通过预测你知识上的空白，来避免表达上的晦涩。我将尽我所能地与你同行，而不是与你分道扬镳。我想要在我预见到学起来会有困难的地方引导你。我想写得清楚明白，不仅是让你觉得"我懂了"，还要明确避免任何误解和歧义。这就是我希望达到的清楚程度，尽管我知道我会在这里或那里失败。

亲爱的读者，我很感激你在这么多等待你关注的论文之中选择阅读我的论文。既然我已经引起了你的注意，我就会将其紧紧抓住，不让你分神，不会在琐碎的事情上过度纠缠，我会直接将其引导至真正重要，并且也应该是你最感兴趣的内容上。

我知道，通过帮你实现你的研究目标，才会让我的研究因你的引用而得到证明。简而言之，亲爱的读者，如果没有你，我将不复存在。我会开辟一条前进的道路，只有当你走在上面时，这条路才有价值。

第二章

策略性写作

身高、技巧、敏捷，这些都是优秀篮球运动员所必需的素质。但是，要想成为一名伟大的篮球运动员，不仅需要技巧和出色的身体素质，更需要掌握比赛规则和打法，以及了解对方球队的打法。换句话说，这需要策略。

你可能生来就有写作的天赋，但是，发表研究成果不仅仅是写得好这么简单。你需要理解，你的文章是一种产品，这种产品必须有吸引力、有销路，并且置于适当的类别。你需要了解消费者/读者的需求和预期，并且知道如何满足他们。你需要建立信任，从而让你的读者不仅喜欢你的文章，而且认为你的研究是可信的。当然，你还需要考虑读者中最为苛刻的人——编辑和审稿人。

科技论文：智力产品

你的科技论文是一种产品，在生产的过程中，需要花费一定的时间和精力，读者会通过阅读的方式来消费它。消费食物可以产生能量，消费论文则可以产生知识。但是，正如将一种新食物送入消费者口中那样，将新的知识送入学习者的头脑中也是一种挑战。

下面的表格中有两种描述：一种关于食品，另一种关于科技论文。如果你想按顺序阅读这两种描述，请先从上到下阅读左边的栏目，然后再从上到下阅读右边的栏目。如果你想同时阅读这两种描述，就请从左到右阅读。

想象一下，你发明了一种新的早餐麦片，这种麦片与市场上的其他类型的麦片都不一样。每片麦片既不是薄片也不是小圆环，而是1到9之间的任一个数字，或者一种数学运算符号：＋、－、×或÷。你希望，在孩子们用勺子将麦片舀入碗中的时候，这种麦片可以鼓励他们练习简单的数学运算。	想象一下，你是一篇新科技论文的作者，论文的内容对现有的科学文献具有创新性贡献。
在你享用自己发明的麦片的时候，你更希望与别人分享。所以，你意识到，为了将这一产品卖出去，你需要将其摆在商店的货架上。	虽然你为桌面上的PDF文件感到自豪，但你更愿意让其他科研人员有机会读到它。你意识到，为了让其他人能下载这篇论文，你必须将其发表在即将出版的学术期刊上。
你会选择哪家商店呢？你会尝试让自己的产品在家乐福或者全食超市这样的大型经销商的货架上销售吗？还是说，你应该争取让你的产品在规模较小，但更专业的商店里销售？这些商店的顾客见多识广，他们更能感受到你产品中的闪光点。	你会选择哪本期刊呢？你会尝试让你的论文发表在《科学》(Science)或《自然》(Nature)这样影响力高的期刊上吗？或者，你应该争取将其发表在较为小众，但更专业的期刊上，你感觉这类期刊的读者会是你研究成果的直接受众。

续 表

你会如何说服一家商店选择你的产品,将其陈列在他们的货架上?你必须说服他们,让他们相信你的产品会让他们和他们的客户受益(被他们的客户看中并付钱购买,从而让他们赢利)。	你会如何说服一本期刊发表你的论文?你必须说服编辑,让他们相信你的文章会让他们和他们的读者受益(被他们的读者重视并引用,从而增加期刊的影响因子,以及其他间接益处)。
该如何做才能说服他们呢?你必须与店主见面,向他们展示你的产品,并论证为什么你认为它有价值,以及给出他们的客户群体会购买你产品的理由。	该如何做才能说服他们呢?你必须把稿件提交给编辑,并在投稿信中论证你为什么认为该期刊的读者会对你的研究成果感兴趣。
但你不会只是从口袋里拿出一把麦片给店主看,对吧?你要展示的是一个包装——一个设计精美的纸盒。盒子的正面是你的产品名称,背面是一些文字,简洁地描述了里面装着的数学麦片的价值和独特之处。	但你不会只提交稿件供人审阅,对吧?你必须为稿件起一个标题,写一段摘要,从而快速且准确地概括出其中的成果有何价值、有何创新性。
当店主将你设计精美的包装盒拿在手中的时候,他们会迫不及待将其摆上货架吗?还没到时候!尽管他们可能已经从外包装上充分了解了产品的价值,但他们并不具备专业知识,不能辨别该产品在销售过程中是否符合食品安全。在做出任何关乎是否进货的决定之前,他们需要将该产品送检,以保证质量、测试口感。	当编辑拿到你的题目、摘要和论文时,他们会迫不及待地将其发表在期刊上吗?还没到时候!尽管他们可能已经从投稿信、题目和摘要中,充分了解了论文的价值,但是他们并不总是具备相关的专业知识,并不总能鉴别研究方法是否合理、讨论是否扎实。在做出任何关乎是否发表的决定之前,他们需要将这篇论文发给同行评议。
如果专家认为该麦片值得购买,店主才可能做出是否将该产品摆上他们的货架的最终决定。	如果审稿人认可该论文的价值,编辑才能做出是否发表的最终决定。

续 表

商店会不会为你的产品做广告？在短时间内，当然会。他们可能会张贴海报，或在醒目处陈列产品，但持续时间不过数周而已。一旦过了这段时间，你的麦片将不再被积极推广。	期刊会不会为你的论文做广告？在短时间内，当然会。他们可能会在有限时间内，向你指定的有限数量的人提供对你论文的免费访问权限。或者，他们可能会在社论中介绍你的论文（这能提高关注度并提高他们的影响因子[①]）。一旦过了这段时间，你的论文将不再被积极推广。
在货架上，你的产品是否得到了特别的优待？并没有，它只不过是和其他的麦片放在一起，作为消费者在浏览商品时走过的货架墙的一部分。因此，通过包装让产品脱颖而出，吸引消费者的注意力，这一点非常重要。消费者不必为阅读包装花钱，他们不过是为了食用产品。	一旦发表，你的论文会得到特别的优待吗？并不会，它只会成为当用户检索与你工作相关的关键字时，谷歌学术等搜索引擎检索到的论文题目列表中的一个。因此，突出题目和摘要，引起读者的注意，这一点非常重要。读者不必为阅读题目和摘要花钱，他们只需要下载完整的论文即可。

我们已揭示出物质产品和智力产品之间存在许多相似之处。要想成为一名成功的作者，你不仅要逐渐加深对论文写作过程的了解，还要了解论文被推广、被消费的整个生态系统，这一点至关重要。但仅仅了解还不够——你必须知道如何利用这种了解为自己获得利益，关于这一点，我们将在本章的其余部分详细说明。

---

① 论文对期刊影响因子的影响，计算期限是从论文出版之日起的3年内。3年后，即使论文的引用次数继续增长，期刊的影响因子也保持不变。

产品保质期

如果你希望避免消化系统损伤，检查食物的保质期总是个好主意。但是，由于智力产品是由大脑而非肠道消费，那么智力产品有可能过期吗？你的精神会遭到损伤吗？

智力产品的过期方式，与扑热息痛的过期方式相差无几。不会立刻导致危险的结果，但其效用会越来越差，最后不再有任何帮助。你的科学贡献只有在首次发表时才是新颖的，才能为你的读者提供新的可能性。随着时间的推移，随着你的成功被纳入实践或者已成为未来研究的一部分，科学贡献的创新性便会逐渐消失，以至于其他人不再需要参考原始论文。因此，或许我们不应该说论文有一个有效期，而是应该说，论文有最佳赏味期。对于一篇科技论文来说，这个期限有多长？这取决于该领域的发展速度[1]，但一般是几个年头[2]。

期刊对推广你的论文很感兴趣，但是它们将最佳赏味期当作最后期限。在头三年，任何的期刊推广都会对你有所助益，同时也会提升它们的影响因子。此后，推广就结束了。但是，如果一篇论文不再能帮助期刊提升影响因子，就不对其进行推广，这合适吗？毕竟，论文是为读者而写的，不是为期刊而写的，如果人们认为一篇论文在三年之后就会对所有读者失去价值，那就太可笑了。图2.1是某位作者的文章引用次数增长可能的趋势图。

---

[1]　比如，物理学发展较慢，生物化学发展较快。

[2]　不同类型的论文也有不同的最佳赏味期。比如，综述论文的期限相对较长，因为其目的不仅是突出创新性，也是作为该领域研究人员的首选参考资料。

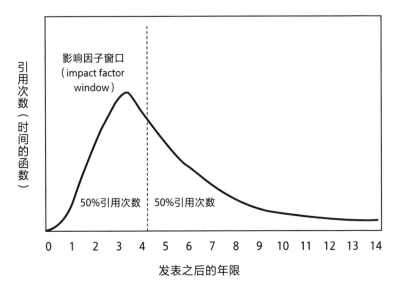

图2.1

　　如你所见，最初在新奇效应和期刊推广的双重作用下，论文的引用次数飙升。之后，新的引用次数在所谓的长尾效应中慢慢减少。与之前发表的论文引用量逐渐积累相比，你的新近工作被人引用肯定更令人兴奋。但是，对之前论文的引用仍具有同等的价值。就个人而言，你并不需要考虑3年的影响因子窗口期。每一次引用，无论是对你新发表的文章还是过去成果的引用，都是一种货币，将为你获得资助、评上终身教职铺平道路。有些读者第一次偶然发现了你之前的论文，从中看到了真正的价值，想一想他们吧。对这些读者来说，这不是一篇旧论文——这是篇新论文，包含让他们验证自己的想法或证明自己的方法是否正确的新知识。你该如何鼓励这些读者持续关注你的工作？难道你只是希望几年之后，他们通过关键词检索才再次偶然发现你的论文？

　　作为智力产品的生产者，你必须对其传播负责。把它交给期刊是正确的路径，但那些期刊并不关心你的研究。如果你不宣传自己的研究成果，那么不会有其他人能如此热情而有效地宣传它们。可能你并没有期刊的影响力，也没有读者群。但是，你与自己所在的领域中的其他人有更多的直接关系。其中包括你引用过的论文、参考过的研究的作者。千万不要浪费你的人脉。

如果你引用了一篇论文，这篇论文的作者很可能会去看你的论文（我就是这样）。如果他们在你的研究中发现了他们在未来的论文中可以引用的东西，那么你的研究就会被引用。这是提升未来引用数量的最直接途径。因此，在选择要引用的论文时，你需要非常认真地挑选——换句话说，你想被谁引用，就引用谁。引用是一种奖励，而奖励不会被忽视。

利用社交媒体宣传？

在澳大利亚旅行途中，我发现了一桩有趣的事情：如果科学家能够有效利用社交媒体来宣传他们的工作，将会获得巨大的力量。澳大利亚国立大学的一位研究人员出于好奇，想要衡量一下在推特上发布她的论文会对引用次数产生多大影响。这是一篇超过了3年影响因子窗口期的旧文章，倘若将这篇论文置于图2.1之中，应当位于峰值之后的下降曲线上。在她将这篇论文发布在推特上之后，她惊喜地发现，论文的引用次数显著增加——回到了之前的峰值。对于一篇论文来说，这就是一条推文的威力——**能大幅增加其被引用次数**。

当然，如果你拿着长期以来都不怎么活跃的推特账户，去发布以前发表的论文，你就别指望取得类似的效果了。那位研究人员的推特账号颇具影响力，因为她投入了相当多的时间和精力来运营，并在她的社交账号关注者中，建立了一个由同行和有潜在兴趣的读者所组成的网络。考虑到这样的网络会重复对她之后发表的每一篇论文都产生回报，我认为这种努力是非常值得的。

如果推特不是你的菜，那么还有其他的社交媒体平台可供选择（如果你追求的是被引用数量的最大化，那么你应该在所有主流平台上都拥有账号）。Researchgate[①]是学术界的社交媒体平台，你可以在上面宣传你的论文，与其他科学家相互联系，与你阅读过的论文的作者一起讨论，甚至可以得到关于谁在阅读或请求阅读你的作品的数据统计。创建或维护一个账号只需要很少的时间，21世纪的科学家没有理由不去做。在你着手去做的时候，在Academia[②]也上传一份个人资料吧，我发现这个网站和Researchgate一样有用，我在这两个平台上都会上传我的论文。

根据你的研究主题和其取得广泛关注的潜在可能性，你也可能对活跃在/r/science等Reddit论坛产生兴趣。请注意，这是一个比Researchgate更随意的网站，因此你的写作风格必须适应这一平台。Reddit论坛是科学家和科学爱好者闲聊并分享他们故事的地方——可不仅仅是谈正经事！尽可能不要把你的学术英语带进来，不要把自己当成一个写作者，而是要把自己当成一个对话者。如果你对自己最近的一项发现感到兴奋，并且你认为人们可能会好奇于它的应用，或者想知道细节，那么你随时都可以采取下一步行动，举办你自己的AMA（Ask Me Anything，问我任何事）。

建立一个网络并加以利用吧，你才是你的科学研究的最佳代言人，在研究推广的过程中发挥积极作用，将会让你自己从中获得益处，也会对整个科学界有益。

---

① www.researchgate.net
② www.academia.edu

利用预印本服务器/存储库将你的论文存档从而进行宣传

你也可以在同行评议或发表之前,将论文的其中一版在预印本服务器上存档。[①]这样做可以实现"先入为主",降低成果被别人抢先发表的概率,尤其是当同行评议持续很长时间,甚至可能超过一年的时候。这样做可以让你的论文有足够的曝光度,便于你尽早得到反馈。这种做法在物理科学(arXiv)中非常普遍,并且已扩展到新的领域(BioRxiv、ChemRxiv、PsyArXiv)。

期刊选择:订阅还是开放获取

你可能对科学出版领域中的开放获取(open access)运动有所耳闻。互联网上已经有大量关于其历史、模式和动机的信息,我们在此无须转述那些可以从维基百科上轻松访问的内容。因此,我们只关注基本的细节,以及作为一名寻求发表的写作者所关心的问题。

基于订阅的期刊("传统期刊")与开放获取期刊之间的关键区别在于费用、版权和声望。让我们先来看看费用和版权。

费用和版权

对于传统期刊来说,出版商支付与出版相关的所有费用:排版、编辑、印刷、发行等。作为交换,作者将版权授权给期刊,论文

---

① https://doi.org/10.3390/publications7020034 "Ten hot topics around scholarly publishing" (2019)

就被放在付费围墙之后。要访问该论文，潜在的读者必须支付相应的费用（按篇计费或按年订阅）。**在传统期刊上发表论文，对于作者来说是免费的，但对于读者和学术机构来说，却要支付昂贵的费用。**

在开放获取的出版模式中，作者支付一定费用，使论文对读者保持免费。费用从8美元到3900美元不等。读者可以免费访问论文，但作者保留对所发表材料的版权。**在开放获取的期刊上发表论文，对于读者来说是免费的，但对于作者来说成本很高。**

作为科学开放获取运动的支持者，我们认为，出版的重点应该以读者为中心。并非所有读者（甚至机构！）都有能力承担维持多个期刊订阅的不断增长的成本，从而紧跟他们研究领域的最新发展。此外，版面费很少由作者自掏腰包支付（略高于10%）[1]，聘用机构或资助机构通常会承担这一费用。如果研究人员无力支付，或者他们来自发展中国家，一些开放获取期刊甚至会减少或完全取消版面费。

让我们从数学角度来考虑这个问题。假设在一个非开放获取的订阅期刊上发表一篇论文需要900美元，并且，我们也假设每位读者下载该论文需要支付35美元。出版商需要多少读者才能达到收支平衡？

900美元/35美元=25.7，那么就是26个读者。如果该期刊有50位读者，那么就会有850美元[2]的收益。100位读者，就有2600美元。随着读者数量的增加，获取该论文所付出的总经济成本也**成倍增长。**

究竟是谁在为这些下载付费？是研究人员和研究机构，也就

---

① Dallmeier-Tiessen, S. et al. Preprint available at http://arxiv.org/abs/1101.5260 (2011).
② 50位读者×35美元，减去900美元的出版成本。

是科学界。这些销售利润又去了哪里？很少回馈到研究中，而是到了出版商的口袋。随着读者数量的增加，**科学界的财政负担也随之增加**。

相比之下，在开放获取的模式中，科学界财政负担是固定不变的，并不会随着读者数量的增加而增加。尽管作者会预先支付900美元并且永远不会收回这笔钱，但是，他们的付出将在有26位读者时，达到订阅期刊的收支平衡点。在有50位读者时，平均每次访问的成本已有效降低至18美元。随着读者人数的增加，初始成本保持不变，**科学界的财政负担就会随之减少**。

根据备受赞誉的开放获取期刊PLoS ONE的统计数据，平均每篇论文每年会有800次浏览。用3年的时间段来衡量，这意味着每篇论文平均会有2400次浏览。在传统的非开放获取期刊中，这相当于总支出为2400 × 35美元=8.4万美元，其利润全归出版商所有。在开放获取期刊中，科学界的集体成本始终保持在固定的900美元。根据获取论文的费用乘以读者数量的算法，科学界所付出的有效成本为900美元/2400=（每位读者）37美分。

当然，为了比较，这些计算经过了简化，没有考虑其他费用，也没有考虑订阅期刊的读者人数较少的事实（这本身就是个需要考虑的因素），更没有考虑许多研究人员的聘用机构支付了大量的机构订阅费，从而使人均费用打了折扣。[1]但事实是，订阅期刊所赚取的利润，其金额之大令人震惊。毫无疑问，科学出版界是一个庞大的营利性行业［该行业的收入超过了整个唱片业[2]（2011年，

---

[1] 2018年，加州大学的10个分校从爱思唯尔（Elsevier）下载论文"近100万次"，并为该项服务支付了1050万美元。即便是以每篇论文35美元折算，我们也可以粗略地算出每次下载的折后成本也需要大于10美元，远高于上述的37美分。

[2] https://www.theguardian.com/science/2017/jun/27/profitable-business-scientificpublishing-bad-for-science

190亿美元>148亿美元）〕。

关注度vs.引用量

你更应该关注什么，被阅读还是被引用？

2008年的一项随机对照试验[①]（随后在2010年得到确认）发现，在论文发表之后的第一年，开放获取的论文与其他论文相比，全文下载量增加了119%，PDF下载量增加了61%，独立访问者（即非重复访问者）增加了32%。然而，同一项研究还发现，开放获取期刊和订阅期刊之间的引用次数并没有显著差异。这意味着什么呢？康奈尔大学的研究员菲利普·M. 戴维斯（Philip M. Davis）在对这篇论文的回应中提出："开放获取出版的真正受益者可能不是科研界，很多时候是为产业界所用，而他们实际上很少为文献库添砖加瓦。"

这种说法值得注意，正如我们之前所说的，引用是作者的货币。虽然可能有许多人欣赏、学习甚至利用一篇科技论文中的发现，但是，只有那些随后在进一步的学术文献中记录下这种引用的人，才可以贡献引用次数。这些作者是否代表了期刊的全部读者？并非每个读者都是以"要么发表，要么毙稿"为口头禅的研究人员！引用只是对科学学术界做出贡献的一种可见方式——并不是对整个世界做出贡献。

声　望

在一个理想世界中，你对科学界的价值，是由你做出的科学贡

---

① https://doi.org/10.1136/bmj.a568

献的价值来衡量的——这种贡献极难量化。那些并不具备所需科学知识的管理者尤其难量化！因此，他们就依赖那些易于衡量的客观标准，如撰写的论文数量，或发表论文的期刊排名。传统期刊因其声誉和出版商的悠久历史而更受信任，如威立（Wiley，大于200年）、泰勒-弗朗西斯（Taylor and Francis，大于160年）、爱思唯尔（Elsevier，大于130年）和施普林格（Springer，大于100年）。

相比之下，开放获取出版还很年轻。它是在2002年于布达佩斯启动的，在一些政府机构要求所有从公共资助中收益的出版物都要被免费提供（而不是在付费墙的包围中）之后，其势头越来越猛。

但是，开放获取的年轻，是否会造成人们对其模式的不信任？有证据表明，答案是一个响亮的"不"。开放获取期刊正在获得自己的声望，并降低了传统模式的利润。即使是出版业的老牌巨头，也不能免受开放获取模式的影响。就在2019年3月，整个加州大学（University California, UC）系统①，终止了与爱思唯尔的合同，原因是订阅费用不断上涨，以及可负担的开放获取选项受限。我们确实生活在历史性的时代。

这些出版巨头也不甘落后，它们意识到，如果不适应现状，就会失去大量业务。因此，许多大型出版商都推出了自己的开放获取期刊，或者采用了混合模式。混合模式为作者提供了不同选项，可以选择以传统方式出版或支付版面费。这种模式的好处是，作者保留了在排名较高的期刊上发表论文所获得的声望，同时也让更多的读者能够读到他们的论文。至于说缺点是什么，就是这些主流出版商的开放获取费用仍然较高：平均3000美元。一些期刊

---

① 包括那些极具声望的加州大学分校，如加州大学伯克利分校（UC Berkeley）和加州大学洛杉矶分校（UCLA），在QS世界大学排名中分别位列第27名和第32名。加州大学系统占全美论文发表数的10%。

还规定了禁售期（通常为12个月），在此期间，作者不能在非商业平台（如他们自己的网站上）发布这些论文。

近年来，衡量期刊声望的指标开始发生变化。PLoS ONE和PeerJ等开放获取期刊，不再简单依靠引用次数的多少来衡量一篇论文的成功与否，还将论文在社交媒体上的知名度和读者数量纳入衡量标准。这种转变最终可能达到的目标是，让科学家在他们认为可以让自己的工作对读者产生最大效益的地方发表，不必将职业考量和传统的成功衡量标准放在心上。

掠夺性开放获取期刊

不能发表的恐惧确实存在，在新入行的研究者中尤其强烈。如果以下情况发生在你身上，你会有多么美好的感受呢？

你打开收件箱，发现一封来自XYZ学会期刊的电子邮件，邀请你提交你的下一篇论文。你在网上查了一下该期刊，它似乎有一个相当有信誉的编委会。虽然该期刊才创刊一年，但看起来是个新兴的期刊。你决定提交你的论文。几天后，你开始惴惴不安。而你刚刚收到的电子邮件正是来自该期刊编辑，邮件中解释说你的稿件格式非常好，除了这里和那里有一些语法待调整外，论文已经可以发表了。但是，你还没收到审稿人的意见，或者看起来你也不会收到了（或者你收到了，所有的审稿人都写了："不用担心！"）。你一直认为自己是个好作者，但是难道没有一位同行对自己的论文有任何意见吗？不久之后，编辑又发邮件告诉你，你的论文已经被同意发表，但是你需要支付1500美元的版面费。你应该支付吗？假设你冒着风险支付了这笔钱，在接下来的两年里，你的论文获得了一些引用。但是，有一天，你收到了一封来自同事的电子邮件：你的论文已停止在线上获取。它去了哪里？你到期刊网站上一看，网站也消失了。与此同时，在世界的其他地方，推出了一本新期刊，名叫《XYZ国际……》。

订阅型期刊必须保持相对较高的出版标准和同行评议标准，因为其收入就取决于此。在开放获取模式中，钱来自作者前期的投入，因此期刊对论文质量的要求不一定很高。传统期刊根据影响因子排名，但是只有在创刊3年后才有影响因子，因此，某些骗钱的期刊一旦有了影响因子，就会注销，然后在其他地方以不同的名称重新开放。但是该期刊的编委会，有些著名人物也位列其中的"事实"该如何解释？这些人可能根本不知道他们在这些编委会中！

有许多值得信赖的开放获取期刊，其中就包括一些新成立的期刊！一本真正致力于推动科学进步的开放获取期刊，是一个有价值的工具。但是，像大多数工具一样，使用者的双手和动机也可能具有破坏性。我们的本意不是为了劝你不要在开放获取的期刊上发表论文，而是鼓励你在接受诱人的出版机会之前仔细考虑。为了应对骗钱期刊的问题，新的资源随之出现：黑名单和白名单。

第一份黑名单是由科罗拉多州立大学的学术图书管理员杰弗里·比尔（Jeffrey Beall）在2008年创建并更新的。这份（很长的）名单囊括了他认为具有掠夺性的期刊和出版商的名字，这是根据他自己的调研和曾经被骗的研究人员的反馈而得出的。尽管比尔并不总是能够区分掠夺性期刊和非专业期刊，致使这份名单中有一些分类错误，但这份名单基本上被认为是准确的。不幸的是，因为掠夺性期刊的不断诽谤，使比尔成为受害者，所以比尔在2017年1月停止更新该名单。他的支持者通过在互联网上匿名发布最新的名单，来继续他的工作。[①]

对付掠夺性期刊的第二种方法，与设立黑名单正好相反。最近，开放获取期刊目录（DOAJ.org）和开放获取学术出版商协会（OASPA.org）已经建立了符合其质量标准的期刊白名单。这样一来，作者可以迅速查找任何他们认为有问题的期刊，看看该期刊是否已经被更大型的机构审查通过。

那么，你可以采取什么措施来保护自己呢？

1. 如果是知名期刊，或是已存在较长时间的期刊，那就不必担心。

2. 如果有疑问，可以去查看白名单，看看该期刊是否已被某个协会，如开放获取期刊目录审查通过。

3. 如果你在这些名单上没有找到该期刊，请查看黑名单，看看该期刊是否曾被认定为掠夺性期刊。

4. 如果该期刊既不在白名单上，也不在黑名单上，那么你很可能面对的是一份新期刊。这并不意味着该期刊不是个发表论文的好地方，但你必须先做一些调研工作。你可以阅读该期刊的最近几期，以评估上面发表的论文的质量，或者你可以调研一下该期刊的编辑部，与其中的一些成员取得联系，询问他们在该期刊或出版商中工作有何体验。无论怎样，老话说得好：如果听起来好到不敢相信，那么大概率是真的好。

出版过程

一旦将稿件提交上去准备出版，你可能会长舒一口气，想休

---

① 比如，https://beallslist.net

息一下。毕竟你的任务已经完成,稿件已经发出去了,即将被"出版过程"这个巨大而又相当陌生的系统处理。你知道你的论文会有编辑经手,会被审稿人看到,之后要么被接收出版,要么不被接收……其他的,就不知道了。你对这个未知的过程抱有多大的信任呢? 你的论文将被如何评估? 审稿人在判断你工作的质量时,到底会考虑什么? 是什么让一篇论文对编辑有吸引力,反之,又是什么让他们的脑海中警报声大作? 如果你对这些问题的答案一无所知,你又如何确信你写了一篇"可发表"的论文?

难道你在一开始不想了解一下(完美的)审稿人将如何评价你的论文?[①] 在不了解他们将如何评价你的论文的情况下,将自己的论文提交给期刊,这是在赌博。难道你在掷骰子之前都不愿意了解游戏规则吗?

如果你从梦寐以求的期刊那里获知,审稿人认为你的贡献不足以发表,你或许会感到沮丧。但是,你应该感到骄傲,因为你得到了回复,不管是负面的还是正面的。这说明你的工作已经通过了评审,你已经通过了第一重的筛选。大量的论文在提交后,根本没有被评审的机会,其中具体的比例取决于期刊。这些论文在最初的一两轮筛选中就被直接拒稿了。惊讶吗? 但所有的投稿都值得被评审吗? 许多投稿并不值得。

你已投递失败。第一轮筛选由行政人员或编辑助理进行。如果你在投稿后不久(一般在一周内)收到一封电子邮件,通知你,你的论文已被判为"投递失败",你就知道了你的论文遭遇了这种命运。论文投递失败的原因多种多样。也许你没有遵守字数限制,

①　Wallace, Jasmine. How to Be A Good Peer Reviewer. The Scholarly Kitchen, 2019, https://scholarlykitchen.sspnet.org/2019/09/17/how-to-be-a-good-peer-reviewer/

或者你忘了添加要求的作者声明。也许你使用了芝加哥引注格式
（Chicago style），而你本应该使用MLA格式来编辑引文。由于这样
或那样的原因，你的论文在提交层面被判定有误，而不是在科学层
面。你该怎么做呢？只要按照期刊的电子邮件中的指示，修正可能
出现的任何错误，然后重新提交。如果指示不明，可以随时回信要
求期刊说明。与其再一次因错误提交而浪费期刊的时间，倒不如让
他们给你说明白。你的论文投递失败，这一事实对你论文的发表机
会影响不大。对于大型期刊而言，编辑甚至有可能永远不知道你的
论文在一开始曾投递失败。

你已被直接拒稿。第二轮筛选由编辑或副编辑委员会进行，
如果他们认为你的论文不值得送给审稿人，就会直接拒稿。这类
论文的比例大得惊人（根据我们对高影响因子期刊的估计，约占
50%到80%）。就目前而言，直接拒稿已经是常见现象，并且随着
全球论文投稿数的增加，这种情况会越来越普遍。整个学术界所
有研究团队可以瞄准的期刊就那么多。有时候，拒稿的原因是论
文的英文水平太差，导致无法客观评价其科学内容。但一般说来，
大多数被拒稿的论文无外乎两类：定位不符和重要性不足。

投稿定位不符。投递的论文与该期刊的定位不符。你是否将
基础研究的论文投给了发表应用研究的期刊？该期刊是否发表过
属于你的学科领域的论文，还是说你不过是在碰运气，因为你的研
究与该期刊所发表论文有相关性？你的论文是否只对该领域中的
一部分专家有参考价值，而不是对该期刊的广大读者都有参考价
值？你的研究是否过于专业或者过于基础？许多编辑抱怨说，尽
管他们已经很努力地明确期刊的目标和范围了，但他们仍收到了
太多不合适的投稿。不要用"撒网"的方式：把你的论文投递给足
够多的期刊，希望总有一个期刊能中，这种投稿方式只会加剧问
题。请用"瞄准"的方式——世界上全体科技编辑都会感谢你。

投稿重要性不足。这项研究的重要性不足，无法吸引顶级期刊的注意。许多作者在此误解了“重要性”的含义，他们混淆了“令人印象深刻的成果”和“重要的成果”。让我们设想这样一种情形，你正在研究一种语音识别技术，专门针对口音很重的人。

语音识别的准确性从40%提高到70%是一个令人印象深刻的成果，但不一定是一个非常重要的成果。就实用性而言，语音识别准确率从90%提升至97%或许不是个令人印象深刻的成果，但却是一个更重要的成果。这两项成果都会受到科学界的高度重视，但二者应该发表在不同的期刊上。第一个成果（40%→70%），只对语音识别研究领域的其他科研人员有意义，因此应该发表在面向这些特定读者的期刊上。而第二项成果（90%→97%）将该技术推向了现实世界的可实用临界点，因此对于更多的读者具有很大的意义，其中甚至可能包括许多学术界之外的读者（例如，软件工程师可以将这项技术纳入他们的程序中）。

即使你的论文并没有发表在通常被认为是顶级期刊的刊物上，但你仍然可以得到许多引用次数。不要总是以顶级期刊为目标（你极有可能与之失之交臂），而是要根据工作的重要性来确定合适的期刊层次。要想避免被直接拒稿，就应该做一名更有眼光、更谨慎的投稿人，而不是做一名在“游戏”中碰运气的人，我们常称这种游戏为“论文投稿阶梯”[①]。

有时候，你不确定某个期刊是否会对你的成果或研究的领域感兴趣，这种情况时有发生，尤其是当你从事的是跨领域研究的时候（如生物信息学或生物力学工程）。这时候，你可以给期刊编辑

① 有论文要发表？好啊！先试试《科学》和《自然》。没中？试着投一下次顶级期刊（Tier 2 journal）。还没中？试着投一下再次一级的刊物。还没中？试着投一下……

发一封预投稿信①，大多数期刊甚至将这种信件的模板放在了它们的网站上。在信中，你要简要介绍你的研究和贡献，并询问它们是否会让该期刊的读者感兴趣。会有两种情况，对你来说都是好事。其一，编辑礼貌地拒绝了你的投稿意向，并建议你选投其他可能更合适的期刊。其二，编辑表示兴趣不大，但提到其中有些部分确实引起了他或她的兴趣。但是，请注意，并不是所有的期刊都接受预投稿信。

现在，你已经考虑到了所有的这些因素，你的论文应该可以出现在编辑的办公桌上和审稿人面前了。从此以后，一切都应该是一帆风顺的，对吗？

光环效应和确认偏差

不幸的是，我们必须以一个有点令人沮丧，但使人清醒的事实来开始这一段。拿出你的稿件，满怀喜爱地看着它。你是不是花费了许多时间编写、改写、重写这篇文档？你知道，这份你倾注了血汗和泪水的精雕细琢的文稿，将由审稿人评价。

他们至少会花费一两个小时来梳理它，之后再做出决定，对吗？

……对吗？

我们作为教授科技写作技巧已有二十多年的培训师，有数千名来自各个领域的科学家参加过我们的研讨会，他们中的许多人不可避免地有过评审论文的经历。在一堂又一堂课中，我们都问过这些审稿人一个简单的问题："平均下来，你需要多久才能判定一篇论文是否值得发表？"当然，有各式各样的答案。有些审稿人

---

① https://www.aje.com/arc/how-to-write-presubmission-inquiry-academic-journal/

需要花费大量时间来阅读一篇论文，然后才能对它的价值做出评判。然而，这样的审稿人是常规中的例外。大多数人平均下来只会花费15分钟阅读一篇论文。[1]

如果你认为不可能在这么短的时间内就读完一篇论文，那么你是对的。事实上，15分钟不足以通读全文。从逻辑上讲，这意味着审稿人是根据不完整的信息来决定你的论文是否可以发表的。为了理解为什么会出现这种情况，我们必须涉足心理学领域。审稿人有责任认真审查在科学领域的新贡献，但他们也是人，所以和我们一样，他们也会受到进化学上的认知偏差的影响。其中的第一个偏差，即**光环效应**（halo effect），这有助于解释为什么他们在阅读了15分钟后，就可以自信地决定一篇论文是否可以发表。

虽然"光环效应"这个术语出现的时间较晚，直到1920年才被创造出来并得到科学证明，[2]但是，这种效应本身，在人类文明诞生之初就已经被直观地加以利用了。你是否注意到，在古代，仁慈的神灵被描绘成美丽的形象，而邪恶的神灵则被描绘成令人厌恶或者可怕的样子？或在现代背景下，你是否注意到，你最喜欢的电视节目中的主角，往往都是好看的人？这些都不是巧合，这些都在表明，光环效应正在起作用。我们把积极的属性，如智力、创造力和魅力与美丽联系起来，把消极的特征与丑陋联系起来。[3]客观地说，这种从外表到性格的推断是完全没有根据的。然而，人类一直在证明这种推断是存在的，而且其是在潜意识中进行的。

光环效应并不只是与人和他们的外表有关，在更大的范畴中，它决定了如果我们对某人或某物的最初印象是积极的，这种印象

---

① 切记，这是个平均值。有些审稿人说，他们只会花费5分钟或10分钟！
② Thorndike, E. L., "A Constant Error in Psychological Ratings," 1920
③ 与正面联系的光环效应相对的是负面联想，被称为"犄角效应"（horn effect）。

会渗透到这个人或物的其他属性中。①

但是,这与科技写作和审稿人有什么关系呢?对于一个人的外表,我们可以立刻下定论,而对于一篇稿件的第一印象,则需要更长时间(比方说……平均15分钟。听起来很熟悉吧?)。一旦有了第一印象,光环效应就决定了即使没有阅读这篇稿件的其他部分,审稿人也会判定这篇稿件的质量是高还是低。如果审稿人被清晰明了的摘要和结论中呈现的意义所打动,他或她可能会下意识地认为研究方法是坚实的,并且引言部分写得足够全面(尽管根本没有明确的理由相信这是客观正确的)。审稿人整体上已经决定"喜欢"这篇稿件,即便其没有阅读完整的稿件。

一旦形成了这种偏好,第二个认知偏差就会出现:**确认偏差**(confirmation bias)。在一开始,审稿人就觉得这篇论文值得发表,才会继续阅读,并且把重点放在论文的优点上,并尽量减少注意其缺点。另外,如果审稿人觉得这篇论文尚不足以发表,那么他或她就会对其进行梳理,目的是指出每一个细微的错误,或者指出其缺乏方法上的细节。

总体来说,光环效应和确认偏差是一个强大的协同机制,引导审稿人对你的论文做出正面或者负面的反应。要知道这个过程平均只要15分钟,你必须确保审稿人首先会阅读的部分,即论文的关键部分,要写得很好才行。这些关键部分包括什么呢?

题目、摘要、结构、引言(如果审稿人并非专家)、结论和视觉资料(尤其是方法部分的示意图,以及能够直接支撑你贡献的图表),鉴于这些部分在设定审稿人的预期方面非常重要,我们在本书中为每一个部分都安排了单独的章节。

---

① 光环效应的一个著名例证,可以从美国体育明星奥伦塔尔·詹姆斯·辛普森(Orenthal James Simpson, O. J. Simpson)杀妻案的判决中看到。作为受人喜爱的体育偶像,许多美国人支持他无罪,尽管这两个因素之间没有任何关系。

光环效应既不是朋友也不是敌人，这只是你的读者将面临的一个心理现实。**你会让它对你产生不利影响，还是以能够充分利用它的方式写作呢？**

有关专业知识陷阱的假设

上一节中的某些内容可能会让你感到困惑。我们这样写道，"如果审稿人并非专家"。为什么说"如果"？难道审稿人不总是专家吗？这可能会让人感到意外，但你的审稿人不太可能都是该领域的专家。如果他们不是，为什么他们同意审查你的论文？选择最少数量的审稿人是编辑和助理编辑的工作，按照优先顺序，你的审稿人可能有三个来源。

- 曾经为该期刊工作过的审稿人，他们的背景与你论文中的关键词很契合。请注意，这种契合永远不会是完美的。编辑可能希望选择几个审稿人，以涵盖你论文的不同方面。方法论的专家可能不一定是你的特定领域内的专家，但会公正地评价你的研究路径和方法。同样，一些"大方向"领域中的专家，会对你研究的意义有更好的理解，但可能不一定是你所选择的研究方法的专家。

- 在你参考文献中引用的作者名单。即使他们还不是该期刊的审稿人，只要他们的论文被恰当地引用，而且他们被认为能够评估你的研究路径或方法的有效性（但它们不一定是在其应用领域！），就可以找他们作为审稿人。

- 你在投稿信中或在线推荐的审稿人名单。即使这些被推荐的审稿人可能比期刊选择的有些审稿人更合适，但编辑只有在他们从通常的渠道没有收集到足够的审稿人时，才会考虑他们。因为编辑可能不知道你推荐这些人来审稿的原因，如果你提到他们为什么非常有资格帮助审稿，那么才会提升编辑选择他们的概率。请记住，你推荐的审稿人在过去三年（或者更长时间）内，不能与你一起参与项目或共同发表论文，而且不能和你同属一个机构。

一旦确定了可能的审稿人，期刊将把你的稿件的题目和摘要发送给他们，并询问他们是否有兴趣提供反馈。如果审稿人对研究课题不感兴趣，或者太忙没有时间审阅，他们可以选择拒绝审稿，毕竟如果他们真的接受了，就将不得不花费相当多的时间评估这篇论文，而且绝对没有报酬。大多数科学家都认为，同行评议的过程，对于保持科学实践的完整性至关重要。但成为审稿人也有更务实的理由。如果成为一名审稿人，就会有机会先于其他人阅读到某个领域的最新发现（因为发表过程可能需要6个月甚至更长时间）。从审稿中收集到的信息，可以帮助审稿人在研究中获得竞争优势，或者节省审稿人在初步实验上花费的时间。

还记得我们是如何询问我们课堂上的审稿人，他们需要多长时间才能对一篇论文做出决定的吗？我们在同一组参与者中开展了一次投票，以确定他们在同意审稿的时候，是否总是该领域的真正专家。令人震惊的是，只有三分之一的参与者表示肯定。这说明，大量的非专家或者半专家①正在为期刊审稿！

即便我们认为你的三位审稿人中有80%是专家，这是个非常乐观的估计了，那么其中至少有一位是非专家或者半专家的概率有多大呢？我们可以用数学的方式将这个问题表达为"三位审稿人中，都不是真正专家的概率是多少？"或者[1 —（80%

---

① "半专家"的意思是，在你的领域并非专家，但在别的领域是专家。

×80%×80%）]。答案是0.488，或48.8%。有一位非专家来评审你的论文的概率为将近二分之一，你得知这一点后会改变你写论文的方式吗？你还会像最初那样写得过于专业吗？你还会假定审稿人会理解你在实验或模型中提出的假设吗？

不要假设你的审稿人是个真正的专家——你在科学上的双胞胎。写作的时候你同样也要考虑到非专家的审稿人。

编　辑

到目前为止，我们一直将审稿人视为你论文的主要读者。但是编辑呢？可以说，编辑是你论文的所有读者中最重要的那一个。如果这位读者认为这篇论文不值一读，那么其他读者将永远不会有机会衡量其价值（连审稿人都没有机会！）。那么这个神秘人是谁，他或她关心什么，以及你如何利用光环效应为自己谋取利益？

了解如何取悦编辑的第一步，是了解他们的角色。虽然在你看来，编辑似乎处在"出版食物链"的顶端，但他们也有责任和需要负责的机构。编辑有他们需要完成的使命，你越能帮助他们完成这个使命，他们就越有可能接受你的论文。那么，这个使命到底是什么？

这听起来可能很不客气：学术期刊的存在并不只是为了传播研究成果，期刊是建立在知识传播基础上的生意，生意是摆在第一位的。期刊不接受公共资金，很少作为非营利组织运作，也不是无私奉献的（那为什么整个发表过程中至关重要的角色——审稿人，没有报酬呢？）[1]。编辑的工作是确保期刊接收到高质量论文，并且

---

① 尽管在2020年，情况普遍如此，但是行业的监管和变化越来越多地倾向于消除科学出版中的金钱因素。少数期刊已经开始向审稿人支付象征性的报酬（80—100美元）。在监管方面，你可能听说过欧盟理事会的决议，即从2020年起，任何欧盟公共资助的研究成果都能免费获取。

有可能获得引用。引用次数越多,期刊的影响因子就越高。影响因子越高,它的声誉就越好。这种声誉会转化为不断增长的读者群带来的更大收入来源:个人订阅和研究机构订阅。最终,扩大的读者群也促成了越来越有价值的广告版面收入。简而言之,更多高质量的科学研究=更多的钱。

幸运的是,出版业的目标大多数时候[1]与科研人员的目标一致:无论二者的潜在动机有何不同,他们都希望看到高质量的研究成果被发表并被分享。但是,这种共同的愿景只能到此为止了。因为对于科研人员来说,科学价值是重中之重,但对于编辑来说,读者群体才是最重要的。那么,关心读者群体与关心科学价值到底有何不同?

编辑首先要考虑的是每期期刊的篇幅。根据可以从广告中获得的收入,每期印刷的期刊仅限于固定的页数。如果你提交了一篇相当长的论文,编辑必须决定是发表你的论文更有意义,还是发表另外两篇更短的论文更有意义,即便是二者都可以满足期刊读者的需求。**增加文章的长度,等于降低编辑的兴趣。因此,在不影响表达的清晰度的前提下,尽量缩短你论文的篇幅。**查阅一下期刊的最新几期,注意论文的平均篇幅,照着该篇幅或更短一些的篇幅来组稿。或者,你可以选择采用与较短的出版物相对应的格式,如快报(letter)。

其次,编辑必须考虑论文的目标读者。假设你已经向《肾脏学学刊》(*Journal of Nephrology*)[2]投了一篇论文。是谁在阅读该期刊?如果你想到的是肾脏科医生,那你就说对了。但是肾脏科医生只是全体读者的一个子集。还有谁会阅读该期刊呢?想想肾

---

① "大多数时候"是因为期刊对发表阴性结果不感兴趣,导致用于研究的时间和金钱,大量被浪费在可能已经被认定为死胡同(但是从未发表过)的研究方向上。
② 肾脏学(Nephrology),处理肾功能和相关疾病的医学专业。

脏病研究者、透析机生产商、膜研究科学家、特定的肾脏疾病患者（和他们的家属）、药物制造商等。编辑的工作是关注这些不同的读者，并发表一系列论文，迎合他们在不同问题上的不同需求。**如果你也为全体期刊读者的某一个子集之外的读者，展示出你工作的价值，那么你的论文在编辑眼中的含金量就会成倍增加。**

　　自然而然，你或许会想，你该在什么地方将你的研究对谁有价值展现给编辑呢？不会有哪篇期刊论文会在引言中如此展开一个段落："我们相信，论文中开展的研究，将会对膜专家和肾炎患者有价值……"

投稿信

　　撰写投稿信，通常是长达数月的论文写作过程的最后一步。有些人甚至认为这是一项必需但次要，且不那么重要的任务。他们真是犯了个大错！虽然审稿人通过浏览投稿来建立他们的第一印象，但是光环效应在任何审阅开始之前，就已经能对编辑产生影响。编辑的第一印象，也是最强烈的印象，是在阅读投稿信的时候建立起来的。

　　许多投稿信都是以科技论文的风格写成的。事实上，我们已经见过太多对论文的不同章节逐字逐句复制粘贴的投稿信！其中一句话来自引言，还有几句来自摘要和/或结论。你认为在几分钟后，当编辑开始阅读摘要时，偶然发现了这些相同的句子，他们会有什么感觉？将论文内容拆分重组写出投稿信的这种行为，会让作者展示出一种对读者缺乏关心的形象。当编辑对投稿信感到失望的时候，光环效应会低声告诉他们，这种敷衍也可能蔓延到论文的其他部分（即便事实并非如此）。**请记住，编辑是你论文的最重要的读者，你不能让他们感到失望。**那么，除了刚才提到的复制粘贴行为之外,还有哪些其他常见的疏忽会让编辑感到失望呢?

1. 投稿信不完整。每封投稿信都要遵循同一个基本结构,但盲目依赖模板可能会产生问题。在给作者的指南中,每份期刊都详细列出了投稿信中应该涵盖哪些内容,包括一些强制性的声明(如本文未被任何其他期刊评审,等等)。确保这些部分均无遗漏,并且格式与指南中所要求的一致。

2. 投稿信未按照书信格式修订。无须阅读一个字,通过信件特有的格式,你就能轻松地将信件和报告区分开来。最开始的几个字应该是"亲爱的编辑"或"亲爱的_____博士"。你还应该在信件的结尾处加上"感谢您考虑我们的投稿,我们期待您的回复"等句子,以及签名行,如"致以诚挚的问候"。最后,你还应该签下你的姓名、职称和机构。如果是线下寄送,还应该附上传统信件中不可或缺的信息,如收件人的姓名和邮寄地址。

3. 投稿信未按照书信风格撰写。想象一下,你正在给你配偶的祖母写一封信,感谢她给你买了一张百老汇音乐剧的门票。你会以"亲爱的读者,必须向您献上最感激的祝福,感谢您赠送门票,这封信的作者愉快地收到了这份礼物"作为开头吗?或许你会随意一些,以"亲爱的丽兹,非常感谢你给我买了票,我非常高兴收到它!"的方式来写。投稿信是一封信,它是两个人之间的私人通信,而不是不带任何个人色彩的文件。因此,它应该以更为口语的方式撰写(但是,不能太过不正式!配偶的祖母可不是大学里的朋友!),这意味着人称代词必不可少:"我们"或"我们的",或者如果你是唯一的作者,那就要写"我"或"我的"!这也意味着句子应该使用主动语态——"我写这封信是为了提交我的稿件",而不是"这封信是为了投递所附的稿件"。

4. 投稿信太长。除非绝对有必要,否则,投稿信的篇幅应该限制在一页之内。你的措辞必须有选择性,并且能够简洁概括你的研究的背景、什么是创新之处和与众不同之处，以及你的研究对该领域的重要性。

5. 投稿信读起来很累。你上一次在私人信件中使用首字母缩略词是什么时候？除非定义明确且绝对必要，否则缩略词和专业术语都不应该出现在投稿信中。只有当必要的技术细节对讲清楚整个研究故事至关重要时，才可以提供这些细节。切记，投稿信的目的不是让编辑相信你的学术水平或知识广度——它只是帮助他们看到稿件的价值，并决定这份投稿是否适合接收并评议。

从原则中而非从范例中学习

我曾说过，从范例中学习并不是最佳的方式。为了证明这一说法，我认为，如果科技写作的水平较低，那么一篇平庸的论文很难成为如何写出一篇好论文的范例。不过，让我们现在先想象一下，你很幸运地有一位导师，他列出了一份写得很出色的论文清单供你学习。那么，现在你相信自己有足够的能力取得成功吗？

让我们用烹饪来类比，简单思考一下这种情况。如果在烹饪的时候，你完全按照菜谱的要求，使用了所有适当的食材、温度、烹饪时间和设备，就能做出美味佳肴吗？是的。但是，遵循菜谱的要求是否能让你了解味道之间如何相互作用，甜味和酸味如何巧妙结合，或者何时使用特定的草药或香料可以提升某类菜肴的风味？一位优秀的厨师（cook）和一位主厨（chef）之间存在着巨大的差异。只会按照规章办事的人，和能够深刻理解规则并自由运用的人，二者之间存在天壤之别。

写作也不例外。虽然一个人可以从优秀范例中学习如何写出结构精良的语句，但要深入理解写作的原理，并且有策略地加以运用，还需要付出更多的努力。比如，你可能会观察到，在写得很出色的论文中,被动语态的运用要少得多。随后,如果你将这一发现运用到自己的论文中,从理论上讲,应该会提高自己的论文与出色范文之间的相似度。但是,全面减少被动语态,而不去理解它在什么情况下可以使用以及如何使用,在某些关键的领域可能会起到反作用。从那些出色的论文中寻章摘句可能会对低水平的写作有所裨益,但这并不会让你更好地理解潜在的问题,更别说找到提高的方法了。

为了成为一名主厨(特指写作方面),你需要了解写作和阅读的基本原则,并从中积累你的知识。这样做可以消除你从受到的教育或工作中得到的那些错误观念(可悲的是,许多错误观念导致了不良的科技写作风格,我们将在本书的后续章节看到)。

对于写作者来说,这些基本原则都有哪些?所有写作者的基本任务都是被读者理解。因此,这些原则都是以读者为中心的,包括:了解读者的生理局限,比如有限的记忆力、注意力、驱动力或耐力;了解读者现有知识的局限,或与阅读过程的连续性、对预期的依赖性相关的局限。所有这些内容都将在本书中有所涉及。

华丽、浮夸、抽象的写作可能在短时间内看似令人印象深刻,但是往往无法完成最基本的交流任务:帮助读者理解。最好的写作不在于关注如何给读者留下深刻印象,而是专注于清楚地传达信息。

第三章

科技写作的风格

你有喜欢的作者吗？就我个人而言[1]，我是J. R. R. 托尔金（J. R. R. Tolkien）的忠实粉丝。小时候，我经常废寝忘食地阅读《魔戒》(*The Lord of the Rings*)。托尔金是一位描述想象世界的大师，他可以用整整两页的篇幅来描述一个虚构的地点，为每一个小角落、生物、阴影和石头注入生命。他描写得如此详细，以至于我感觉自己不仅在想象他书中的地方，而且几乎可以亲眼看见它们。然而，我的哥哥并不喜欢托尔金的作品，他喜欢故事情节和人物，近乎泛滥的细节描写反倒妨碍了他在阅读中获得乐趣。

每个作者都有自己的写作风格。托尔金的写作风格与约翰·格里森姆（John Grisham）、厄休拉·K. 勒古恩（Ursula K. le Guin）、赛斯·高汀（Seth Godin）、乔治·R. R. 马丁（George R. R. Martin）或J. K. 罗琳（J. K. Rowling）不同。他们并不只是在讲述不同的故事，他们讲故事的方式也不相同。如果这些作者要接受一个写作挑战，其中情节的每个要素都已经被提前布置好了，那么我们最终还是会得到六部不同的作品。**不要将内容和风格混为一谈：内容**

---

[1] 合著者贾斯汀·勒布伦（Justin Lebrun）在此！

是所描述之物,而风格是描述的方式。

事实上,如果想拥有自己的写作风格,你并不一定要成为一名作家。就个人而言,我们每个人的想法各不相同,因此我们在纸面上的表达方式也不相同。有些人,就以这句话为例,在句子中经常加逗号,导致读者在阅读中磕磕绊绊。而其他人则更喜欢分号或破折号等标点符号。对于一些人来说,写作风格受到词汇量不足的影响——也许是因为英语是他们的第二语言。写作风格是如此个性化,以至于围绕其分类和识别竟发展成了一门学科:计量文体学(stylometry)。就好比每个指纹都是独一无二的,写作风格也可以作为识别的标签。起初,这门学科仅限于深入研究某位特定作者的语言学专家,但随着计算机辅助技术和机器学习的日益发展,其易用性、精确度和应用领域正迅速提升和扩大。①

在你生命的最初时候,你就被鼓励着寻找自己的"声音"、自己的写作风格。在小学和中学的时候,你的老师会确保你写出的文章没有语法错误,但他们也会说:"不要总是重复你读过的东西,找找你自己的声音!"你接受了这个建议,并且在撰写大学或学院的入学申请书时以这个建议为指导。恭喜你,你被录取了!随后,你被引至教育之路的下一阶段,正当你开始为自己的写作将如何进一步发展而感到兴奋时,你却止步不前了。到底发生了什么?你遇到了个人表达的巨大障碍:学术写作风格。存在于高中时期的对独特性的赞美已经是过去式了。你已踏入一个为期四年的循环,它正一步步剥夺着你的个人表达风格,让你转而倾向于写出标准化的文章,即学术论文。个人风格不再被鼓励,而适当地引用却被鼓励。遵循与其他人相同的准则才是正途。这种削弱风格背后

---

① 文体计量工具甚至可以用来识别一段计算机代码的作者。显然,每个人独特的写作风格在简单的文章之外依然适用。

的基本逻辑似乎是合理的：标准化的论文更易读，因为与规范的差异越小，给读者带来的障碍就越少。这确实是实话。但是，如果规范本身就存在问题，又会发生什么呢？

科技写作风格的特点

让我们来看看一个简单的英文句子，写得很随意。

> 我不知道是否该去购物。
> I wondered if I should go shopping.

多么简单而实用的句子啊！它清晰简洁地表达了句子的主语和动作。但是它缺乏……亮点。伟大的文学家如莎士比亚，将如何用他标志性的风格来表达这句话呢？

> 购物还是不去购物，这是个问题。
> *To shop or not to shop, that is the question.*

同样的内容，不同的风格。这很有趣，但是我们不太可能在自己的作品中使用莎士比亚的那些在现在看来已经陈旧的措辞了。那么，科学家会如何表达这句话呢？

> 考虑被加诸为了置备商贸产品而离开的可能性。
> Consideration was given to the possibility of departure for the acquisition of merchandise.

你是否自嘲地笑了笑？如果是的话，也许你应该停下来反思一下你为什么会笑。这句话太夸张了，几乎可以说是戏仿。但与此同时，我们很难否认这句话确实看起来很"科学"。正如谚语所说，这很有趣，因为这是真的。

这句话所要表达的内容，与第一个简单的句子完全相同：我不知道是否该去购物。但是，如果以一种间接的方式来表达这句话，那么你眼前几乎浮现出了实验室工作服的样子。是什么让这句话如此"科学"？或者换句话说，科技写作风格的特点是什么？这里列举了六个显著特点。

长句。新句子比原来的句子长了很多。在日常风格中，这句话有7个单词（28个字母）。在科学风格中，句子有13个单词（78个字母）。这几乎是原句的两倍，字母数量几乎是原句的三倍！有关可读性的研究表明，句子长度与清晰度成反比。[1]因此，即便是科学风格比日常风格更高级，也明显不那么清楚明了。

大量使用被动语态。"被纳入考虑。"谁来考虑？是作者？还是哪个委员会？因为这种写法删去了句子中的主语，所以不可能给出答案。

通过将例句置于被动语态中，作者不再强调主语在行动中的作用。"我考虑过并不重要——重要的是它被考虑过了。"在科技论文中，这种去强调化可能是合适的，特别是在方法论部分，只要任务完成，是谁滴定的溶液并不重要。但是，不必要地使用被动语态，如上述例句，其实毫无意义，并且会让阅读过程较为沉闷。我们拥有的印象只是"某事正被做"或"某个结果来自某些其他事物"（被动），而不是"谁在做什么"（主动）。

名词高于动词。让我们数一下这句话中的名词和动词。

---

[1] https://en.wikipedia.org/wiki/Readability#Popular_readability_formulas

考虑被加诸为了<u>置备</u><u>商贸产品</u>而<u>离开</u>的<u>可能性</u>。

<u>Consideration</u> *was given* to the <u>possibility</u> of <u>departure</u> for the <u>acquisition</u> of <u>merchandise</u>.

这句话中包含了五个名词,只有一个动词(在被动语态中有所弱化)。名词用于识别人、地点或事物,换句话说,就是对象。动词为句子带来行动。因为名词与动词不平衡,这句话描述了许多事情,但没有什么行动,所以句子缺乏生命力和趣味性。

多音节名词。这个句子不仅冗长,而且包含许多复杂的词汇。上述句子中每个画线的名词都至少有3个音节。如果你能写出"商品"(goods),那么为什么还要写出有4个音节的"商贸产品"(merchandise)?又为何用"置备"(acquisition)而不用"买"(buy)?英语中的文字冗余度非常大,为写作者提供了表达同一种概念的不同方法。你有没有想过,为什么会这样?

要想回答这个问题,我们必须穿越回到大约一千年前,仔细研究一番中世纪在英格兰发生的事件。在1066年,诺曼国王征服者威廉入侵不列颠群岛,在英格兰建立了一个讲盎格鲁-诺曼语(Anglo-Norman)①的政府。因为威廉的宽容(和睿智),他没有试图禁止人们使用当时的英语[盎格鲁-撒克逊语(Anglo-saxon),或古英语]。然而,在他的宫廷之中,他却坚持讲法语。因此,你如果是贵族,就必须学习法语。你如果受过教育或很富有,就要学法语。你如果学习科学,就要学法语。几百年来,盎格鲁-诺曼语和盎格鲁-撒克逊语结合起来,形成了一门包含这两种语言词汇的新语言:中古英语,最终演化成了现代英语。法语与英语的融合是如

① 盎格鲁-诺曼语是法语的近亲。盎格鲁-诺曼语和法语的书面形式被认为是可以互通的,这意味着如果掌握了其中一种语言的知识,你就可以完全理解另一种语言,而无需接受任何进一步的教育或培训。

此普遍，以至于到了今天，据估计有45%的英语词汇起源于法语。

让我们再来看看例句中的长单词，看看其中有多少是源于法语的词语？全部都是。"consideration"（考虑）来自法语词"considération"，"possibility"（可能性）来自法语词"possibilité"，"departure"（离开）来自法语词"départ"，"acquisition"（置备）和法语词的拼写一样，还有"merchandise"（商贸产品）来自法语词"marchandise"。

我们发现，科技写作风格，实际上就是浓重的法语风格，这个发现令人着迷。客观来说，这些基于法语的多音节名词降低了可读性。那么，为什么时至今日，在2020年，科学家仍然使用这样的词汇呢？正如我们在之前了解的那样，十一世纪的学者为了让上流社会注意到自己，所以不得不学习法语。这种语言传统一个世纪又一个世纪地被传承了下来，直到今天仍然存在。难道说，现代科学家使用这种不直白的写作风格，是由于近一千年前的历史事件？如果这与读者的理解能力产生了直接的冲突，那么这个文化遗产是否值得保存呢？与往常一样，我们鼓励你以读者为中心做出决定。清楚地理解比"看起来科学"的写作风格更为重要。

专业词汇。一般说来，多音节名词的使用频率，比与它们意思相同却较短的盎格鲁-撒克逊词汇要低，但也并非总是如此。比如，源于法语的单词"continue"（继续）[1]，就是英语中常用的词汇。科技写作风格不仅有许多多音节名词，而且倾向于使用那些在日常对话中很少用到的专业名词。除非你在物流或者货运公司工作，否则就很少使用"商贸产品"（merchandise）这个词。而且，你上一次说出"置备"（acquisition）这个词是什么时候？最重要的是，我们不过是在研究一个关于购物的例子。如果我们投身于科

---

[1]　"continue"的盎格鲁-撒克逊同义词是"go on"。

学领域的实际术语，这几乎算是要学习一门全新的语言了。科技论文对于较为年轻的读者来说比较难读的原因之一是，他们必须同时掌握知识和词汇，这是一项艰巨的任务。

委婉词（Hedge words）。这是个在语言学的子领域中使用得较为晦涩的语法术语。让我们用一个较为浅显的例子来阐明什么是委婉词。在不委婉的句子中，事物往往是非黑即白的，几乎没有阐释的空间："他是世界上最好的拳击手。"引入一个委婉词能消除这种确定性，取而代之的是引入了可能性："他**也许**（might）是世界上最好的拳击手。"

委婉词可以是形容词（possible，可能）、副词（potentially，潜在地）、动词（seem，看似），甚至是短语（it is likely that，这可能是）。在科技写作中，必须委婉表达你的主张，否则就可能引起争议或言过其实。在一项揭示空气污染程度与脱发之间相关性的研究成果中，声称"空气污染会导致脱发"是危险的。审稿人可能会指出，还有其他没有控制的变量或因素，它们可能才是脱发的诱因。然而，如果你写的是"空气污染或许会增加脱发概率"，审稿人就不太可能争辩了。

总结前面的段落，我们已经得知，科技写作风格偏爱长被动句，主要由多音节的专业名词和委婉词组成。分开来看，这些特征中并没有哪个在本质上是坏的。使用委婉词并没有错。但是，当这些词语被过度使用或错误使用时，就会影响写作本身。使用被动语态的句子没有错，但是当多个被动语态的句子叠加时，读者就会失去所有兴趣。被动语态的过度使用，再加上委婉词的过度使用，会更加损害到写作本身。

我们并不是要你完全放弃科技写作风格，而是要让你了解它的缺陷，以便于你决定它是有益还是有害。不要羞于和大多数人不一样！虽然你在接受高等教育的日子里，人们可能会就你的文章是否符合写作标准来打分，但是，真正能评价你的科技论文的人，是它的读者——你的同行。我们向你保证，比起惯例，大多数人更喜欢清晰明了、易于阅读的文章。难道你没有同样的感觉吗？

理解句子长度

长句可能会给读者带来困难，但是将所有长句一概而论也并不公平。有些句子很长，但仍然容易阅读，而有些较短的句子却很难理解。

子 句

让我们以接下来的两句话为例。

桑德斯将军从未见过像来自特拉华州的乔纳斯·詹姆斯这样的新兵，他那好战的态度显见于每一个微小的行动，从履行警卫职责，到撰写报告，再到其他任何行政任务。（长但清楚）

General Sanders had never met a soldier like the new recruit from Delaware, Private Jonas Jameson, whose belligerent attitude was evident in every little undertaken action, from guard duty, to report writing, to any and all other administrative tasks.

虽然他知道如何做好饭，但由于他被困在了窗户紧紧关闭并且因为通风机坏了从而空气不流通的厨房里，他发现自己分心了并且不能将注意力集中在菜肴上。
（长且难读）

Although he knew how to cook well, due to his being stuck in a kitchen whose windows were jammed shut and whose airflow suffered due to a broken ventilator, he found himself distracted and unable to concentrate on the dish.

这两个句子之间有什么区别？要弄清答案，我们不能只从字数甚至单词长度来衡量句子的长短。上面两句话的长度大致相同，并且这两句话都没有包含很多较长的多音节词。我们需要从另一个维度来评估这两句话：子句。

根据牛津词典，子句是"在级别上比一个完整句子低一级的语法组织单元，在传统语法中子句由主语和谓语构成"。除非你非常喜欢阅读有关语法的书籍，否则这个定义的清晰程度犹如一团糨糊。简言之，子句就是句子的一部分，其中有主语和动词。

比如，"他遇见他的妻子"是个简单的子句，只有一个主语"他"，和一个动词"遇见"。我们可以通过添加子句来扩展这个句子：他在他妻子去购物的时候遇见她。现在这句话就有了两对主语和动词——"他""遇见"和"她""去"。

尽管第一个子句可以独立存在（"他遇见他的妻子"在语法层面是个正确的句子），而附加的子句却不能独立存在（"在他妻子去购物的时候"并不是个完整的句子）。我们将第一个短句称为主句，第二个称为从句。

He met his wife when she went shopping

他在他妻子去购物的时候遇见她

你可以通过添加第三个子句继续扩展这个句子："他在他妻子去购物的时候遇见她的原因是她走进了他的工作场地。"甚至添加第四个子句："他在他妻子去购物的时候遇见她的原因是她走进了他位于镇上的公共图书馆旁边的工作场地。"既然我们已经走到了这一步，为什么不加上第五个子句？"他在他妻子去购物的时候遇见她的原因是她走进了他位于镇上的正在翻修的公共图书馆旁边的工作场地。"请注意，尽管句子的内容很简单，但是它变得越来越难以阅读。为什么会这样？因为在一句话中包含了许多不同的主语和许多不同的动作，每个部分都会给读者提供一些信息。

信息1：他遇见他的妻子

信息2：是在她去购物的时候遇见的

信息3：你可以在他的工作场地购物

信息4：他的工作场地位于镇上的公共图书馆旁边

信息5：图书馆正在翻修

试图将这些不同的信息拼凑在一个句子中，对于读者而言非常劳神，并且他们可能还要再读一遍。尽管句子不是特别长，但是由于信息密集，这句话给人一种很长的感觉。

请做一些练习，试着找出在本节标题"子句"之下列举的两个长句子中出现的子句数量。寻找有几对主语和动词，完成后，就继续往下查看答案。

……

　　桑德斯将军从未见过像来自特拉华州的乔纳斯·詹姆斯这样的新兵，他那好战的态度显见于每一个微小的行动，从履行警卫职责，到撰写报告，再到其他任何一切行政任务。（长但清楚）

　　General Sanders had never met a soldier like the new recruit from Delaware, Private Jonas Jameson, whose belligerent attitude was evident in every little undertaken action, from guard duty, to report writing, to any and all other administrative tasks.

尽管这句话很长，但只包含两个子句。现在，再来看看另一个例子。

　　虽然他知道如何做好饭，但由于他被困在了窗户紧紧关闭并且因为通风机坏了从而空气不流通的厨房里，他发现自己分心了并且不能将注意力集中在菜肴上。（长且难读）

　　Although he knew how to cook well, because he was stuck in a kitchen whose windows were jammed shut and whose airflow suffered due to a broken ventilator, he found himself distracted and unable to concentrate on the dish.

这里，我们可以看见这个句子中至少有五个子句！

一个子句很简单，两个就还好，三个或许需要努力理解，四个就很费力，五个或者更多？你会让读者精疲力竭。如果你想要减轻读者的记忆负担，**每句话包含两个子句就可以了**。

介　词

　　介词是英语中常见的单词之一，几乎在每个句子中都会出现，通常会不止一次地出现。你能立刻认出它们：for（为）、to（去）、with（和）、about（关于）、at（在）、under（之下）、through（通过）等。它们都有什么用法？在句子中，介词的作用是为其修饰的字词添加细节。比如，"那个男人笑了"就不如"那个拿着（with）气球的男人笑了"精确，而后面这句，又不如"那个拿着（with）气球的男人在（at）镜子前笑了"精确。但是，在一个句子中添加过多的介词，就像是在细节中添加细节，最终会让读者迷失方向。让我们读一个写得不好的句子，它有太多的介词。

　　　　研究人员观察到一种增加，在能量的数量方面，通过裂变，从铀原子里，在模拟中，并消除了约束。

　　　　Researchers have observed an increase in the amount of energy generated by the splitting of uranium atoms in simulations with constraints removed.

　　请注意，你可以在每个英文介词前都加一个句号，这个句子依旧能讲得通。每个介词只是用额外的细节拉长了句子。如果你删除所有有意义的信息，你可以看到一个简单的句子结构：观察到B和C和D在E和F上有区别。甚至不用通读整个句子，你就能看出它过于复杂。让我们再次回看之前那句话，经过重写，删除了其中过多的介词。

研究人员观察到在<u>无约束模拟</u>中，<u>当</u>铀原子裂变时会产生能量。

Researchers have observed increased energy generation <u>when</u> splitting uranium atoms <u>in</u> unconstrained simulations.

由于只保留了两个介词，文字变得更易读了。让我们看看从你的文本中删除多余介词的方法。

复合名词：书籍的收藏者（The collector <u>of</u> books）→藏书人（The book collector）

所有格：拥有吉普车的人（The owner <u>of</u> the jeep）→吉普车主（The jeep's owner）

被动到主动：他被台下的观众喝了倒彩（He was booed offstage <u>by</u> the crowd）→台下观众向他喝倒彩（The crowd booed him offstage）

使用副词：他清洁地板用了很大力气（He cleaned the floor <u>with</u> great vigor）→他用力清洁地板（He cleaned the floor vigorously）

使用精确动词：他仔细地朝着墙面看去（He looked <u>at</u> the wall carefully）→他检查墙面（He inspected the wall）

科技写作风格病毒[1]

请看下面这句话。

为了得到一个估摸的数字，研究团队，一年前在他们曾共事过的来自德国卫生政策研究所的合作者的帮助

---

[1] 本书作者之一的让-吕克·勒布伦围绕这个话题出版了一本免费书籍。你可以从这里下载：https://www.researchgate.net/publication/335689539_Scientific_Writing_Style_Virus。

下，采用了通过调查得出的每日最大摄入量方法来评估人均单糖摄入量。

To get a ballpark figure, the research team, aided by their collaborators at the German Health Policy Institute which they partnered with the year before, adopted the maximized survey-derived daily intake method for the evaluation of the per capita intake of the monosaccharides.

如果你读了这句话后感到难受，那么恭喜你，你是个健康的读者。但如果你对自己说："天哪，这句子写得多么美妙！"恐怕我就有个坏消息要告诉你了。上述例句被科技写作风格常见的错误所毒害：单词模糊、句子曲折、动词失活以及钉子词！如果你读了它们后感到舒适，那是因为你已经感染了科技写作风格病毒。你的写作很可能已被例句中的这些症状所困扰，因此你自然写不出好文章。但是，不要绝望！这种病还没有发展到末期，没有什么是一点点诊断和写作疗法不能解决的。

句子曲折

为了得到一个估摸的数字，研究团队，**一年前在他们曾共事过的来自德国卫生政策研究所的合作者的帮助下**，采用了（……）

To get a ballpark figure, the research team, **aided by their collaborators at the German Health Policy Institute which they partnered with the year before**, adopted the [...]

让我们诊断一下科技写作风格病毒的第一个症状：句子曲折。以下是同一句话的三种表达方式，其中有一种比其他两种表达的可读性差，是哪一种，为什么？现在，不要太专注于分析句子，跟着你的直觉走就可以了。

因为害怕被抓时带着从线上市场买到的假驾照，酒驾的司机逃离了事故现场。

Because he feared being caught with a fake license that had been purchased in an online marketplace, the drunk driver fled the scene of the accident.

酒驾司机由于害怕被抓时带着从线上市场买到的假驾照，逃离了事故现场。

The drunk driver, who feared being caught with a fake license that had been purchased in an online marketplace, fled the scene of the accident.

酒驾司机逃离了事故现场是因为害怕被抓时带着从线上市场买到的假驾照。

The drunk driver fled the scene of the accident because he feared being caught with a fake license that had been purchased in an online marketplace.

最难读的是第二句。为什么？让我用之前站着和跪着的小人的例子，将这三句话中的主句和从句形象化地描绘出来。

通过几十年的阅读，读者已经被训练出来，每当遇到一个主语时，就会期待后面紧跟着一个动词。当主语和动词相距太远的时候,读者就需要锁定宝贵的记忆资源来记住主语,直到找到动词。当读者寻找动词的时候,读到的其他内容就会被放置在次要位置。

因为害怕被抓时带着从线上市场买到的假驾照,酒驾的司机逃离了事故现场。

酒驾司机由于害怕被抓时带着从线上市场买到的假驾照,逃离了事故现场。

酒驾司机逃离了事故现场是因为害怕被抓时带着从线上市场买到的假驾照。

请将主语和动词放在一起,减少这种不必要的记忆分配。

钉子词

啊，情人节。空气中弥漫着爱情的味道，巧克力被装在缎带包装的盒子里，一大束玫瑰被包裹在玻璃纸花束包装内，但这些玫瑰与自然界中的玫瑰并不一样——其中一个基本要素已经被去掉：刺。玫瑰的刺可能会不利于其在情人节的销售，但肯定有利于玫瑰在野外生存。就像它们艳丽的颜色和甜美的气息吸引人类一样，玫瑰也会吸引昆虫和动物，如毛毛虫，它们会对玫瑰造成伤害。[①]每根刺都是玫瑰的防御装置。对于毛毛虫来说，玫瑰的刺是致命的，如果可怜的昆虫那柔软的腹部被刺中，它就会停止向花瓣蠕动。就像玫瑰花茎一样，你的文章也可能有刺——当读者如艰难爬坡一般读到结尾时，却遇到一个钉子词，刺伤了头脑。并不像毛毛虫那样脆弱，读者的头脑可以承受一两根尖刺，这对于作者来说，无疑是件幸运的事。但是，当头脑一次又一次地被钉子词阻碍时，读者就会失去阅读的动力和清晰理解的能力，并会问自己："我刚读了什么？"让我们逐一分析这些钉子词。

俗　语

为了得到一个估摸的数字，研究团队（……）

To get a ballpark figure, the research team [...]

美国人知道什么是ballpark figure（估摸的数字）[②]。但是，如果

---

① 可以说，我们人类为了庆祝节日而大量剪下玫瑰的这种行为，比动物界中任何生物都能更有效地伤害玫瑰。换句话说，人类是世界上最有效的玫瑰捕食者。

② "ballpark"这个词可以指"棒球场"，也可以表示"大致正确的"。——译者注

你是来自其他国的研究人员，知道这种表达的概率就会大大降低。你知道什么是"数字"，但是什么是"ballpark"数字？尽管努力思索，但你还是无法理解这个表达的含义。意思是棒球场的图像吗？你去谷歌图片搜索中查找"ballpark"，屏幕上充斥着体育场馆的照片，让你愈发困惑！实际上，在上下文中，"ballpark figure"的意思就是"approximate figure"（大致的数字）。

在今天这个全球共享研究成果的世界里，口语正在离我们而去。你不再只为你的国家的读者写作。科技写作需要让所有人都能理解。①

长复合名词

为了得到一个估摸的数字，研究团队（……）采用了**通过调查得出的每日最大摄入量方法**来评估人均单糖摄入量。

To get a ballpark figure, the research team [...] adopted **the maximized survey-derived daily intake method** for the evaluation of the per capita intake of the monosaccharides.

我们已经看到，复合名词可以用来去除过多介词，如把"礼物的赠与者"（the giver of gifts）变成"送礼者"（the gift giver）。这种对介词的删除似乎有助于澄清句子的意思，但是会不会有些过度了？"一段历史是关于浪漫的关系的疑难杂症的"（a history of complications in relationships which are romantic）可以缩短成

---

① 如果你仍然好奇地想知道这一表达的来源，为什么"棒球场的数字"意味着"大致的数字"。这是因为与每个场地尺寸都一样的橄榄球场不同，棒球场的尺寸是可变的。

"一段浪漫关系疑难杂症史"（a romantic relationship complication history）。但是，这样一个密集的短语很难理解、消化，最好保留至少一个介词，即"浪漫关系疑难杂症的一段历史"（a history of romantic relationship complications）。在上述的例子中，"通过调查得出的每日最大摄入量方法"可以被压缩成一个完整的长句，即"这种方法利用调查得出了（单糖）每日最大摄入量"（the method which used the maximized values of survey-derived answers about daily intakes［of monosaccharides］）。改用复合名词来压缩句子，从简洁的角度看，令人印象深刻；但从清晰的角度看，则显然没有明显提升。如果简洁性和清晰度发生冲突，请优先考虑清晰度。对你来说，在最后被读者理解，总好过让读者从一开始就感到困惑！

要搞清楚为什么长复合名词复杂且难以理解，我将引用我们另一本有关写作的书《考虑读者》（Think Reader）①中的一段话，该书深入研究了这个话题。

　　经常一同出现的复合名词，如"餐盘"（dinner plate）或"泳池"（swimming pool）是明确且易于理解的。有些甚至已经成了单一名词，如"防火墙"（firewall）或"牙膏"（toothpaste）。当复合名词中有了两个或两个以上的名词时，就会产生歧义。"炸弹威胁"（bomb threat）和"威胁检测"（threat detection）组合成"炸弹威胁检测"（bomb threat detection）。但是，你该将隐形的括号放置

① 《考虑读者》这本书并不关注科技论文，而是更广泛地关注写作本身。在阅读方面，所有人类都有生理上的共同局限：注意力有限、时间有限、记忆力有限。《考虑读者》探讨了这些限制，以及如何通过提高写作技巧绕过这些限制。

在哪里呢？是在（炸弹）和（威胁检测）之间，还是在（炸弹威胁）和（检测）之间？为了澄清这个短语，需要添加介词"of"："炸弹威胁的检测"（the detection of bomb threats），而不是"炸弹的威胁检测"（the threat detection of bombs）。对于读者来说，遵循自然阅读顺序从左至右添加括号是最容易展开的。

（炸弹）

（炸弹威胁）

（炸弹威胁）（检测）

（炸弹威胁检测）（小队）

但是，这种展开有时候会更加复杂，如"都灵橄榄球俱乐部"（Turin football club）这个例子，隐形的括号在（都灵）和（橄榄球俱乐部）之间，即"都灵的橄榄球俱乐部"（the football club of Turin），而不是"都灵橄榄球的俱乐部"（the club of Turin football）。接下来的复合名词，就像是复杂的折纸图案，要以不同的方式展开并重新折叠，这需要耗费更多的脑力。

（澳大利亚）

（澳大利亚橄榄球）——以澳大利亚的规则进行的橄榄球比赛。

（澳大利亚橄榄球迷）——读者不确定该如何展开，是（澳大利亚式橄榄球）的（球迷），还是来自（澳大利亚）的（橄榄球迷）。我选择了（澳大利亚）的（橄榄球迷）。

（澳大利亚橄榄球迷俱乐部）——"俱乐部"的出现

让人产生了一个疑问。

　　我是否该重新展开，并重新折叠成（澳大利亚式橄榄球）（球迷俱乐部）？毕竟，可能是有这样一种"澳大利亚式橄榄球"，其规则与普通橄榄球不同。还是我保持原来的展开方式，即（澳大利亚）的（橄榄球迷俱乐部）？这显然是含糊不清的。在网上查询，果然，澳大利亚的橄榄球与别处不同。但是，如果你的读者没有花时间上网搜索，并且继续阅读呢？由于没有足够的背景信息以准确地将复合名词中的各部分分隔开来，出现误解的概率就变得很高（50%）。作为一名写作者，你不能以读者该如何理解为赌注。

拉丁文或希腊文

　　（……）来评估人均单糖摄入量。

　　[...] for the evaluation of the **per capita** intake of the monosaccharides.

　　与英语口语一样，拉丁语或希腊语单词会让不熟悉该词汇的读者感到费解。为什么使用"per capita"（人均），而不是用英语中的同等表达"per person"？"per capita"并不会更简洁，也不会更准确。这两种表达都是同一个意思。与在使用口语时，要求读者与作者共享相同的文化背景不同，在非必要的时候使用拉丁术语，就是在要求读者与你共享一种死语言的知识。

　　我不是在诋毁所有使用拉丁语的场合。比如，在植物学中鼓励使用拉丁语，因为同一种植物在不同的地区可能有很多不同的名字（比如，一种很流行的蔬菜叫空心菜，又名通菜、通菜蓊、蓊菜、蕹菜或藤藤菜），所以通过其拉丁语名称*Ipomoea aquatica*来识别或许更准确。但是，并没有非要用"per capita"代替"per person"的理由。

术　语

（……）单糖摄入量。

[...] intake of the **monosaccharides**

科技写作风格与术语，二者密不可分。它们的关系不仅是自然的，而且是不断发展的。当科学涉及新的发现时，研究人员需要给以前无法描述的事物、概念或元素命名。如何为未命名的事物选取名称？有些发现以发现者的名字命名，比如"邓宁-克鲁格效应"（Dunning-Kruger effect）或"摩尔定律"（Moore's law）。科学家也可以选择从拉丁语或者古希腊语中寻找灵感。人类的指甲和犀牛的角材质完全相同，那就叫这种材质"角蛋白"（keratin），这一单词源于希腊语的"角"（keras）。

不幸的是，这两种命名方式对于读者来说没有丝毫帮助。如果要使第一种方式行之有效，读者就必须认出研究者的名字，并且熟悉他们的工作。在一个非常小或者狭窄的领域，这至少在最初是可以实现的。但是，随着该领域论文的发表和作者数量的增加，就别指望有人能跟得上了。第二种方案，即以拉丁语或希腊语为基础的命名，同样无益于理解。如果我们都能流利地掌握拉丁语或者古希腊语，我们的知识就能让我们推测出新出现的科学术语的含义。但是，我们很少有人能够流利掌握死语言。

因为并没有什么逻辑或直观的方法可以让我们理解术语，所以读者需要依靠自己的知识储备和对上下文的推理来理解含有术语的段落。想象一下,假设你在一篇文章中读到了如下句子。

> 互联网是研究者和ailurophiles的重要资源。
>
> The internet is a great resource for researchers and ailurophiles.

你可能不认识"ailurophiles"这个单词,因此你会很快尝试使用逻辑来推测这个单词的含义。你可能会意识到,这个词以"phile"结尾,这是一个常见的拉丁语后缀,表示喜欢某个事物,如"audiophile"(音响发烧友)或者"cinephile"(电影爱好者)。但是,和"audio-"以及"cine-"这两个前缀不同,"ailuro-"这个前缀的含义并不是谁都知道的。也许读一下句子的其余部分会有所启发?"研究者和ailurophiles"——研究者和ailurophiles并列在一起,可以默认这两个词之间在某种程度上有逻辑关系。难道说ailurophiles是对"ailuro-"这个(希腊语)前缀所代表的课题感兴趣的研究人员子集吗?最后你终于放弃了推测(之前的思考过程仅仅持续了几秒钟),你转而去查字典,发现ailurophiles仅仅指的是一群爱猫者,除了查字典,没有别的办法可以理解这个词。

当你用术语写作的时候,就相当于给句子加了一道锁。只有拥有正确钥匙的读者,也就是有先前知识的人,才能解开该句子的全部内容。你使用的术语越多,添加的锁就越多,被拒之门外的读者就越多。

一个领域内的术语应该被视作一种不同的语言。日常英语与商务英语、法律英语、医学英语和工程英语都不同。每个领域都拥有一套完整的术语词汇。就像学习一门新语言一样,熟练掌握科技英语是一项需要很长时间才能完成的任务。**你的读者应该学习**

一门新的语言——还是你应该以他们的语言写作？这个问题的答案并不简单。

我们并不是在呼吁禁止使用术语，只是建议你根据读者的水平来调整术语使用量。你该如何确定读者的水平？你的目标出版媒介又是什么？你写的是一份供内部阅读的报告，只有你的研究团队中的成员才熟悉其中的术语？或是只有本领域内熟悉这些术语的专家才会阅读的小众期刊？还是说，你的目标是一个面向更广泛读者的期刊，而你使用的术语反倒会将潜在的读者拒之门外，阻碍他们使用并引用你的研究？最后，如果你的目标是拥有最广泛阅读群体的顶级期刊，比如《科学》，那么你就要意识到，这些期刊的读者来自不同的领域，因此要尽量减少术语的使用，或者至少在介绍这些术语时加以解释。

首字母缩写词作为术语

首字母缩写词是术语中的一个有趣的子类别。

> 当他的前妻走进这间屋子时，这名男子的BP急剧上升。
>
> The man's BP rose dramatically when his ex-wife entered the room.

这句话你能读懂吗？如果你知道BP的意思是 "blood pressure"（血压），那么你就能读懂这句话了。虽然在不使用首字母缩写的情况下，任何读者都能读懂这句话，但是很可能只有医学领域的人（对于他们来说，BP是一个很常见的缩写）才能完全理解这句话的含义。反过来说，"我在国际商业机器公司工作" 可能对你来说没什么感觉，但如果我告诉你"我在IBM工作"，你可能就恍然大悟了。

首字母缩写是一条有用的捷径，可以将许多词语浓缩成一个较短的表达形式。举例说来，用CRISPR代替"clustered regularly interspaced short palindromic repeats"（成簇规律间隔短回文重复序列）是可以的。但是用BP代替"blood pressure"，虽然节省了一个单词数，但可能为句子加上了一道锁，这就不是很合适了。随着文本中缩略词数量的增加，阅读的难度不是以加法，而是以乘法的速度增长了。**首字母缩写带来了简洁，但我们要付出很高的记忆和知识成本，因此只有在绝对必要的时候才使用它们。**

失活的动词

（……）每日最大摄入量方法来**评估人均**单糖摄入量。

[...] intake method **for the evaluation of** the per capita intake of the monosaccharides.

在阅读科技文献的时候，你是否感受到了一丝厌倦？句子曲折和钉子词都会降低论文的清晰程度，但是二者并不会影响读者的情绪。如果不是这二者，那又是什么让你感到厌倦呢？作为人类，我们被变化和行动吸引，并产生兴趣。"他猛烈地抨击"（he fires critiques）比"他爱批评"（he is critical）更能激起我们的情绪，因为前者激发了好奇心，而后者只是个平淡的描述。"他追捕并抓获了小偷"（he chased and arrested the thief）比"在开展追捕之后小偷被逮捕"（arrest of the thief happened after a chase was initiated）更振奋人心，因为前者专注于某人做某事，而后者专注于已完成的事。让我们通过分析一些例子，来更详细地探讨如何提升或降低读者的兴奋感。

在水和钠发生反应之后，产生了化合物的结晶。

Compound crystallization occurs after the reaction
between water and sodium has taken place.

这句话在语法上没有什么问题，就是有点长，缺少变化。下面
这句话经过了重写。

水和钠反应后，化合物结晶。

The compound crystallizes after water reacts with
sodium.

请注意，重写过的句子要短得多，并且有更多的行动。这两句
话之间的差别到底是什么呢？是动词。

动词在英语中可以大致分为两类：行动动词和状态动词。
"crystallizes"（结晶），就像"measures"（测量）、"jumps"（跳跃）
和"calculates"（计算）一样，用来描述正在发生的动作。相反的，
"occurs"（发生），就像"remains"（留下）、"takes place"（发生），
甚至最常用的动词"is"（是）一样，并不描述一个动作，而是一种
存在的状态。当我们让动词"crystallize"失活，转化为动名词组
"crystallization occurs"时，是在用较弱的状态动名词代替原本较
强的行动动词。这种将动词或形容词转变成名词的行为，有个专
门的名称：名词化。为了去除名词化，可以采用以下几条建议。

船体的测量行为由研究团队进行。

Measurements of the hull were taken by the research team.

1. 识别句子中的动词，是否有较弱的状态动词？

2. 它们修饰什么名词？

3. 这个名词是否可以转化为动词？比如"measurements"（测量行为）转化为动词"measure"（测量）。

为了给文本注入生命和活力，并不是要去除所有的名词化表达。让科技写作在阅读上极具挑战性，并不是因为名词化的存在，而是名词化的过度存在。

试着使用上述技巧重写以下段落，减少名词化的表达。

因为关于VR头盔和用户长期互动的信息的缺乏，关于长期使用VR头盔的用户身上负面影响发生的科学不确定性依然存在。

Owing to the lack of information on interactions between VR headsets and users over the long term, scientific uncertainty on the occurrence of adverse effects on users due to prolonged usage remains.

因为我们缺乏关于VR头盔和用户如何长期互动的信息，我们不确定VR头盔的长期使用会反作用于用户。

Because we lack information on how VR headsets and users interact over the long term, we cannot ascertain whether users are adversely affected by prolonged use.

"the lack"（的缺乏，名词）变成了"we lack（我们缺乏，动词）"，"interactions"（的互动，名词）变成了"interact"（互动，动词），"uncertainty"（不确定性，名词）变成"cannot ascertain"（不确定，动词），以及"adverse effects"（负面影响，形容词和名词）变成

"adversely affect"（反作用，副词和动词）。

消灭科技写作风格病毒

我们已经见识到了，在曲折的句子里，在钉子词和名词化里，有这种病毒在作祟。现在，该让你从诊断过渡到治疗了。尝试重写以下句子，删除尽可能多的病毒性症状（后面会提供一个可能的改写方案）。

为了得到一个估摸的数字，研究团队在他们去年曾共事过的来自德国卫生政策研究所的合作者的帮助下，采用了通过调查得出的每日最大摄入量方法来评估人均单糖摄入量。

To get a ballpark figure, the research team, aided by their collaborators at the German Health Policy Institute which they partnered with the year before, adopted the maximized survey-derived daily intake method for the evaluation of the per capita intake of the monosaccharides.

1. 用 "approximate figure"（大致的数字）代替 "ballpark figure"（估摸的数字），去除口语化的钉子词。

2. 注意 "get an approximate figure"（得到一个大致的数字）是个名词化的表达，替换成动词 "approximate"（估计）。

3. 删去句子中 "German Health Policy Institute"（德国卫生政策研究所）这一曲折成分，要么将其移到句子开头，要么移到句子结尾，或者将其拆分成另一句话。

4. 通过引入几个介词来分解长复合名词。

5. 用简单的英语词代替拉丁语词。

6. 定义术语,使其易于理解。

　　通过与德国卫生政策研究所合作开展的一项调查,我们估计了人均摄入单糖(manosaccharides)的每日最大量。

Through a survey conducted in partnership with the German Health Policy Institute, we approximated the maximum daily intake of simple sugars (manosaccharides) in people's diets.

第四章

减轻记忆的负担

在开始进入这个话题之前，我们想向你介绍弗拉基米尔——一位俄罗斯科学家，在本书灰框中的大多数小故事里，他会是主人公。他的言行往往能以一种幽默的方式，来揭示我们作为科学文献读者时所感受到的痛苦。

阅读事故

弗拉基米尔正在阅读他每年都会参加的会议的印刷论文集。看起来，他正在阅读你的论文。忽然，他在第三页停了下来，将食指放在一个单词下面，快速浏览他刚刚读过的文字，寻找着什么。他要找的内容不在这一页。他用空出的左手往回翻了一页，然后又翻了一页……他又停下来。他的脸上泛起了光，感到非常满意，之后他回到之前正在读的那一页，收回了仍在指着有问题的那句话的手指，然后继续阅读。发生了什么事？这是个阅读事故：他忘记了缩略词的意思。谁该对此负责呢？

猜猜是谁！

被忘记或未定义的首字母缩略词

在写作时,首字母缩略词会让表达更简洁,但如果简洁性降低了清晰度,简洁则无济于事。首字母缩略词在定义它的段落中总是清晰的。如果在接下来的段落中经常使用首字母缩略词,那么读者就会记住它的意思;但如果它不定期出现,或者读者的阅读进程经常被打断,那么,离开了读者短期记忆这一温暖巢穴的首字母缩略词,就会失去其意义。

弗拉基米尔是如何忘记首字母缩略词的含义的? 他在论文的开头读过这个词的定义,但当他读到第三页时,就已经忘记了。除了简单的遗忘之外,弗拉基米尔甚至有可能在一开始就没注意这个词的定义。

设想一个场景。当弗拉基米尔刚开始浏览你的论文时,你做的一幅精彩图表吸引了他的注意力。于是他的视线落在了图注上,然后就被一个含义不明的首字母缩略词绊住了。问题是,弗拉基米尔还没有阅读定义首字母缩略词的论文引言部分。因此,不要在图注和小标题中使用首字母缩略词。

有时候,首字母缩略词根本就没有被定义,因为作者假设这篇论文的读者是该领域的专家,已经对这些首字母缩略词很熟悉了。这种疏忽会让那些并非专家的读者感到沮丧,因为这种情况迫使他们在论文之外搜索首字母缩略词的定义。

避免首字母缩略词带来的问题非常简单:

➢ 如果一个首字母缩略词在论文中只用了两到三次,那就最好一次都不要用(除非是众所周知的缩略词,比如IBM,或者这篇论文非常短,就像一篇通讯或者长摘要)。

➢ 如果一个首字母缩略词用了超过三次,那么你要在它首次出现的新页面上或者新的标题下列出其完整的表达,这样读者不需要很费劲就能找到其定义。

➤ 避免在视觉资料中使用首字母缩略词,或者在标题、图例和图注中重新定义它们。因为读者通常在阅读论文的文字之前,会先看视觉资料。

➤ 避免在标题和小标题中使用首字母缩略词,因为读者通常会先浏览这篇文章的骨骼,之后才会阅读其他内容。

➤ 保守一点,尽量定义所有的首字母缩略词,除非这个词对于你发表论文的期刊读者来说已司空见惯了。

➤ 千万不要遗漏掉任何一个首字母缩略词的定义,除非这个词和USA一样众所周知。并且还要切记,你的读者可能来自任何一个国家,可能对当地、本国或者国外的首字母缩略词[法语的SIDA就是英语中的AIDS(艾滋病)]不熟悉。

新加坡出租车司机

几天前,当弗拉基米尔在新加坡时,他叫了一辆出租车,去位于南洋理工大学(Nanyang Technological University, NTU)的一个研究所。出租车停了下来,弗拉基米尔上车,说:"南洋理工大学,谢谢。"出租车司机是一位老人,显然在新加坡生活了许多年,他回答:"我不知道这是哪里。"这个回答让弗拉基米尔大吃一惊。这是一所历史悠久、体系完备的大学,出租车司机之前肯定带乘客去过那里。当弗拉基米尔解释说,目的地位于通往裕廊的高速公路尽头时,老人一脸恍然大悟的表情,他大笑着说:"啊!NTU!你怎么不早说!"那天,弗拉基米尔知道了,原来一个首字母缩略词有时候会比其完整定义更广为人知。

➤ 如果是个广为人知的首字母缩略词，可以先使用后定义。如果其不为人知，那就要先定义再使用。

流行的通用学习算法SVM（支持向量机）对分类的世界产生了深远的影响。

The popular universal learning algorithm SVM (Support Vector Machine) had a profound impact on the world of classification.

新型的通用学习算法——支持向量机（SVM）——可能会对分类的世界产生深远的影响。

The new universal learning algorithm—Support Vector Machine (SVM)—is likely to have a profound impact on the world of classification.

 在你的论文中，找出每一个首字母缩略词第一次出现的地方，搜索这个词在后面哪些地方也出现过。如果这个首字母缩略词再次出现的地方与首次出现的地方分属不同的章节，就要再次定义一遍。这样一来，读者就不必再回过头来寻找任何一个首字母缩略词的含义了。如果首字母缩略词出现在标题/小标题中，或出现在图注中，就用其完整定义来替换。

分离的代词

"this"（这）、"it"（它）、"them"（他们）、"their"（他们的）和"they"（他们），这些都是代词。代词可以代替名词、短语、句子，甚至一整段话。和首字母缩略词一样，代词也是避免重复的捷径。

代词和首字母缩略词都是指针，指针的特点正是其产生问题的根源。

➤ 如果你指着某人一个小时前坐过的地方，来指代那个人，那么甚至是你所指代的那个人自己，可能都已经忘了你指的是谁。如果这个代词指的是一个早就已经从读者的短期记忆中消失了的名词——因为在文本中，这个名词和代词之间已经隔了80个单词了，那么这个代词-名词的连接就会失效。这种失效并不足以阻止读者继续阅读，但是他们的思路就不那么清晰了。

➤ 如果你在演讲中提及并且指着一个站在距你30米以外的人群中的朋友时，只有认识这个人的人才会知道你到底指的是谁，其他人都不会知道。先前的知识可以消除歧义。当代词指向几个可能的候选者时，非专家的读者——他们对文本的不完全理解并不会消除歧义——将会选择其中最可能的候选者作为代词的指示对象，继续阅读下去，并希望自己选对了。如果那个可能的候选者并非该代词的指代对象，那么就会出现理解错误。

> 这只胖猫吃了一只老鼠。它已经一周没有食物了。
>
> The fat cat ate a mouse. It had been without food for a week.

到底是谁一周没有食物了，猫还是老鼠？当然了，作者知道是谁，但是读者只能通过运用逻辑推理，试着猜出"它"（it）指代谁。有人会认为"它"指的是那只猫——如果它一周没有吃食物，饥肠辘辘，那么它抓住这只老鼠才说得通。

如果去掉"猫"之前的形容词，而在老鼠之前加一个形容词

"瘦"来描述老鼠,就成了"这只猫吃了一只瘦老鼠"。那么,我们可能会运用逻辑推理认定下一句话中的"它"是指代这只老鼠的。

➤ 最后,有些指示代词可能并不指向任何人,或者指向的是尚未到来的人。

> 这被认为是合适的,将女性排除在样本之外。
>
> It was deemed appropriate to exclude women from the sample.

这句话以不清不楚的"这"(it)开头,这个词与被动语态如影随形。谁认为"这"很合适?认为"这"很合适的那个人,在读者面前隐身了。是作者吗?还是主管?或者研究部门的经理?

而有一些指示代词指向的是尚未到来的事物或人。如果你指的是从现在开始五分钟后会站在那个地方的人,那么剩下的人就要等到那个时候才知道你指的是谁。这会造成紧张感。

> 今晚会让我们惊喜的演讲者是一位伟大的弓箭手。他已经……
>
> Our surprise speaker for this evening is a great archer. **He** has been….

> ……女士们先生们,让我们欢迎威廉·泰尔教授。
>
> …Ladies and gentlemen, let's welcome Professor William Tell.

除非是代词所指代之物存在于读者的未来,在其余的情形之下，为这个代词选择一个可能的指代对象，大脑只需要花费几毫秒。那么，到底是什么影响了读者选择指代对象？

1. **读者的知识面**。读者知识越浅薄，越容易选择出错误的对象。

2. **上下文**。当有多个可能的指代对象时，读者可通过上下文和逻辑推理选择——就像关于猫的例句中的那样。

3. **指代对象和代词之间的距离**。与代词之间隔着很多个单词的指代对象，不太可能被选中。

4. **语法**。单数代词（这个，this）或者复数代词（这些、那些、它们，these, those, they）有助于指导读者选择指代对象，性别代词也是一样（他、她、他的、她的，he, she, his, her）。

在以下示例中，试着确定带下画线的代词"它们的"（their）指代的是谁。三个可能的对象用粗体表示。如果这句话表意明确，那么这项任务就可以立刻完成。但事实上，你可能得费一番功夫。如果你毫不费力就完成了，那么就问一下自己，你在该领域的知识储备在多大程度上帮你做出了正确的选择。

> 元胞自动机（CA）细胞，一种模拟细胞电活动的自然候选者，可作为理想组分，用以拟合**细胞间通信**——如那些发生在心脏细胞间的通信，以及模拟**异常异步传播**——如异位搏动，由细胞间发起并传播，无论<u>它们的</u>模式有多复杂。
>
> The cellular automaton (CA) cell, a natural candidate to model the electrical activity of a cell, is an ideal component to use in the simulation of **intercellular communications**, such as those occurring between cardiac cells, and to model

abnormal asynchronous propagations, such as **ectopic beats**, initiated and propagated cell-to-cell, regardless of the complexity of THEIR patterns.

很难确定"它们的"指代的是哪个复数名词，因为"无论它们的模式有多复杂"这个句子的片段移动到这句话的任何地方，都能说得通。

　　……用以拟合细胞间通信，无论它们的模式有多复杂……

...to use in the simulation of intercellular communications, regardless of the complexity of their patterns...

　　……以及模拟异常异步传播，无论它们的模式有多复杂……

...to model abnormal asynchronous propagations, regardless of the complexity of their patterns...

　　……如异位搏动，无论它们的模式有多复杂……

...such as ectopic beats, regardless of the complexity of their patterns...

通信、传播和搏动，都可以被认为具有复杂的模式。让我们说出正确答案吧，在这段文字中，"它们的"代表"异常异步传播"（abnormal asynchronous propagations）。

这种模糊性可以用不同的方式消除。方式之一是省略细节，那么这个长句就能缩短七个单词。

> 元胞自动机（CA）细胞，一种模拟细胞电活动的自然候选者，可作为理想组分，用以拟合细胞间通信——如那些发生在心脏细胞间的通信，以及模拟异常异步传播——如异位搏动，由细胞间发起并传播。
>
> The cellular automaton (CA) cell, a natural candidate to model the electrical activity of a cell, is an ideal component to use in the simulation of intercellular communications, such as those occurring between cardiac cells, and to model abnormal asynchronous propagations, such as ectopic beats, initiated and propagated cell-to-cell.

也可以重写句子中产生问题的部分，从而删去代词。

> 元胞自动机（CA）细胞——一种模拟细胞电活动的自然候选者——可作为理想组分，用以拟合细胞间通信——如那些发生在心脏细胞间的通信，以及模拟由细胞间发起并传播的具有复杂或简单模式的异常异步传播（如异位搏动）。
>
> The cellular automaton (CA) cell — a natural candidate to model the electrical activity of a cell—is an ideal component to use in the simulation of intercellular communications, such as those occurring between cardiac cells, and to model the cell-to-cell initiation and propagation of abnormal asynchronous events (such as ectopic beats) with or without complex patterns.

也可以重复被指代的名词，而不使用代词。

元胞自动机（CA）细胞，一种模拟细胞电活动的自然候选者，可作为理想组分，用以拟合细胞间通信——如那些发生在心脏细胞间的通信，以及模拟异常异步传播——如异位搏动，由细胞间发起并传播，无论传播模式有多复杂。

The cellular automaton (CA) cell, a natural candidate to model the electrical activity of a cell, is an ideal component to use in the simulation of intercellular communications, such as those occurring between cardiac cells, and to model abnormal asynchronous events, such as ectopic beats, initiated and propagated cell-to-cell, however complex the propagation patterns may be.

但是，这些都只是"速效药"。处理这种情形的最好方式是回到问题的源头。在这个例子中，问题出自句子过长。有必要对例句彻底重写一遍。

心脏细胞通过在细胞间发起并传播电信号来通信。信号传播模式有时较为复杂，如在异常异步传播——异位搏动的情形中。我们利用原细胞自动机（CA）细胞来模拟这种复杂模式。

Cardiac cells communicate by initiating and propagating electric signals cell to cell. The signal propagation patterns are sometimes complex as in the case of abnormal asynchronous ectopic beats. To model such complexity, we used a Cellular

Automaton cell (CA cell).

改写后的段落长度只有原来的70%左右。这段话变得更清楚、简洁，且不再需要介词"它们的"（their）。

 在你的论文中，要对以下代词进行系统搜索："这"（this）、"它"（it）、"它们"（them），以及"它们的"（their）。

如果你是非专业读者，你能够轻易识别并确定读到的代词到底指代什么吗？如果你不能，那就删除代词，并替换为代词所指代的单词或短语。另一种途径是以一种不需要代词的方式，重写整句话。

模式匹配

某天，弗拉基米尔不明白为什么他正在阅读的段落如此晦涩难懂。通常导致句子难懂的罪魁祸首都不存在：语法正确，句子长度对于科技文章来说也适中。而后，弗拉基米尔忽然喊了出来，仿佛他在老虎机上排列出了三根金条。他那善于匹配模式的大脑将三种同类的表达方式排列了起来。

（1）预定义的　　　　位置　　　信息
　　　Predefined　　　location　　information

（2）预排列的　　　　位置　　　信息
　　　Pre-programmed　location　information

（3）已知的　　　　　定位　　　信息
　　　Known　　　　　position　　information

> 每一列都是同义词或相同的词。弗拉基米尔决定用"已
> 知的定位"代替每一种表达。当同义词的迷雾散去之后,段落
> 的结构问题就显露出来了。

令人困惑的同义词

我们可能都有这样的记忆(并不总是美好的),我们的小学英语老师,让我们叫她史密斯夫人吧。她会在课堂上大声朗读出我们的写作练习,每当我们胆敢在相邻的句子中使用相同的词语时,她就会朝我们大喊大叫。

> 这只胖猫吃了一只老鼠。这只猫已经好几周没吃老
> 鼠了。

史密斯夫人会扑向我们,指责我们犯了可怕的第八宗罪:重复。

"但是,小约翰尼,你不应该重复'猫'或'老鼠'。你应该使用同义词。比如,你可以这样说'这只猫科动物已经好几周没有吃啮齿动物了'。"可怜的小约翰尼,他甚至不知道什么是猫科动物或啮齿动物,但他对英语老师渊博的学识感到惊讶。他将这番教导铭记在心,直到成为一名科研人员,他还一直对史密斯夫人给他灌输的教条深信不疑:不要重复用同一个词,要用同义词,通过你庞大的词汇量来显示你渊博的学识。

但是,在科技论文中,同义词会让读者感到困惑,尤其是对于那些不太熟悉你所在领域的专有词汇的读者。

➤ 避免使用同义词。通过始终如一地使用相同的关键词,让你

的写作清晰明了,即使这意味着从一个句子到另一个句子,你都在重复使用这些词汇。但是,这有个额外的好处,即你将降低你对读者记忆的要求:更少的同义词意味着需要记忆并理解更少的单词。

 在你的论文中检索一下同义词。他们通常出现在相邻的句子中。题目中关键词的同义词,时常在摘要、标题、小标题和图注中出现。选择你的一组关键词(尤其是那些在论文题目中使用的关键词),并且在所有地方,包括论文题目、摘要、引言、标题和小标题、图例和图注,重复使用这些关键词。

陌生的背景

苹果电脑工厂

1986年,当弗拉基米尔搬到加利福尼亚州的库比蒂诺时,在苹果总部做暑期实习生。他被带去参观附近位于弗里蒙特的苹果电脑工厂。每天都有一卡车的零件运进工厂,刚好够一天的生产所需;并且每天都有一集装箱的苹果电脑被运出来:没有本地备货,没有仓储。弗拉基米尔见证了非常有效的即时(just-in-time, JIT)制造技术。

背景介绍位于科技论文的哪个部分? 无论问谁,都会得到同一个答案:引言。嗯,是……也不是。如果背景资料对于读者来说不能立刻派上用场,那么就会迅速被忘记。

变量类型

计算机编程中有两种类型的变量：全局变量和局部变量。为什么呢？为了让程序更有效地利用计算机的内存空间。全局变量需要永久使用内存空间，而局部变量在程序退出其使用的子程序之后，就会立刻释放其临时内存空间。这个奇妙的概念适用于写作吗？

将所有背景资料打包放在你的论文的引言部分，极大地增加了对记忆的要求。背景资料有两种类别：全局背景，适用于整篇论文；局部背景或即时背景，只适用于你论文中的某个章节或段落。即时背景不需要占用太多记忆负荷：它紧挨着所要阐明的内容，在前或在后。下面是一个即时背景的例子。

额外信息很容易从"上下文"——换言之就是在被关注的词附近获得。

Additional information is readily available from "context"—other words found near the word considered.

在这个例子中，"上下文"这个词一出现就被定义了。

➤ 当论文的标题或小标题中含有需要解释的新词时，请在标题之下的第一句话中及时解释。

溶菌酶溶液的制备
Lysozyme solution preparation

溶菌酶，蛋清中含有的一种酶……

Lysozyme, an enzyme contained in egg white, …

在这篇化学期刊上发表的论文的小标题中，"溶菌酶"这个词或许对于读者来说是个新词。作者在本节的第一句话中就及时为这个词做出了定义，使用了语法学家所称的"同位语"——一个阐明其前面内容的短语。如果同位语简短，则非常有效；但如果它过长，就无效了，就像下面的例子所阐释的。

溶菌酶，一种可以溶解特定细菌的物质，存在于蛋清、唾液还有眼泪中，能够破坏细胞外壁，未经纯化即可使用。

Lysozyme, a substance capable of dissolving certain bacteria, and present in egg white and saliva but also tears where it breaks down the cell wall of germs, is used without purification.

在之前的例句中，同位语也是无效的，因为这些成分减慢了阅读速度，并让句子更冗长。

元胞自动机（CA）细胞，**一种模拟细胞电活动的自然候选者**，可作为理想组分，用以拟合细胞间通信——如那些发生在心脏细胞间的通信，以及模拟异常异步传播——如异位搏动，由细胞间发起并传播，无论它们的模式有多复杂。

The cellular automaton (CA) cell, **a natural candidate to model the electrical activity of a cell**, is an ideal component to use in the simulation of intercellular communications, **such as those occurring between cardiac cells**, and to model the abnormal asynchronous propagations, **such as ectopic beats**, initiated and propagated cell-to-cell, regardless of the complexity of their patterns.

 将每一个由你拟定的标题和小标题挑出来（不包括那些常用的标题，即方法、结果和讨论）。读一下紧跟在标题/小标题之后的句子，这个句子应该为标题提供背景，如果没有，请修改它。

成分分离

浪费水，浪费思想

弗拉基米尔站着不动，双手在热水龙头下等待水温变暖，冷水就浪费在了水槽中。他那解决问题的大脑忽然灵光一闪。

"为什么水管工不把热水器放在热水龙头附近？或者，我感觉也可以使用塑料管或者隔热的金属管。当然了，我可以买一个控温水龙头……在我下个月的奖金发下来之后。"

热水的到来打断了他的思索，他想起来了，之前他也有过同样的想法。

在阅读一句话的时候，如果动词迟迟不出现，你有没有想过，你正在浪费你读者的时间？或者更糟糕的是，读者被主语和动词之间插入的单词分散了注意力。在句子的主要成分之间插入过多细节,会给记忆增加负担["burden"(负担)这个词源于古法语"bourdon",是一种哼哼声或嗡嗡声——但是我们需要知道这些吗?],因为这些细节将读者期望一起看到的两个单词分开了,如这句话中的动词(增加负担)和其宾语(记忆)。

➢ 记得让以下这些经常在一起的句子成分相互靠近。

动词和 其宾语	主语和 其动词	视觉资料和 其完整说明	背景信息和 需要用到背 景的地方
陌生词和 其定义	首字母缩略词 和其定义	名词/短语和 其代词	……

如图4.1所示,将主语和动词分开,会造成很不良的后果。

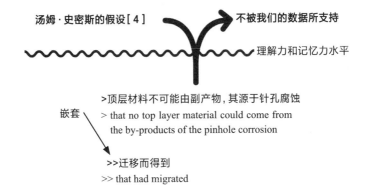

图4.1

将短语嵌套进去,同样会让读者理解水平下降。最终,所有低于其理解水平的细节都将被遗忘。主要应该归罪于两对分离的成分:(1)主语("汤姆·史密斯的假设")与动词("不被……支持")

之间插入了两个嵌套的从句，从而被分隔开了；(2)"副产物"(the by-products)这个短语和"迁移而得到"(that had migrated)之间被短语"针孔腐蚀"(of the pinhole corrosion)分开了，造成了一些混淆。其实迁移的并不是腐蚀，而是其副产物；为了避免出现这个困惑的双重嵌套，作者可以将"迁移而得到"(that had migrated)改成名词"迁移"(migration)，变成"顶层材料不可能从针孔腐蚀副产物的迁移中得到"(that no top layer material could come from the migration of the pinhole corrosion by-products)，这句话就会更清楚。

内存寄存器

　　好奇心促使弗拉基米尔拆开了他的古董TRS80电脑，查看印刷电路板。他不太记得当时使用的是什么CPU了。在靠近散热器的地方，他发现了长长的CPU芯片，是英特尔8085微处理器。他记得自己早在1981年就研究过它的结构。那时候他第一次发现，快速访问内存对微处理器的整体速度至关重要，中央处理单元(CPU)在芯片上就有自己的专用内存寄存器，可以说它们是在同一个屋檐下共存的。与从外部存储器存储和检索数据所需的时间相比，这种搭配使得从这些内部寄存器中存储和检索数据的速度超快。

➤　　为了通过快速访问的记忆来提高阅读效率，你应将在句法上或语义上密切相关的项目放在同一页、同一段、同一句或同一行中。读者会对阅读速度的提升深表感激。

文字溢出

记忆过程需要消耗大量的注意力,这个过程也很缓慢。在不要求对方重复的情况下,你是否能够理解复杂的道路指示? 我们的工作记忆弹性较低;正如下一个例子所示,它不能适应突然的文字溢出。在开始阅读之前,一些背景知识会有所帮助。下面这句话是关于成型机的,这类机器熔化塑料颗粒,并将熔化的塑料注入模具内以制造塑料零件。

新型微成型机设计与传统的采用往复式螺杆注射系统的"宏观"成型机的主要区别在于,新型微成型机通过将熔体塑化与熔体注射分离,使用直径几毫米的小注射活塞进行熔体注射,以控制计量精度,同时螺杆设计有足够的通道深度,适合处理标准塑料颗粒,并提供所需的螺杆强度,可用于微型成型机。

The main difference between the new micro molding machine design and the conventional « macro » molding machines with reciprocating screw injection system is that by separating melt plastication and melt injection, a small injection plunger a few millimeters in diameter can be used for melt injection to control metering accuracy, and at the same time a screw design that has sufficient channel depth to properly handle standard plastic pellets and yet provide required screw strength can be employed in micro molding machines.[1]

---

[1]　Zhao J, Mayes RH, Chen GE, Xie H, Chan PS. (2003) "Effects of process parameters on the micro molding process", *Polymer Eng Sci*, 43(9): 1542–1554, ©Society of Plastics Engineers

你有可能无法读完这个含有81个单词的句子，并且不得不再次阅读其中的部分内容。它的语法是正确的，对于熟悉机器的专家来说，要表达的意思也足够清楚。但是，对于大多数读者来说，单次阅读这句话所需要的工作记忆量太大。

　　当注意到这样一个长句子时，作者往往会想把它分成两部分，在中间插入一个句号。

　　　新的微型成型机设计与带有往复式螺杆注射系统的传统"宏观"成型机之间的主要区别在于，新型微成型机通过将熔体塑化和熔体注射分开，可以使用直径几毫米的小注射活塞进行熔体注射，以**控制计量精度。同时**，具有足够通道深度以正确处理标准塑料颗粒并提供所需螺杆强度的螺杆设计可用于微型成型机。

　　The main difference between the new micro molding machine design and the conventional « macro » molding machines with reciprocating screw injection system is that by separating melt plastication and melt injection, a small injection plunger a few millimeters in diameter can be used for melt injection **to control metering accuracy. At the same time** a screw design that has sufficient channel depth to properly handle standard plastic pellets and yet provide required screw strength can be employed in micro molding machines.

　　当然，这有点用，但是拆成两句话并不是处理长句的最佳方式。

> 为了避免计算机程序员所称的"内存堆栈溢出"和人类所称的头痛,在重写长句时,请确定作者的意图。

这篇论文的引言中的这句话,描述了一个新颖的解决方案。在长句的中间,新颖性被埋没在不太可能引起人们太多注意的地方。

在把那个句子分解成多个句子之前,让我们采用一个经典的结构:从现有的问题开始,然后提出一个新的解决方案。不同于原句的立即让读者直接进入创新的核心,让我们先从已知的信息——读者熟悉的背景开始。

> 在具有往复式螺杆注射的传统"宏观"成型机中,熔体塑化和熔体注射在螺杆机筒系统中结合。在新型微型成型机中,螺杆和注射器是分开的。现在,重新设计的螺杆具有足够的通道深度和强度来处理标准塑料颗粒,带有直径只有几毫米的活塞的单独注射器,可以更好地控制计量精度。
>
> In conventional « macro » molding machines with reciprocating screw injection, melt plastication and melt injection are combined within the screw-barrel system. In the new micro molding machine, screw and injector are separated. The screw, now redesigned, has enough channel depth and strength to handle standard plastic pellets, but the separate injector, now with a plunger only a few millimeters in diameter, enables better control of metering accuracy.

重写的段落中有三句话,而不是只有一个句子,有67个单词,而不是81个单词。记忆不会过度紧张，因为标点符号为大脑提供了足够的停顿来理解：原句中有两个逗号和一个句号，而重写版本中有七个逗号和三个句号。新版本的内容更清晰、更简洁。

因为好的写作也是令人信服的写作，所以在我们告别这个例子之前，我想强调一下原句的作者写得很好的地方。作者预计，新的"微成型"机的用户会希望使用与旧的"宏观成型"机相同的（廉价）塑料颗粒，因为他们的仓库和货架上，可能还存放着大量的这种颗粒。作者向用户保证，重新设计的螺杆能够处理标准塑料颗粒，相当于预先回应了可能的质疑。

➢ 说服某人放弃熟悉的事物，接受新事物的最好方法，是预测和回应人们在考虑改变时可能会产生的最常见的反对意见。

在你的论文中选择一个部分（如果你愿意，就从引言开始）。选择那些看起来很长的句子。看一下句子的单词数（通过窗口底部的字数统计）。如果该句子超过40个单词，就读一读，看它是否表意清晰。如果不确定，就修改一下，使之清晰：通过确定该句子的目的，并寻找上文中所介绍的经典结构，帮助你把它分解成较短的句子。另外，你可能想删除使句子冗长的多余细节，或重写整个段落。

总之，首字母缩略词、代词、同义词、滥用细节、缺乏背景、图注难解、不连贯的短语和长句子，都会损害读者的记忆力。

第五章

保持注意力，保证连续阅读

抓住注意力

弗拉基米尔和他的妻子鲁斯兰娜在睡觉前，常常躺在床上阅读。

"你还没读完？"鲁斯兰娜问道。

这更像是一句评论而不是一个问题。在过去的三个晚上，她的丈夫一直在阅读一篇10页长的科技论文，而在同样的时间内，她已经阅读了近250页的悬疑小说。每天晚上，她都能保持一直躺在床上，而弗拉基米尔却无法集中注意力，他要么上床，要么下床去喝一杯酒，或者打一通电话，或者看一会儿深夜电视新闻，或者吃点零食。她知道这些迹象意味着什么。在实验室度过了漫长的一天后，他很累，没有足够的精力，不能够一次性保持专注超过10分钟。他手中的文章读起来需要耗费太多的时间和精力。她问弗拉基米尔：

"你有没有读过哪篇科技文章，让你感到非常有趣，根本无法停止阅读？"

他看着她，沉默了很久。她知道了答案，不可能有很多科技文章是有趣的。

"我一篇都想不出来！"最终，他说，"即使是我自己的论文都让我感到无聊。"

"难道在研究所里，他们不教你如何把论文写得有趣吗？你知道的，那种能吸引科学家注意力的论文。"

弗拉基米尔叹了口气。

"能吸引注意力还好，但维持注意力是很难的。我希望我可以让读者像你一样保持清醒并感到有趣。"

她不免要嘲弄一番。

"哦，我很清醒，亲爱的，我很感兴趣。你呢？"

爱情、冲突和悬念为小说增添了趣味。但是，当作者在题目中就已经将所有的秘密揭露出来时，一篇科技论文又怎么会有任何悬念呢？想象一下，如果侦探小说家阿加莎·克里斯蒂（Agatha Christie）写了一部小说，题目是《管家在图书馆用烛台杀死了公爵夫人》，那么这本书肯定会登上滞销书榜首——至少，就悬念而言必定如此！

这部小说会以一个摘要开头，上面写着"在本书中，我们将证明是管家在图书馆用烛台杀死了公爵夫人"。在引言章节中，会提到管家、园丁和女仆也和公爵夫人住在一起，但他们都没有杀她的动机。中间章节将展示管家被抓到正用烛台猛击公爵夫人头部的照片。其他章节将包括管家承认谋杀的签名证词。最后一章将强化已经确立的事实：烛台的重量和管家的肌肉力量足以杀死公爵夫人。最后会提出进一步研究的建议，例如艺伎对相扑选手使用烛台的犯罪行为。在此，你看到的可能是一篇阿加莎·克里斯蒂版本的科技论文，但阿加莎·克里斯蒂当然不会这么写。

阿加莎·克里斯蒂会如何使任何一篇科技论文更有趣呢？让

我试着猜测一下，一方面，她会把你的贡献变成不止一个故事。另一方面，她会给你的故事情节加入一些波折，提出意想不到的问题。而你，这位运用归纳和演绎逻辑的科学家英雄，会成功解决这些问题。有时，她会让你停下来做一番说明或澄清，而不是让你在复杂的故事中自顾自地愉快前行，完全无视喘不过气来的非专家读者。而且，即使她不能站在故事的最高层面使用悬念来吸引读者，但只要有机会，她就会重新制造局部的悬念，使你在阅读过程中很少有沉闷的时刻。事实上，在听过一些引人入胜的诺贝尔奖得主的讲座后，我才能够确信，科学故事并非一定是无聊的。

让故事向前发展

这个标题中最具挑战性的词是"故事"。不知何故，科学家并不认为科技论文适合将生动的故事作为写作模式。诚然，科技论文中并非所有部分都可以通过故事风格变得清晰并引起人们的兴趣（在方法部分很少这样做），但所有部分都可以从接下来介绍的技巧中受益。

➤ 最能抓住注意力的东西——**变化**，是变化让故事不断向前发展。

比如，在一段话中引入一些变化。随着每一次变化，故事都会发展、扩大、缩小或跳跃。当思路停止移动时，段落就会变长。想象一条河流，水在什么时候停止流动？

有时，河流会变宽，形成一个几乎察觉不到水流的湖泊：当思路停滞不前，或被扩充为释义时，它就会停止流动。有时，水会出现漩涡：在回到主体思路之前，作者将读者困在细节的漩涡中。有时，河流有很深的蜿蜒曲折：作者忽然给出了一个意想不到的回溯，来完成一个已经提出的想法。有时，沿着河岸会形成缓慢的逆流：作者在句子中颠倒了主语和宾语的位置，因不断使用被动语态而减慢了读者的阅读速度——这已被公认是故事杀手。

湖 泊

当没有目的时（因为没有流动），一个段落的长度会增加。思路的呈现便会丧失特定的顺序，或者按照只有作者才能看明白的顺序。段落中也可能展开大量的释义，不必要地延长篇幅，直到它变成一大块令读者望而却步的文本。无需阅读其中一个单词，读者就会根据经验知道阅读的速度会很慢，内容的清晰度也会很低。

当思路处于静态时，段落的长度会增加。额外的长度会减慢阅读的速度，并降低论文整体的简洁性。**通过释义，段落虽然延长，但没有实际推进思路，因为用来释义的句子具有相同的含义**⋯⋯

When ideas are not in motion, a paragraph grows in length. The additional length slows down reading and reduces overall conciseness. **With paraphrasing, the paragraph lengthens without actually moving the ideas forward since the sentences have the same meaning**…

加粗的句子转述了前两句已经涵盖的内容。

漩 涡

嵌套细节（用细节解释细节）也会延长段落。嵌套细节会使读者远离段落的主要意图。当细节讲完后，读者会被拉回到主题的干流中。下面一段文字是关于培养皿中胚胎细胞增殖的内容，对培养皿的深入描述（加粗部分）分散了读者的注意力（培养皿→涂层→涂层的原因）。这些细节可以在别处表述，或者干脆可以删掉。

> 在接下来的三天里，三十个胚胎细胞在培养皿中增殖。**使用的培养皿由塑料制成，其内表面涂有小鼠细胞，这些细胞经过处理已经失去了分裂的能力，但仍然保持提供营养的能力。使用这种特殊涂层的原因是为胚胎细胞提供黏性表面。**在增殖后，胚胎细胞被收集并放入新的培养皿中，这一过程被称为"重新接种"。经过180次这样的重新接种，可以获得数百万个正常且仍未分化的胚胎细胞。然后将它们冷冻并储存。

> For the next three days, the thirty embryonic cells proliferate in the culture dish. **The dish, made of plastic, has its inner surface coated with mouse cells that through treatment have lost the ability to divide, but not their ability to provide nutrients. The reason for such a special coating is to provide an adhesive surface for the embryonic cells.** After proliferation, the embryonic cells are collected and put into new culture dishes, a process called 'replating'. After 180 such replatings, millions of normal and still undifferentiated embryonic cells are available. They are then frozen and stored.

U型回溯

当作者出人意料地掉过头去，转而为前面几句话提出的观点添加细节时，读者便会分心，思路之流被打乱了。在下面的示例中，加粗的句子应调整至第一句话之后，以删除这种U型回溯，使思路线性化。

在对大学宿舍中收集到的蟑螂进行微生物学研究后，我们发现它们的肠道携带葡萄球菌和大肠菌群等微生物，这些微生物若在肠道外发现，将会非常危险。当蟑螂反刍食物时，它们的呕吐物会污染它们的身体。因此，在它们多毛的腿、触角和翅膀的表面上发现了相同的微生物，并且还有霉菌和酵母菌。**在蟑螂的肠道中发现这样的微生物并不奇怪，因为它们也存在于蟑螂赖以生存的人类和动物粪便中。**

After conducting microbiological studies on the cockroaches collected in the university dormitories, we found that their guts carried microbes such as staphylococcus and coliform bacteria dangerous when found outside of the intestinal tract. Since cockroaches regurgitate food, their vomitus contaminates their body. Therefore, the same microbes, plus molds and yeasts are found on the surface of their hairy legs, antennae, and wings. **It is not astonishing to find such microbes in their guts as they are also present in the human and animal feces on which cockroaches feed.**

逆　流

正常的句子具有流动性,阅读句子时,我们从上游的旧信息到下游的新信息,从句子的主语到它的动词和宾语。当这种自然顺序被过度颠倒(例如被动语态)时,句子通常会变长,读者的阅读速度会减慢。

剪切过程应保留所有关键部位。相同大小的图像也会被剪切过程制作出来。

The cropping process should preserve all critical points. Images of the same size should also be produced by the cropping.

看看你的长篇大论,问问你自己:我在这里有没有提出一个单一观点? 我能否用更少的论据、更少的文字甚至是一个数字来表达这个观点? 把这一段变成两段,能不能把事情说清楚并保持思路的流动性? 我的文章中是否有湖泊、漩涡、回溯或逆流?

摇摆和呐喊

呐　喊

《摇摆和呐喊》(*Twist and Shout*)是披头士乐队的一首流行歌曲,其歌名引人注目。如果将其放在我们讨论的吸引读者注意力的背景下,"摇摆"就是故事情节的转折,"呐喊"是所有能引起读者注意的东西。

呐喊是很容易的!

➢ 调高视觉音量；增加小标题和有用的视觉资料。

在凸显视觉效果的空白的围绕下，小标题以其粗体字的形式呐喊。小标题告诉读者你的故事是如何向前发展的。因此，要使你的小标题尽可能传递更多信息、更能指示内容。避免模糊的小标题，如"模拟"或"实验"，但也要避免过分具体，甚至包含摘要中没有的关键词的小标题。

➢ 更改格式和样式。

适度地使用：
1. 编号的列表
2. **加粗**
3. 下画线
4. *斜体字*
5. **改变字体**
6. 文字加框

这些格式和样式相当于提高了你的音量，或改变了你的音调、语调。这些变化使段落不再单调，使内容变得突出（注意，出版商可能会通过强制使用标准格式和规范样式来限制你的选择）。

➢ 改变句子长度，并提出问题。

在一个长句子之后，特别是在一个段落的结尾，一个短句子会有很大的强调意味。它在呐喊。为什么？因为短句子不会堵塞记忆，我们可以快速处理其语法，而且更容易理解其含义。下面一个段落的最后一句话只是前面三句话的四分之一。这个短句子不仅是在呐喊,而且是在尖叫!

纸质照片上的标注都是手动的,它们要么是隐性的(按事件、地点或主题制作的相册),要么是显性的(照片背面的涂鸦)。在今天这样的数字世界里,虽然有些标注仍然是手动添加的,但大多数标注,如时间、日期,有时还有GPS定位,都是由相机自动输入照片文件的。是否可以想象,有一天自动标注会被扩展到生活中的重大事件、熟悉的风景或熟悉的面孔,从而不再需要手工标注? 是的,那一天近在眼前。

Annotations on paper photos were all manual; they were either implicit (one photo album by event, location, or subject) or explicit (scribbles on the back of photos). In today's digital world, while some annotations are still manual, most, like time, date and sometimes GPS location, are automatically entered in the photo file by the camera. Is it conceivable that one day automatic annotations will be extended to include major life events, familiar scenery, or familiar faces, thus removing the need for manual annotations? Yes, and that day is upon us.

本段的主题是照片标注的发展历程——昨天、今天和明天。整个段落使用的被动语态只是一个工具,以实现作者的目的:表明自动化是不可避免的。你可能会争辩说,可以使用主动语态重写这一段话。我同意,但主动语态不是万能的,并不能解决所有的写作问题。"主动"的段落如下所示,这个例子还将帮助我们发现一个保持读者注意力的技巧。

➤ 改变句子的语法和长度。

　　给纸质照片做标注需由人工完成，分为隐性标注（按事件、地点或主题分类的相册）或显性标注（在照片背面的涂鸦）。标注数码照片是数码相机的一项自动功能（标注时间、日期，有时还在照片文件中插入GPS定位）。对于生活中重大的事件、熟悉的风景或熟悉的面孔来说，用自动标注代替先前手动输入的数据，在不久之后将成为可能。

　　Annotating paper photos was a manual task, implicit (photo albums by event, location, or subject) or explicit (scribbles on the back of photos). Annotating digital photos is an automatic task for digital cameras (time, date, and sometimes GPS location inserted in the photo's data file). Annotating automatically the previously manually entered data will tomorrow be possible for major life events, familiar scenery, or familiar faces.

　　这一段中的三个句子都有一个最优先的固定主题（"标注"），三个句子都是用主动语态写的，三个句子的长度都差不多，而且三个句子都遵循完全相同的语法：主语、动词和宾语。如果超过两句话在句长和句法中保持一致，行文就失去了魅力。读者会感到厌烦。至于说那个"主动"还是"被动"的未解难题，我认为，尽管现在这段话更加简洁，但毫无生气。

➤ 用像在用手指指着一样的词来传达重要性。

某些词如果使用得少,就能很好地引导人们的注意力。如果使用过度,这些词就会失去所有的意义,并且反倒会惹恼读者。以下这些词给了你一种方法,用于在所有的事实中揭示最突出的事实。

更重要的是、重要的是、值得注意的是、特别是、尤其重要的是、甚至是、尽管如此

more importantly, significantly, notably, in particular, particularly, especially, even, nevertheless

➤ 让你的读者在整篇论文中看到相同的贡献。

为了确保读者永远不会忘记论文的贡献,作者在论文的每个部分都会提到它:题目、摘要、引言、结论、视觉资料、论文的主体,甚至是标题和小标题中与论文题目相呼应的词汇。但是,如果作者使用同义词描述同一个贡献,或者作者在题目、摘要或结论中似乎讲了不同的故事,或者作者离题了,那么读者可能会不明白这篇论文的贡献到底是什么。

摇　摆

在一篇科技论文中,总是有制造张力的机会。可能是你要突破的一个限制,或是你准备利用的一个例外规则。它可能是你要改变的一个共同观点,或是你要弥补的一个差距。

➤ 展示有对比性的观点或事实。

特别的介绍性话语，将使你的科技论文尽可能地接近戏剧性。

然而、但是、相反、尽管、相较于、另一方面、虽然、而、同时、只是、不能、更糟糕的是、问题是……

however, but, contrary to, although, in contrast, on the other hand, while, whereas, whilst, only, unable to, worse, the problem is that …

事情并不总是像它们最初看起来那样完美。

尽管COBRA（基于成本的算子速率自适应）已经显示出它在时间安排问题上有优势，但Tuson和Ross［266，271］发现，与精心选择的固定算子概率相比，它在其他广泛的测试问题上只提供了同等或**更糟**的解决方案质量。

Although COBRA (Cost Based operator Rate Adaptation) has shown itself to be beneficial for timetabling problems, Tuson & Ross [266, 271] found it provided **only** equal or **worse** solution quality over a wide range of other test problems, compared with carefully chosen fixed operator probabilities.[1]

摇摆是出乎意料的故事，而科技论文往往是意料之中的故事。如果论文是枯燥的，那是因为研究过程中遇到的所有困难都从公开记录中被抹去了。只有成功的东西才被展示出来。

---

[1]　经许可转载自马克·辛克莱（Mark Sinclair）博士的博士论文《光网络设计的进化算法：遗传算法/启发式混合方法》（"Evolutionary Algorithms for optical network design: a genetic-algorithm/heuristic hybrid approach"），©2001。

➤ 保留足够多的意外困难，以维持读者阅读兴趣，并在读者心中建立一个足智多谋的科学家的形象。

有趣的、好奇的、令人惊讶的、可能有（但没有）、出乎意料的、不可预见的、似乎、不寻常的、不同于、……

interestingly, curiously, surprisingly, might have (but did not), unexpectedly, unforeseen, seemingly, unusual, different from, …

在下一个例子中，情态动词"可能有"使读者感到好奇……可能有，但没有！它设定了一个预期，即作者将解释为什么这个方法不像最初想象的那样适用。

全局归纳法［3］是一种自然语言处理方法，对新闻视频的分割**可能有**作用，因为新闻内容可以用类似于文本文件的形式表达：单词、短语和句子。

The Global Induction Rule method [3], a natural language processing method, **might have** worked on news video segmentation since news contents can be expressed in a form similar to that used for text documents: word, phrase, and sentence.

➤ 使用数字。

太多的数字会让读者分散注意力、堵塞记忆，但几个精心挑选的数字却能抓住读者的注意力。数字具有相当大的吸引力。

60岁以后，你的大脑每年会失去0.5%的体积。

After 60 years old, your brain loses 0.5% of its volume per year.

0.5%使这个句子更加精确且令人（至少对老年人来说）印象深刻。在下面的例子中，"数百万"吸引了人们的注意。

在增殖后，胚胎细胞被收集并放入新的培养皿中，这一过程被称为"重新接种"。经过180次这样的重新接种，可以获得**数百万**个正常且仍未分化的胚胎细胞。

After proliferation, the embryonic cells are collected and put into new culture dishes, a process called 'replating'. After **180** such replatings, **millions** of normal and still undifferentiated embryonic cells are available.

在论文题目和摘要中，你也许并没有足够的视觉资料来说服读者你的论文值得一读。最能帮助你说服读者相信他们真的需要下载你的论文并使用你的发现的东西是……数字。你的摘要是精确的还是模糊的？数字用在你的题目中是否合适？你的论文中含有视觉资料，而一些期刊提出了每千字一张视觉资料的比例。计算一下视觉资料所占的排版空间（包括作为视觉资料所占空间的一部分的图注）和段落文字所占的排版空间（不包括论文的题目、摘要和参考文献部分）之间的比例。现在，请查阅在你论文的参考文献列表中引用率最高的几篇论文，计算同样的比例（图表与文字）。你的比例与他们的平均比例相比如何？你是否有足够的视觉资料，也就是说，你是否有足够的说服力和清晰度？

➢ 在你的故事情节即将改变方向时，宣布替代路线。

> 而不是、转而是、可替代的是
>
> rather than, instead of, alternatively

> 我们是否可以通过无数形状进行无规则运动，而非沿着单一路径做单向运动？
>
> **Instead of** unidirectional motion along a single pathway, can we have unguided motion through the myriad of shapes? [1]

暂停以说明和澄清

在任何科技论文中，读过一个特别长或特别艰巨的部分之后，读者吸收更多知识的能力会降低。这种情况发生的一个迹象是无法回忆起已经读过的大部分内容（如果内容是清楚的，回忆起来就会容易得多）。另一个迹象是无法区分重要内容和不太重要的内容（附属关系、因果关系和还没有被完全确定的关系）。在阅读论文的过程中，这些知识获取能力的低点一次又一次地出现。在这种情况下，读者的注意力很容易在本应保持的时候丧失。也许这是由太多的专业词汇或公式等密集的理论造成的。作者应该在论文中找出这样的段落，并试着在此停顿一下，以澄清和巩固。为了澄清，作者使用流程图、例子和图表。为了巩固，作者使用简短的总结。澄清和巩固会得到读者的高度赞赏，并暂时提高读者的注意力。

---

① 经许可转载自Wolynes PG. (2001) Landscapes, Funnels, Glasses, and Folding: From Metaphor to Software. *Proceedings of the American Philosophical Society* 145: 555–563。

➢ 通过总结（无论是文字形式还是视觉资料形式）来澄清重要的
内容。

总结以不同的方式简明扼要地重述了主要内容。它给了读者
第二次理解内容的机会，也为作者提供了让读者与他们保持同步
的保障。下面这些词会引起读者的注意，因为在这些词中，他们看
到了巩固知识的希望。

概括地说、综上所述、换句话说、见图×、总之、简
而言之、……

To summarize, in summary, in other words, see Fig. ×,
in conclusion, in short/briefly put, …

阅读难，写作更难。将多年的研究提炼成不到10页的内容是
一项冒险的工作。就像压缩的音频文件，压缩后的知识会失去清
晰度。即使你的论文结构清晰，你也需要在文本中重新引入细节，
让内容更清晰、更容易掌握、更少理论性、更实用、更直观。

➢ 用例子来说明问题。

论文中需要**例子**，不仅仅是因为例子是提炼过程的副产物。
因为在更多时候，你的读者并不熟悉你的研究领域内正在发生什
么，所以论文中需要说明性的细节。读者可能是同一领域的科学
家，但无论他们的学术水平如何，你和他们在知识方面的差距都很
大。对你来说有形的、真实的东西，对他们来说可能只是一个想
法，或者一个理论。

你对向读者清楚表达的重视，会通过文字和标点符号表现出

来。"例如""即""如""特别""具体"等词语,以及冒号,都有助于提高读者的注意力。因为这些词语和标点的出现,意味着更易理解、更少笼统的内容、更清晰的细节。它们给苦苦挣扎的读者带来解脱,并抹平了他们眉头上因专注而产生的深深的皱纹。

这些词也展示了你的专业知识。非专业人士无法提供例子或具体细节,他们的舒适区是在笼统的和不精确的地方。而专家在具体的、精确的和详细的内容方面都能自如地展现才能,这就是他们令人信服、值得依靠并且有趣的原因。

 以你的论文为例。搜索"总结"(summarize)、"概要"(summary)、"结论"(conclude)、"简而言之"(in short)等词。如果每次搜索结果的窗口都是空的,那就问问自己:在我的论文的一些章节中,我是否可以预料到,读者无法看到"森林中的树木",也就是无法确定我的论点或发现其中真正的核心是什么?如果你的答案是肯定的,那么就用一个简短的总结来结束这些部分。

重塑局部悬念

科技文章的结构几乎没有为悬念留下余地。在读者得出结论之前,题目和摘要就立即揭示了本文的主旨。因此,必须人为地重新制造悬念。

你知道什么可以延缓大脑的萎缩,并可能降低阿尔茨海默病的发生率吗?

➤ 悬念的主人,作者工具箱中最未能充分利用、最被低估的工具是……**问号**"?"。

在引导思维的过程中，它是典型的通用触发器。问题会让人们产生好奇心。一旦作家表达了一个问题，它就会成为读者的问题，并且让读者一直保持好奇，直到答案出现。

（a）一个问题使读者的思想重新集中，为答案的出现做好准备。

（b）一个问题清楚地确立了一个段落的主题。

（c）一个问题将思维引向一个特定的方向。

（d）一个问题一直萦绕在读者脑海中，直到得到答案——哦，顺便说一下，关于延缓大脑萎缩的问题的答案是维生素B。

是否总是需要一个问号才能提出问题？

不是。问号使问题明确，但也有含蓄的提问方法。在语法上，唯一没有问号的问题是**间接问题**，它是由作者提出的。

> 我们想知道我们的数据清理方法是否有效。
>
> We wondered whether our data cleaning method was valid.

"出乎意料地""可能会""令人震惊地""有趣地"，这些词宣布了一些**出乎意料的发现**。作者首先在心中对这些发现提出了疑问，而后通过文字，在读者心中也提出了问题。在下一个例句中，耐人寻味的"似乎是"提出了一个问题。"手动抛光"似乎只是答案，但能看出，作者有一个更好的答案，尽管它不太明显。

> 什么方法能提供足够的接触力，来抛光大型船舶螺旋桨叶片高度复杂的表面？用皮带机进行手工抛光似乎是一个明显的答案。
>
> What method provides enough contact force to polish the highly complex surfaces of large ship propeller blades?

Manual polishing with a belt machine **would appear** to be the obvious answer.

尚未得到证实的形容性陈述总是会引起疑问，特别是当它像下面这句话那样被强调时。

能量景观/漏斗隐喻导致了与路径隐喻**截然不同**的折叠过程图景。

The energy landscape/funnel metaphor leads to a **very different** picture of the folding process than the pathway metaphor.[1]

在这种情况下，问题是"当我们使用能量景观/漏斗隐喻时，折叠过程图景是什么样子的？"，作者在提出证据之前就提出了这一主张，从而促使读者提出问题。这是个多么巧妙的再现悬念方式啊！

在高温下，电子俘获不是……

At high temperatures, electron trapping is **not** …

电子俘获并不重要，当……

Electron trapping is unimportant when …

与形容性陈述相似的方式是**否定式陈述**，即在提出有效的东

---

① 经许可转载自 Wolynes PG. (2001) Landscapes, Funnels, Glasses, and Folding: From Metaphor to Software. Proceedings of the American Philosophical Society 145: 555–563。

西之前，先提出无效的东西；在重要的东西之前，先提出不重要的东西。以"什么不"作为陈述的开始，引出了"什么是"的问题。

改变的宣布增加了紧张感和关注度。

　　疟疾的新菌株已经对所有的现有药物产生了抗药性，但这种情况即将改变。

　　The new strain of Malaria had become resistant to all existing medicine, but this was about to change.

挑衅性陈述如同吹响号角，要求说明理由或澄清问题。下面的声明和托马斯·弗里德曼（Thomas Friedman）的书名《世界是平的》(*The World Is Flat*)一样具有挑衅性。

　　HTML 5 胎死腹中。
　　HTML 5 is stillborn.

图表中的数值引起了强烈的疑问：星期四发生了什么？

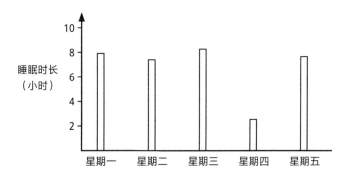

对立的主张产生了自然的悬念。观察一下作者是如何维持读者兴趣的。在五个连续的句子中，大部分是用主动语态写的，作者给出了（1）两个数字；（2）一张图片；（3）吸引注意力的"但是""不是"和"重要"；（4）一个对立的主张："然而""矛盾"；（5）一个问题，暗示观察到的结果有差异的其中一个原因。

当试图改善由Clusdex方法得到的团簇时，Strunfbach等人报告说，当使用我们的退火方法时，错误率增加了27%［6］，然而我们观察到的不是增加，而是减少了12%的错误，如图3。他们的发现体现了一个重要矛盾。在检查了他们的数据后，我们发现他们使用的是原始数据，而我们删除了异常值。异常值应该被保留还是被移除？

When trying to improve the clusters obtained by the Clusdex method, Strunfbach et al. reported a 27% increase in error rate when using our annealing method [6], whereas we had observed, not an increase, but a 12% decrease in error as seen Fig. 3. Their findings represented an important contradiction. After examining their data, we discovered that they had used the raw data while we had removed the outliers. Should outliers be kept or removed?

障碍。不同的方法，不同的结果，没有办法对它们进行比较，这就造成了一个障碍。

正如有人所指出的（3），比较这些分析研究的结果是一项具有挑战性的任务，因为它们使用了不同的微阵列平台，而这些平台的基因组分只有部分重叠。值得注意的是，Affymetrix阵列缺乏淋巴芯片微阵列上的许多基因……

As was pointed out (3), it is a challenging task to compare the results of these profiling studies because they used different microarray platforms that were only partially overlapping in gene composition. Notably, the Affymetrix arrays lacked many of the genes on the lymphochip microarrays...[1]

 在你的论文中搜索问号。如果你没有搜索到，那就问问自己，为什么？你在论文中提出和回答的基本问题是什么？你难道不应该找到一种以问题的形式来表达它们的方法吗？你是否通过其他手段，如设置障碍、挑衅性陈述、图表问题、否定或形容性的主张来重塑悬念和提出问题？

在本章开始时，我们发现一篇科技文章的结构几乎没有为悬念留下余地。在读者得出结论之前，文章的主旨会立即在题目和摘要中显示出来。因此，作为作者，你必须重新引入紧张和悬念以维持读者的兴趣。是的，这可能会让人感觉不自然，也可能会增加你论文的长度。但这样做获得的好处要远远大于付出的成本。因为吸引注意力的方案往往会增添对比，清晰度也会提高。更重要

① Wright G, Tan B, Rosenwald A, Hurt E, Wiestner A, Staudt LM. A gene expressionbased method to diagnose clinically distinct subgroups of diffuse large B Cell Lymphoma. *Proceedings of the National Academy of Sciences*, 100: 9991–9996.

的是，读者将从你的论文中得到更多信息。

　　在这一章中，我们还研究了许多方法，它们能够从最开始就一直让读者保持积极和专注。因为当读者努力在你论文的艰难章节中挣扎时，会以很快的速度耗尽注意力，所以我们使用了文字、标点符号、句法、文字格式、页面布局、结构、例子、总结、视觉资料和问题。你并不是理所应当就能得到读者的注意力，而需要通过努力工作赢得它们。现在是该你练习的时候了。是时候用充满肾上腺素的问题唤醒昏昏欲睡的读者了，也是时候把恢复生命的液体倒在干枯的知识上了。

 阅读你的论文，找出读者可能觉得难以理解的部分（如果你不确定，请把它交给其他人阅读）。在这些部分中，对你的文字进行相应的修改，以提高读者的注意力，促进他们的理解（例子、视觉资料辅助、问题、新的小标题等）。

　　免责声明：吸引注意力的方法只有在没有滥用的情况下才有效。如果在论文中过多地使用吸引注意力的方法，反倒会分散读者的注意力，使他们失去关注的焦点，届时，本书作者将不负任何责任。这种过度使用的例子包括：在一个长的章节中用七次"重要"，使用过多视觉资料将论文变成了一幅漫画，在很多地方使用黑体字和斜体字，使论文看起来像一篇小学作文，或者在相邻的三句话中连用三个"然而"。

第六章

缩短阅读时间

如果作者简明扼要，直奔主题，那么读者的阅读时间就会减少。有些作者认为简洁是对读者的尊重，下面帕斯卡尔的这句话也说明了这一点。

布莱兹·帕斯卡尔

17世纪的法国数学家和哲学家布莱兹·帕斯卡尔（Blaise Pascal）在他的作品《致外省人信札》（*Lettres Provinciales*）中向他的读者道歉。他写道："这封信比较长，只是因为我没有时间把它缩短。"简洁是一种礼貌！同世纪的法国作家布瓦洛（Boileau）说得很严厉："谁不知道如何给自己设限，谁就不知道如何写作。"

视觉资料与文字的阅读时间

虽然时间是以秒计算的，但阅读时间却更加主观。读者对时间的流逝会有不同的体验，其原因各不相同：对主题的熟悉程度、语言能力、阅读动机、阅读习惯或读者是否疲倦。利用技巧，作者能够减少客观和主观的阅读时间，同时增加读者整体的阅读乐趣。

读者在看视觉资料时，对时间不太敏感。不知何故，大脑在看视觉资料时比在读文字时更加投入。好的视觉资料就像是信息汉堡，摄入速度堪比狼吞虎咽地吃快餐。眼睛快速地扫视它们，一边扫视一边分辨特征。视觉资料的信息能更快地到达大脑，因为它们是在高度发达的视觉皮层中进行处理的，这一区域旨在处理**高信息带宽**。对于文本或语音资料，大脑则会依次处理每一个单词或音节——一个低信息带宽的处理过程。如果你需要更有说服力的东西，请进行以下实验。以下两种表述方式中，哪一种能在最短的时间内给你提供最大的信息量？是下面这段文字吗？

在我们的实验中，对于0.10 m/h的出水流速，观察到的流出物中归一化示踪剂浓度在15小时后从0迅速增加到0.4。38小时后，当浓度达到0.95时，增加速度减慢，并在90小时后达到1.0的峰值。之后，浓度曲线急剧下降，在180小时后逐渐接近零。计算数据和观测数据密切相关。然而，与计算数据相比，当浓度下降时，观测数据似乎滞后。

还是图6.1？

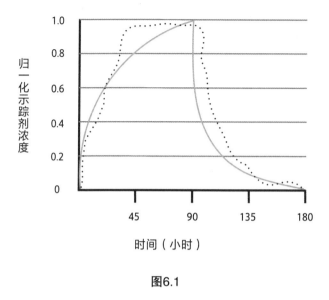

图6.1

流出速度为0.10 m/h时的示踪剂浓度数据（虚线）。计算数据（实线）在浓度下降时滞后于实验数据。

阅读速度降低的原因

当阅读速度很慢时，读者会变得不耐烦。如果作者想给读者带来愉快的阅读体验，那么搞清楚是什么降低了阅读速度至关重要。

当作者制造阅读事故时，阅读速度就会减慢。 如未定义的首字母缩词、模棱两可的代词、长句子、缺失的逻辑环节或未填补的知识空白。

当句子过于复杂或抽象时，阅读速度就会减慢。 帕斯卡尔写道："记忆对于理性的运作至关重要。"复杂的句子对任何人的记忆都有很大的要求，它大大减慢了阅读速度。

当结构不明确时，阅读速度就会减慢。 当读者不能轻易找到他们感兴趣的内容时，他们就会花费更多的时间，比如论文中缺乏一个清晰的结构，或是未能分出足够的标题及小标题。

➤　确保你有一个详细的、信息丰富的结构（后面会详细介绍）。

组成文章结构的语句常被快速浏览，所以需使用句法简洁、容易被读者理解，并易于定位和识别的句子。比如，下面这句**黑体字**的句子会受到更多关注，因为缩进产生了一个空白处，起到了吸引眼球的作用。

当读者不像专家那样熟悉该主题时，阅读速度就会减慢。 矛盾的是，对于刚刚踏进你所在领域的新手来说，较长的引言反倒会减少他们阅读你的论文所需的总时间，原因很简单，引言为理解论文的其余部分奠定了必要的基础。资深写作者会在撰写阶段让论文达到最大程度的清晰和简洁，以满足专家的要求。之后，他们会花更多时间在终稿上，以满足非专家的需要。以下是加州大学戴维斯分校教授道恩·萨姆纳（Dawn Sumner）对她的写作过程的自述：

> 我（把我的最新草稿）放置一段时间，然后想一想哪些是我的读者已知的信息，然后我给他们所有他们需要的信息，（这样一来）对于那些不像我这么熟悉该主题的人来说，思路就跟上了，然后（我）偶尔会再重复一下。

我想说的是，只有像萨姆纳教授这样把读者放在心上，作者才能写出优秀的文章。思考哪些可能是读者不知道的东西，可以让你找出会减慢阅读速度的知识差距，因为读者必须努力理解你的句子是如何在逻辑上联系起来的,从而减慢了阅读速度。

➤ 填补知识差距的句子,以及对造成差距的关键词加以解释,都会加快阅读速度。

当因语法复杂而需要额外的理解时间时,阅读速度会变慢。比如,无论是专家还是非专家,读者都很难理解长复合名词。这需要额外的时间来理解,于是就减慢了阅读速度。

➤ 将长的复合名词拆解开来,通过添加一个介词(of,on,to,with)使之更加明确,以加快阅读速度。

当写作缺乏简洁性时,阅读速度会变慢。正如帕斯卡尔指出的那样,写一篇长的论文比写一篇短的论文花费的时间要少,但需要更多的时间去阅读。在全局范围内确定篇幅过长的根源,是实现简洁的第一步,但这就像确定"啤酒肚"的原因一样困难——虽然显然需要调整饮食,但脂肪的来源可能有很多。你写作中的"脂肪"从何而来?

- 冗长是由那些本应是表格、图片或图例的数千个单词造成的。
- 冗长是从尚未成型的结构中蔓生出来的,在不同的章节中,信息被不必要地重复。
- 冗长源于思维的迟钝,因为它会产生并弥漫陈词滥调的迷雾,特别是在标题或小标题之后的第一段。
- 冗长是作者产生不切实际的野心的结果,试图在一篇论文中塞入几篇论文的内容。

- 冗长是匆忙的结果，因为修改一篇论文以达到简洁的目的需要时间。
- 冗长发生在当读者得到不必要的细节时，这些细节并不能提升论文的贡献。

你的文章是否可以极其简练？当然可以，但这样的话你的文章就会失去清晰度。这里有四个很好的理由来说明增加论文篇幅的合理性。

- 写一个较长的引言来增加篇幅，设定一个真正的背景，突出你的贡献的价值。你的贡献就像一颗钻石，为了保有并展示它，你需要一个戒托（一些相关研究组成的戒托）。
- 在论文的每个部分突出你的贡献的每一个方面（以不同的角度和不同的详略程度）来增加篇幅。一颗钻石的每个切面都有助于为之增光添彩。同样地，论文的每一部分都从不同的角度展示了同一个贡献。
- 增加篇幅以超越在摘要中陈述的结果，揭示你的贡献对科学的潜在影响。你会将一颗未切割的钻石交给读者，让他们自己去打磨吗？
- 提供一定程度的细节来增加篇幅，使研究人员能够独立评估你的结论，或至少能够遵循你的逻辑。

 阅读你的论文。你是否重复了某些细节？如果是，请修改结构以避免重复。你是否觉得你要发表论文的期刊的读者已经对你引言第一段所述的内容了如指掌？如果是，就把它删掉。引言的最后一段像是论文其余部分的目录吗？如果是，就把它删掉。你在阅读自己的行文时感到无聊吗？如果是，那就是时候用视觉资料来替换它了。所有的细节对你的贡献都至关重要吗？再次阅读整篇论文，无情地删掉那些解释细节的细节。

第七章

保持读者的积极性

注意力是一种宝贵的资源，不应浪费。它是你大脑中的交通控制器，会优先处理它认为最重要的想法。如果注意力减弱，我们的思路就会偏离方向，或者转移到阅读之外。然而，就其重要性而言，注意力受制于一个强大的统治者：动机。可将阅读视为一个具有输入端和输出端的系统，如图7.1所示。

动机是该系统的四个关键输入端之一。获得知识的乐趣（反馈回路）使动机保持高涨，甚至加强动机（例如，当超出预期或迅速达到目标时）。当预期值没有得到满足时（语法过于晦涩、知识储备不足，或论文不令人满意），当阅读的替代品变得更有吸引力时，或当读者疲倦时，动机就会下降。

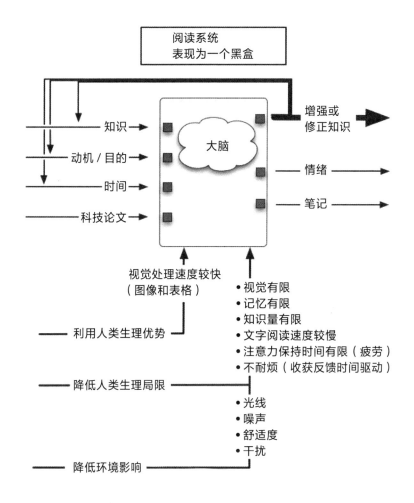

图7.1

阅读被视为一个系统,有四个输入端和三个主要的输出端。在阅读之前,每个输入端都有一个初始值。这个值会随着时间的推移而变化,因为输出会影响输入。例如,你从论文中获得的知识越多,你可以投入的知识就越多,可以用来促进你进一步的理解。外部因素影响阅读过程。它们要么让这个过程更流畅,要么造成阻碍,要么导致低效。这会间接地影响读者吸收知识的速度,从而也影响其阅读的动机,动机是这个系统的一个关键输入端。如果阅读是一个晶体管,动机就是它的基电流,对阅读活动来说,要么关闭,要么促进。

错误的题目和未满足的预期

弗拉基米尔是一位年轻的美国研究人员,刚刚进入英语语音识别研究领域。两个月前,当他的主管波波夫派他去巴黎参加ICASSP(国际声学、语音与信号处理会议)以了解该领域的最新动态时,他无法预料到这次法国之行将让弗拉基米尔陷入某种困境。

今天,年轻的弗拉基米尔正通过网上的期刊数据库,搜索关于在电话预定航班系统中使用自动语音识别对话的通论性论文。在一长串题目列表中,从上往下数第五个,他发现了这个题目,"用于获取旅行信息的电话对话系统"。弗拉基米尔笑了,他输入的所有关键词都包含其中。他通过研究中心的图书管理员琼订购了这篇论文。

次日,这篇论文就躺在了他的桌子上,第一页附有一张黄色的便利贴,上面写着:"你在浪漫的巴黎遇到了法国女友?"

弗拉基米尔不明白,他和他的俄罗斯妻子鲁斯拉娜有着幸福的婚姻。他不解地撕下遮在摘要上的便利贴,开始阅读。他发现这篇论文的摘要与题目不一致。他原本希望这是一篇该领域的通论性论文,却发现这是关于对话系统中法语语音的论文。他的目光移到第一作者的名字上:米歇尔·梅布尔。一个法国女人!糟了!难怪图书管理员要取笑他。不然他为什么要读一篇与他的研究领域毫不相干的论文呢?他应该阅读吗?还是他应该担心实验室里可能会流传他和法国女人婚外情的传闻?……(待续)

打击还是激励读者，你的选择

激励读者这件事从你的论文题目就开始了。题目是阅读的初始动力。读者的眼睛会扫过数以百计的题目，然后只选中其中的几个。想象一下，倘若读者觉得你的题目很有趣，那么你就拥有了所有作者梦寐以求的东西：读者的注意力。现在就看你的了。你是要打击你的读者，让他们的期望破灭，还是与之相反，激励他们？

打击——通过一个不能概括文章其余部分的题目。

激励——通过一个能够概括文章其余部分的题目。

> 弗拉基米尔决定还是要读一下。毕竟这篇论文只有五页篇幅。他应该能很快读完。他将跳过他不感兴趣的部分。
>
> 半个小时后，他只读到第二页的中间部分——导言的结尾，论文正竭尽全力地想要通过一张图片或一个表格来把事情说清楚。他焦急地瞥了一眼手表。20分钟后他要和他的团队开会。（待续）

打击——明确显示出阅读论文需要的时间比预期多。

激励——明确显示出阅读论文需要的时间比预期少。

> 导言中提到了法语语音，以及Chtimi语和Marseillais语之间的口音差异。他对法国的了解仅限于足球运动员和香水。他听说过齐内丁·齐达内（Zinedine Zidane）和香奈儿5号（他在巴黎为鲁斯拉娜买的生日礼物），仅此而已。他瞥了一眼参考文献部分，没有丝毫帮助。他上网查阅维基百科，也没有丝

毫帮助。如果他问图书管理员琼，那么她会问他关于他法国女朋友的事，因此他放弃了这个想法。现在，他的动机已经到了最低点，所以他跳过几段，跳到了关于对话模型的部分。（待续）

打击——不给读者提供阅读论文所需要的基础知识。

激励——给读者提供阅读论文所需要的基础知识。

然而令他意想不到的是，他的动机可以降到比之前更低的水平。那个似乎正是在描述他所感兴趣领域的关键段落，却让他完全搞不明白。他在上面花了足足5分钟，然后就放弃了。（待续）

打击——使用语法晦涩或复杂的句子，使读者灰心丧气，开始不确定自己是否理解正确。

激励——使用能清楚表达的句子，使读者受到鼓励，确信自己理解正确。

他最后认为这篇文章太具体了。法语的语义模型可能完全不适用于英语，因此这对他根本没用。几分钟后，他的会议就要开始了。一位也要去开会的同事出现在他的隔间里，快速地扫了一眼论文的一个小标题，然后说："嘿，弗拉德①！我不知道你还对法语感兴趣。谈了个法国女朋友吗？鲁斯拉娜知道吗？"……弗拉基米尔把论文扔进了垃圾桶。"这是个误会。"他说。（待续）

---

① 弗拉基米尔的爱称。——译者注

打击——让读者怀疑成果的有效性或适用性。

激励——证明成果的质量、有效性或适用性。

> 他匆忙赶去开会。当他进入房间时，所有同事都喊着"Bonjour"①。在他回答之前，他环顾四周，放松了警惕——他的导师还没有到。他说："事情不是你们想的那样。论文的题目有误导性。"他们都笑了。这时，他的导师进入了会议室，递给弗拉基米尔一篇论文。"来，读读这篇，"导师说，"我还没读过，但这篇论文似乎非常适合你的研究。它是由……嗯，一个法国人写的。"整个小组都笑趴下了。

打击——用缺乏活力的风格、缺乏变化的句子结构、缺乏重点的新信息和缺乏视觉资料的文本，让读者丧失兴趣。

激励——用有活力的风格、富于变化的句子结构、被适当强调的新信息和具有故事性、带着插图的文字，来吸引读者。

我特意选择了这样一个故事，来描述研究人员在阅读某些论文时遇到的各种沮丧时刻。与刻板的典型科技写作风格相比，故事的语言多么有活力。偏离常规的做法往往被人诟病（比如用介词来结束句子）。然而，在你的论文中，有一个部分非常适合偏离一下常规：引言。你有一个故事要讲，故事关于你为什么要从事这项研究，你为什么要选择这种特定的方法，等等（参见关于引言的章节）。既然这是个故事，就用叙事性的故事风格来写吧。

你现在可以看出，你的写作通过写作风格、诚实的题目、审慎的细节和背景、明确的贡献和良好的英语水平共同协作来维持读

---

① 法语的"你好"。——译者注

者的动机。

满足读者的目标以激励他们

在我们的故事中,弗拉基米尔(这个领域的新人)对通论性的背景知识感兴趣。读者可以分为许多类型,他们都带着不同的动机,各自具备不同的专业水平来阅读你的论文。如果你不能真正了解读者期待在你的论文中找到什么内容,那么满足并激励他们是不可能完成的事情。下面的几个情景将帮助你了解他们的目标。

本领域的情报收集者

> 嗨!我是一名在同一领域工作的科学家。可能我并没有在做完全相同的研究,但我也是你所读期刊的忠实读者,也经常参加你所参加的会议。去年你在韩国展示你的论文时,我就是坐在第五排面对你的那个人。我阅读了你发表过的大部分论文的摘要,以了解你的工作进展。

在我们所要考量的六类读者中,第一类是情报收集者。这类科学家感兴趣的都是些浓缩性质的东西:你的摘要或结论,有时是引言。他们可能不会阅读你的整篇论文。

竞争者

> 嗨!你认识我,我也认识你。虽然我们从来没有见

过面,但我们在论文中相互引用。顺便说一下,谢谢你的引用。我正在努力寻找一个你不擅长的领域,或许我会在我的下一篇论文中,解决你的一些问题。嘿,谁知道呢,也许你发现了什么,我可以从中受益。我很想和你做一番交谈,或者共同合作一篇论文。你有兴趣吗?

即便你并未提供足够的背景信息,你的竞争者也能够在没有接受你帮助的情况下,填补这些空白。他们会迅速浏览你的论文,从参考文献部分开始,看看他们的名字是否位列其中,以及他们自己的文献阅读是否跟上了最新研究进展。他们也可能利用你的参考文献清单来完成自己的清单。他们可能会跳过你的引言。偶尔,在你的论文发表前,你的竞争对手可能会成为你的审稿人。

研究课题的寻求者

嗨!你不认识我。我是一名高级研究员。我刚刚完成了一个重大项目,正在寻找新的研究方向。我对你的研究领域不太熟悉,但它看起来很有趣,而且似乎我可以将我的一些技能和方法应用于你的研究问题,并获得比你更好的结果。我正在读你的论文,想了解一下。

研究课题的寻求者可能会阅读你的论文中关于讨论、结论和未来工作的部分。由于他们的知识面并不广泛,他们也会阅读引言,以弥补他们与你的知识差距。

解决方案的寻求者

救命啊！我被卡住了。我的结果很一般。我要找到一个更好的解决方案，这让我很有压力。我需要找找能够解决我的问题的其他方法。我开始在自己的专业技术领域之外寻找，看看是否能得到新鲜的想法和方案。我对你所做的工作不太熟悉，但当浏览我手中的论文题目清单时，我发现你和我在同一个应用领域工作。

解决方案的寻求者会阅读论文的方法部分、理论部分，以及其他任何可以帮助到他们的内容。他们可能是寻找动脉建模软件的外科医生，或者是听说小世界网络在他们领域有着有趣应用的艾滋病研究人员。他们与你的知识差距可能非常大。他们正在寻找通论性的文章，甚至有时也会寻找具体的文章。他们会阅读这些文章的某些部分，期望能找到一个清晰但内容充实的引言，并为他们提供许多参考文献，来进一步提升他们的知识水平。

年轻的研究人员

你好！我刚从大学毕业，对这个领域相当陌生。你的论文看起来像是一篇综述文章。这正是我现在需要的。不需要有太复杂的东西，只要能让我了解这个领域、该领域所关注的问题，以及研究人员所倡导的解决方案就足够了！

年轻的研究人员会阅读引言，并且（也许）会继续阅读你的参考文献。他们并不期望第一次就能理解所有的东西，但他们哪怕只能理解一点点，也会很高兴。他们的知识差距与你非常大。

偶然的读者

嗨！你的题目很可爱。我必须读你的论文。这样的题目只能来自一个有趣的作者。我认为我会学到一些东西，也许是一种写作范式的转变。我不确定我能否理解其中的任何内容，但这值得一试。上次我这么做时，我学到了不少东西。那篇论文曾在一个IEEE（电气电子工程师学会）竞赛中获得最佳论文奖。我研究了那篇论文。虽然我不太明白，但我得到了不少关于如何提高科技写作技巧的妙招！

我的观点是，研究人员会带着不同的动机和需求来阅读你的论文。一个常见的错误是你把读者想象成另一个你，想象成竞争者，或者一个和你一样了解你的课题的人。作为一名写作者，你最好不要急于完成引言和参考文献列表。你还应该明智地提供足够的细节，以便其他研究人员能够检查和验证你的工作："不能验证，就没有价值。"

请别人阅读你的论文，征求他们的意见。这篇论文是为像你这样的专家写的，还是说刚进入这个领域的研究人员也能从中获益？他们在读完你的引言之后，是否还有动力去读论文的其余部分？请读者圈出论文中他们认为难以理解的部分。但不要强求他们解释原因，他们可能不会给你一个好答案。但是，一定要检查这些被圈起来的部分，并对其进行大幅度的修改。

第八章

跨越知识的鸿沟

苹果电脑

过去，主机世界中的计算机之神只能由身着白大褂的大祭司来侍奉。当个人电脑到来时，诸神并没有完全从它们的神座上退位，它们只是从电脑室的神庙中搬到了客厅的神坛上。电脑已经驯服了它们的主人。偶尔，通过在人类眼中宛若巫术的方式，一些个人电脑的主人设法驯服了他们的电脑，应用程序对他们输入的秘密咒语做出了温顺的反应。这些只有他们自己知道的知识，已经腐蚀了他们纯洁的大脑。他们已经忘了一无所知是什么感觉了。然后，Macintosh（麦金塔苹果计算机）出现了，它再次为那些不会编程的人类带来了希望。历史告诉我们，Mac（苹果电脑）驱散了《1984》中的奥威尔式的景象，但它并没有完全消除不会编程的人的恐惧，直到iPod和iPad诞生。

跨越你和读者之间的知识鸿沟并不容易。读者知道的比你少，但少多少呢？

- 这取决于你。如果你贡献的新知识很重要，你和读者之间的知识鸿沟就很大。

- 这取决于你的读者。如果他们自己对你的领域知之甚少，那么他们可能不熟悉你使用的词汇或方法。因此，他们最开始时与你之间的知识鸿沟是很大的，即使你并没有带来多少额外的知识。

你需要评估这种差距，以确保你的论文能够让第七章所描述的读者理解：本领域的情报收集者、竞争者、研究课题的寻求者、解决方案的寻求者、年轻的研究人员、偶然的读者。当然，你可以假设读者有足够的知识来读懂你的论文，但这个假设是否有效？作为作者，你对读者的初始知识水平有多少**把握**？

你知道，读者在你的题目中发现了一个或几个有趣的关键词；你知道，读者有足够的知识来处理和探索你论文的部分内容；你知道，读者会阅读你的论文所发表的期刊，或者参加你的论文所发表的会议；你知道，他们的工作与该期刊或会议所涉及的领域有关。比如，参加工业结晶国际研讨会的读者是化学工程领域的。他们知道在该领域中使用的设备和技术。他们知道离心、相分离、浓缩、热量仪和偏振光显微镜的含义。他们知道科学的原理、知道如何进行实验，以及知道如何阅读浓度和温度图表。他们懂得英语——女王的英语、总统的英语[1]，或带有某种口音的蹩脚英语。

现在，我们已经弄清了你能够确定读者具有的初始知识水平。那么，你**不能确定**的是什么呢？

答案很简单：**其他一切**。事实上，其他一切都不能被假设为已知。尽管我们会轻易相信，读者拥有与我们在课题研究开始时相

---

[1] 指英式英语和美式英语。——译者注

同的知识水平,但事实并非如此。读者不是年轻版的你。

现在我们已经知道了他们的初始知识水平,那就让我们考虑一下,关于你的贡献他们又能知道多少呢? 答案是什么都不知道! 你的贡献对他们来说是未知的,**就像在开始研究让你写出这篇论文的课题之前,你也会对自己现在的贡献一无所知。**

让我们假设你的文章题目是这样的:

《用差示扫描量热法表征溶菌酶溶液中的相变》
"Phase transitions in lysozyme solutions characterized
by differential scanning calorimetry" [1]

一些读者可能对表征技术比对溶菌酶更熟悉。因此,他们不知道哪种数据、方法或实验最适用于溶菌酶,也不知道在你之前的其他人在这一领域做了什么,或者有哪些具体问题还没有解决。而这些,正是他们将会在你的文章中发现的信息。

通往零基准点之桥

我希望现在你已看到,总体来说,你的高层次知识和读者的基本知识(零基准点)之间,有一道很深的鸿沟。

既然不可能预知这道鸿沟到底有多深,你就必须设定一个能读懂你论文所需的最低限度的知识,也就是你要构建的新知识的合理基础。如果,你将论文定位为给大学生或你的目标期刊的一般读者以外的科学家而写,那是不合理的。

---

[1] Lu J, Chow PS, Carpenter K. (2003). Phase transitions in lysozyme solutions characterized by differential scanning calorimetry. *Progress in Crystal Growth and Characterization of Materials* 46: 105–129.

让我们用一个容易记住的公式来表示：

读者与你的知识鸿沟 = 你在研究中获得的新知识 + 读者为达到你的起点所需的新基础知识。

零基准点取决于期刊能分给你的页数。页数越多，你就越能降低零基准点，或增加论述你贡献的篇幅。以短篇论文为例，你可以设定一个较高的零基准点或缩短谈论贡献的篇幅，你可以把论文中简短的参考文献部分作为跨越知识鸿沟的桥梁。参考文献是方便的捷径，它告诉非专业的读者："我不打算解释隐马尔可夫模型（Hidden Markov Model）。事实上，当我提到它们时，我将使用缩写HMM。这对任何在语音识别领域工作的人来说应该是常识。如果你需要更多的基本信息，请去阅读阐释该模型的经典参考文献[6]。"

假设编辑给了你足够多的页数，你可以通过提供额外的背景知识来降低零基准点，而不是要求读者自己去自学。作者通常在紧随引言之后的**背景知识部分**提供这些内容。这部分是一个用来总结的好地方，可以总结一下如果读者有时间阅读你在参考文献部分提及的论文，那么他们到底会了解到什么（你可以有把握地假设，他们在阅读你论文的其他部分之前不会阅读你的[1][2]和[3]）。虽然这个背景知识部分不是你贡献的一部分，但让读者理解背景知识是必要的。

零基准点取决于该领域专家撰写的最新书籍或综述论文。如果找不到这样的论文，那么就看一下你所在领域的最新会议纪要，应该可以得到几篇具有相同功能的通论性论文。零基准点会不断上移。科学是建立在科学的基础上的，科学家理应紧跟他们领域内的最新成果。

零基准点取决于期刊的类型。有些期刊是多学科的。比如，一些生物信息学报会有两种不同的类型的读者或背景迥异的读者：计算机科学家和生物学家。有些期刊的读者非常广泛（如《自然》），以至于整篇论文都要为非专业人士而写。这些期刊论文中会有很大篇幅来介绍最新的背景知识。

题目词之桥

读者之所以选择阅读你的论文，是因为其题目中的某些关键词吸引了他们的注意力，这一事实本身是最为重要的。正因如此，虽然听起来不可思议，但读者的知识鸿沟是可以预测的。你题目中的每个特定关键词，都会吸引两种类型的读者：一种是对该关键词非常熟悉、不需要任何背景知识的读者；另一种是想了解该关键词，确实需要背景知识的读者。确定了这些关键词，你就知道了论文中需要涉及的背景知识。就是这么简单。

让我们以一个题目为例，来识别其潜在的读者。但是，在开始之前，我们先提供一些对你有帮助的背景。为了制造一个不粘锅，你需要在金属锅的表面沉积一层硬涂层。这种涂层是疏水性的，简单地说就是不沾水。沉积涂层的过程被称为溶胶工艺。溶胶是一种作为前驱体的化学溶液，它与聚合物制成的凝胶发生反应后，将形成疏水的硬涂层。

《溶胶–凝胶硬涂层的疏水性能》

"Hydrophobic property of sol-gel hard coatings" [1]

关键词是什么？

---

[1] 该论文由作者Linda Wu博士在新加坡举行的第二届先进薄膜和表面涂层技术国际会议（Thin Films, 2004）上发表。

1. 溶胶-凝胶：涂层制造技术的一个子集。

2. 硬涂层：表面涂层的一个子集。

3. 疏水性能：表面涂层性能的一个子集，如硬度等。

这篇论文要介绍的知识领域是由这三个关键词构建的。只有读者中的专家，才可能对这三个方面都有足够的了解。在读者中发现有的人缺乏其中一个或多个关键词的相关知识，这并不奇怪。而且，考虑到会议的名称（先进薄膜和表面涂层技术），也应该预料到所有与会者对主要的知识类目：涂层、涂层技术或涂层特性都较为熟悉。

现在，请问问自己，这些读者想知道什么，以及你论文的哪一部分将为他们提供答案？

疏水性能：在溶胶-凝胶图层制造的过程中，是什么影响了硬涂层的疏水性？疏水性与涂层的其他性能，如表面结构、透明度或机械性能有什么关系？疏水性是如何测量和量化的？

硬涂层：硬涂层是如何通过溶胶-凝胶技术制备的？疏水性是如何影响或赋予涂层的硬度的？溶胶-凝胶材料制成的涂层硬度如何？

溶胶-凝胶：使用的溶胶-凝胶前驱体材料是什么？溶胶-凝胶涂层溶液是如何制备的？使用的涂层工艺有哪些？

以下是**不应该**在背景中涉及的内容，因为它们不属于你的论文范围：软涂层的疏水性，疏水性以外的材料的其他特性，或由溶胶-凝胶以外的其他工艺生产的硬涂层。

在这个练习中，该题目能让你从中识别出五类互有重叠的读者类型，他们对背景知识有着不同的需求。

第一类读者：对溶胶-凝胶感兴趣的人。

第二类读者：对硬涂层感兴趣，但对溶胶-凝胶只是略有了解的人。

第三类读者：对任何软硬涂层材料的疏水性能都感兴趣的人。

第四类读者：对溶胶-凝胶硬涂层的机械性能感兴趣的人，想要知道机械性能是否会被涂层的疏水性所影响。

第五类读者：对溶胶-凝胶硬涂层的疏水性能感兴趣的人（你的贡献）。

现在你已明白了这个原理，请对自己的论文题目进行同样的练习。

➤ 在写引言之前，利用题目的关键词来确定你的读者是谁，并提供他们可能需要的背景，以便他们理解你的论文并从中受益。

通过局部背景搭建的即时之桥

在关于记忆的章节中，我们明确了有两种类型的背景：在你论文的引言部分出现的全局背景，以及在需要即时信息的地方出现的局部背景。局部背景包括只有专家才会使用的高度具体化的关键词的定义。问题是，你可能意识不到非专家并不知道这些关键词的含义。打个比方，想象自己与热气球脚下的读者站在一起。你即将开始你的研究。你爬进吊篮里面。随着研究的开展，你看到的景观与地面上的读者看到的景观开始产生差异。你的发现提高了你的知识水平，因为你放下了无知的沙袋。这种无知现在变成了读者的无知。你的热气球慢慢上升（或迅速上升，因为一个人通常不能决定发现的速度）。当你准备写作的时候，你已经远远超过了读者，如图8.1所示。

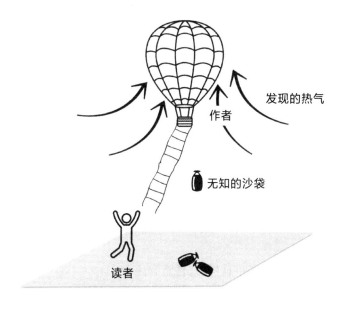

发现的热气

作者

无知的沙袋

读者

图8.1

知识让作者凌驾于读者之上

　　作为一名作者，你的工作是弥合通过几个月的研究而产生的知识鸿沟。你必须向读者抛出一个形象化的梯子，以便他们能够登上你的热气球吊篮。你应该把梯子往下扔多低？答案是触及零基准点。你的梯子通常会太短，零基准点没有被正确识别——背景知识只为"高大"的专家而设。或者，可能是零基准点被正确地画定了，但梯子上的梯级却不见了，这些梯级对应的是局部背景。读者仍然悬在半空中，卡在你论文的某个部分，感到沮丧，想爬上吊篮却无法进一步攀登。这是因为你跳过了一个重要的逻辑步骤或一段背景信息，使他们无法从你的论文中完全受益，或者你使用了一个他们不理解的新词。

　　要求读者在熟悉参考文献［×］之后才能理解你论文的剩余部分，就相当于要求读者从梯子上下来，去图书馆阅读整篇文章

［×］，再爬上梯子，加上缺失的梯级，然后继续往上爬。

➢ 在篇幅允许的情况下，更可取的做法是在你的论文中简要地总结一下参考文献［×］所包含的任何读者感兴趣内容。

作者可以这样写：

动态行为用统一建模语言（UML，Booch等人，1999）表达。图3中使用的符号是UML序列图的符号。

或者，他们也可以这样写（注意脚注 "*"）：

动态行为用统一建模语言（UML，Booch等人，1999）表达。图3中使用的符号*是UML序列图的符号。
*（在脚注中）写给那些不熟悉该符号的人：对象在图表的顶部排成一行。对象的信息传递和生命线边界由对象下面的垂直虚线表示。对象的活动由激活条显示，激活条是沿着生命线画的一个垂直矩形。从发送方对象发出的、指向接收方对象的水平箭头代表发送的消息。

没有必要在你的梯子上搭建复杂的梯级。你的目标不是让读者惊叹于梯子梯级的精致设计——它精致的防滑槽，它华丽的结构……梯子的作用是把你的读者带入热气球下的吊舱之内，在那里你的贡献才会被展现和理解。因此，这里是本章结尾处的临别赠言。它们来自生物学家和作家托马斯·亨利·赫胥黎（Thomas Henry Huxley）。

梯子的梯级从来就不是用来休息的，而只是用来支撑人的脚，使他能把另一只脚放得更高。

 阅读你的论文。你的引言是否太短？它是否具有激励性？你是否确定了一个读者可以期待的合理的零基准点？你是否确定了题目中的关键词所需的背景知识？你是否确定了其中是哪些发现移除了你无知的沙袋，使你的知识高于读者的知识？这些应该成为你背景介绍的一部分吗？

第九章

设定读者的预期

火 车

把读者的思想想象成一列火车。作者提供了一组轨道和信号箱。有什么可能会出错呢?

1. 没有轨道——读者只能靠自己的力量,捡起周围散落的铁轨来建造自己的轨道,进展非常缓慢。

2. 没有信号箱——没有设定预期值,因此读者缓慢地前进,不知道下一步该去哪里。

3. 错误的信号——读者被误导,沿着错误的轨道前进。

4. 火车在隧道里——只要隧道的尽头在望,火车马上就会驶出去,读者就能容忍自己在黑暗中待上一小会儿。

创造并满足读者的预期,保证了阅读的流畅、有趣和快速。这就是为什么设定预期是一个如此重要的技巧。在这一章中,我们将探寻设定预期的到底是什么,一旦找到答案,我们将介绍设定预期的手段和方法。但首先,我们需要温习一些语法知识,因为语法起到了统一读者和作者思想的作用。一个写得好的句子会设定明

确的预期,使读者的思想和感受与作者的思想和感受相一致。为
了避免歪曲、误解或含糊不清,保持一致非常必要。

语法的预期

主句–从句

一个句子包含一个主语和一个动词。

> 学习需要被半监督。
>
> Learning needs to be semi-supervised.

从句不能单独存在,要想理解它,就需要有主句。

从句→因为每个班级内部的差异很大(Because variation
within each class is large),主句→学习需要被半监督(Learning
needs to be semi-supervised)。

一个句子可能有两个**独立分句**,可以独立存在。它们被标点符
号隔开,并且通常有一个对比性的连接("然而" 和 "但是")。

> (**独立分句**)一般来说,监督是被需要的;(**另一个独
> 立分句**)然而,对于差异较小的班级这不被需要。
>
> Generally, supervision is required; however, for classes
> with low variations it is not required.

（独立分句）一般来说，监督是被需要的，（**另一个独立分句**）但对于差异较小的班级这不被需要。

Generally, supervision is required, but it is not required for classes with low variations.

这些独立分句被保留在同一个句子中，从而建立了需要和不需要之间的对比。请注意，它们共享同一个主语（"监督"）。

词语在句子中的位置影响着预期

你想知道语法如何设定你的预期吗？我建议我们一起做个小调查。如果你希望在调查后能够擦掉标记，请使用铅笔。你会看到四个句子，每个句子的主题都是"进化算法"——基于生物进化的计算机技术，用于寻找一些问题的最佳解决方案。在慢慢阅读每个句子后，标记下你对它们的感受。在回答之前，不要反复阅读或长时间地思考这个问题，因为读者在阅读过程中会"即时"产生印象。最后一个建议：如果你想确保对一个问题的回答不会影响对下一个问题的回答，可以稍作停顿，把目光从书上移开，喝一口水，再回到下一个句子。

对进化算法有正面感觉？在高兴的脸下方的方框内打钩。
对进化算法感觉中立？在无表情的脸下方的方框内打钩。
对进化算法有负面感觉？在愁苦的脸下方的方框内打钩。

（1）进化算法足够复杂，可以作为具有稳健性和适应性的搜索技术；然而，从生物学家的角度看，它们是简单化的。

Evolutionary Algorithms are sufficiently complex to act as robust and adaptive search techniques; however, they are simplistic from a biologist's point of view.

（2）从生物学家的角度来看，进化算法是简单化的，但它们足够复杂，可以作为具有稳健性和适应性的搜索技术。

Evolutionary Algorithms are simplistic from a biologist's point of view, but they are sufficiently complex to act as robust and adaptive search techniques.[1]

（3）虽然进化算法足够复杂，可以作为具有稳健性和适应性的搜索技术，但从生物学家的角度看，它们是简单化的。

Although Evolutionary Algorithms are sufficiently complex to act as robust and adaptive search techniques, they are simplistic from a biologist's point of view.

---

[1]　经许可转载自 Sinclair M. (2001) Evolutionary Algorithms for optical network design: a genetic-algorithm / heuristic hybrid approach. (name of university), 博士论文。

（4）从生物学家的角度来看，进化算法是简单化的，尽管它们足够复杂，可以作为具有稳健性和适应性的搜索技术。

Evolutionary Algorithms are simplistic from a biologist's point of view, although they are sufficiently complex to act as robust and adaptive search techniques.

现在回头看看你的答案。你是否给每个句子下方相同类型的方框内打了钩？如果不是，为什么？

所有四句话都提出了两个相同的事实：第一，从一个观点来看，进化算法是简单化的；第二，从另一个观点来看，进化算法是足够复杂的，可以作为具有稳健性和适应性的搜索技术。如果你同意一个观点（例如，如果你觉得它们是简单化的），那么无论句子中的单词顺序如何，所有的句子（1）到句子（4）都应该携带相同的信息，给你同样的感受。然而，情况并非如此，不是吗？你发现有些句子是正面的，有些是负面的。一些东西影响了你对摆在面前的事实的感知。到底是什么呢？答案可以在语法中找到。

从语法的角度来看，句子（1）和句子（2）是相似的，因为它们都有两个独立的分句，变化的是分句的顺序。

从表9.1中列出的33名读者的意见来看，我们可以注意到前两个句子之间答案的强烈两极分化。句子（1）主要是中性到负面的感觉,而句子(2)主要是正面的感觉。

表9.1 信息在句子中的位置对读者的影响

	句首	句尾	主句	从句	负面	中立	正面
句(1)	正面	负面	正面/负面		15	14	4
句(2)	负面	正面	正面/负面		3	4	26
句(3)	正面	负面	负面	正面	22	8	2
句(4)	负面	正面	负面	正面	12	19	2

为了弄清到底发生了什么,让我们根据两个标准对这些句子进行排序:读者的多数票选项,以及每个句子末尾对进化算法的评价——"简单化"为负面,"足够复杂"为正面。

句(1):多数票 负面 且句尾 负面 √匹配

句(2):多数票 正面 且句尾 正面 √匹配

句(3):多数票 负面 且句尾 负面 √匹配

参加调查的读者的意见,似乎和每个句子结尾的意见都保持一致。

➤ 为了鼓励读者同意你的观点,应把你认为重要的信息放在句尾。

我们还没有看句(4)。

句(4):多数票 中立 而句尾 负面 ×不匹配

为什么句(4)和前三句话的表现不同呢?句中到底改变了什么,导致多数票选项与句尾评价不一致?

从生物学家的角度来看,进化算法是简单化的←主句,从句→尽管它们足够复杂,可以作为具有稳健性和适应性的搜索技术。

多数读者认为这句话是中性的,代表了各种意见的平衡。它似乎是两个影响因素之间斗争的结果,偏向于负面意见。负面的观点在主句中表达,似乎读者受主句的影响比受从句的影响更大。人们犹豫不定的原因可以用影响力的争夺来解释:"从生物学家的角度看,进化算法是简单化的"放在句首,处于弱势地位,但被主句的强大影响所加强;而"尽管它们足够复杂,可以作为稳健和适应性的搜索技术",虽然在句尾,处于强势地位(+),但被从句的弱势影响所削弱(-)。二者相互平衡。

如果我们的建议是有效的,那么像句(4)一样有一个主句和从句的句(3),应当可以证明主句的强大作用,事实上确实如此。在句(3)中,获得读者投票最多的信息在主句中。

➢ 为了鼓励读者同意你的观点,把你认为重要的信息放在主句中。

但为什么要在这里停下来呢! 我们可以从这个富有成效的例子中提取更多有趣的准则。你可能已经注意到,在表9.1中,句(1)中游移不定的人数比句(2)中的多。这是为什么呢?

这可能是两个因素的结合:标点符号和副词"然而"(however)的淡化作用。每当大脑遇到像句号或分号这样的标点符号时,它就会停下来处理该句子的含义。在句(1)的情况中,大脑在分号的停顿处得到了进化算法的正面印象。句子的第二部分,以句尾强势位置的"然而"开始,试图扭转这个已经非常积极的印象。它部分地成功了(负面得分大于正面得分),但并不是完全成功的。在我看来,部分失败的原因是"然而",一个过度使用的副词带来的对比,并且其经常被错误地用于改变主题(假性对比)。结果是,原本正面态度的人只能转为中立态度,而原本中立的人则保持中立或转为负面。

对于句(2),情况则完全不同。这个句子是非常正面的。为什么呢? 同样,这可能是两个因素的结合:标点符号和连词"但"的不加修饰的力量。在一个普通的逗号之后,句子在语义上没有结束,大脑继续阅读,然后来到句尾的最后结束处,在那里形成了强烈的正面印象。为了加强这种正面印象,重锤一样的"但"反驳并压制了负面印象。

➤ 为了鼓励读者同意你的观点,把你认为重要的信息放在连词"但"之后,和/或放在句号或分号之前。

在读者的答案中还有一个变数——那些没有随大多数人投票的人。是什么影响了他们的意见? 我在这里列出几个因素。

第一,人们的气质和人生观。有些人会更多地被正面的东西影响,而不是被负面的东西影响。

第二,人们的工作。一个生物学家可能会强调负面的说法,而一个计算机科学家可能对进化算法有更正面的感受。

第三,有些人始终投票反对多数票的选项。我发现这样投票的人是非英语母语者,他们的母语是基于梵文的。在他们的语法中,重要信息大多放在句子的开头,而不是结尾。因此要注意,如果你在参加这一测试后发现自己有这种情况,那么你的外国语法会影响你使用英语的方式,这可能会让你的读者感到困惑。

第四,你对第一个问题的回答可能会使你对第二个问题的回答产生偏差,以此类推。这就是为什么我在进行测试时经常改变句子的顺序。好消息是(就你而言),这里所说的指导原则得到了参加测试的280名科学家的确认。

➤ 考虑用一个从句开始,使句子以一个有说服力的主句结束。

忘记你的英语老师史密斯夫人吧,她告诉你:"永远不要用'因为'(because)开始一个句子。"她强调每一个音节以表明她的意思。当然,如果你问:"为什么,史密斯夫人?"她可能会回答:"因为这是我说的。"

下面这些词可以在句首形成一个从句,以便用主句结束。它们也是极好的吸引注意力的工具,在设定预期方面确实很有优势。

因为……如果……既然……鉴于……当……虽然……而不是……而……

Because…If…Since…Given that…When…Although…Instead of…While…

用一个像"因为"这样的词,放在句子的开头。"因为"宣告了主句中即将产生的后果,在提出预期和实现预期之间设置了一个时间延迟。这种延迟创造了张力和动机。张力的作用就像一个金属弹簧:它拉着阅读前进。在现实世界中,弹簧的长度不如它的强度重要;同样,一个句子的长度也不如它的词语安排所产生的张力重要。

➤ 要想在一个句子中制造悬念,可以用一个从句作为开头。这样就会产生一种紧张感,而句子的结尾会释放这种紧张感。

有活力的句子中含有设定预期的词

哪些词在为下一个句子创造预期?

　　到此为止, 我们只考虑了基本的过滤技术。

Up to this point, we have only considered basic
filtration techniques.

　　如果你回答: 惯用语"到此为止"(Up to this point), 副词
"只"(only), 以及形容词"基本的"(basic), 那么你的回答完全正
确。"只"表明更多的东西正在到来。"到此为止"与"基本的"共
同明确了下一句将不再涵盖"基本的过滤技术", 并且将考虑更先
进的过滤技术。我们是怎么知道的呢? 让我们拿掉"基本的"这
个形容词。

　　到此为止, 我们只考虑了过滤技术。

Up to this point, we have only considered filtration
techniques.

　　缺少了"基本的", 读者就会以为我们要离开过滤技术这一主
题, 转而去看其他技术。因此, 是形容词"基本的"设定了预期。
现在自我考查一下下面这句话。哪些是产生预期的词?

　　印度的登革热疫情不会发生在季风季节的初期。

Dengue fever epidemic in India does not occur at the
beginning of the monsoon season.

设定预期的词是否定词"不会"（does not）和名词"初期"（beginning）。

（1）解释的预期——为什么不在初期发生？

（2）阐述的预期——它究竟何时开始？

这个句子间接地告诉我们，登革热的流行不是发生在季风季节的初期，而是有时会发生在季风季节当中。其目的是强调登革热何时开始。作者为读者准备了对流行病发生条件的解释。

➤ 形容词、副词与表示否定或贬义的名词，可以快速地将预期转移到它们的对立面。

比较一下相互对照句子（A）和平铺直叙句子（B）。

（A）俘获在高温下并不重要，因为有大量的能量可以逃逸。但是，在低温下，**俘获**会导致非常缓慢的动力学。

Trapping is unimportant at high temperatures where there is plenty of energy to escape. But **trapping** leads to very slow dynamics at low temperature.

（B）**俘获**在低温下很重要，因为它可以导致非常缓慢的动力学，而低温时没有足够能量能让分子逃逸。

Trapping is important at low temperature because it leads to very slow dynamics, as there is not much energy for the molecules to escape.

(1)两个句子的单词数相同：24个单词。句子(A)中有两个句子：第一个句子有一个主句和一个从句，第二个句子有一个独立分句，每个分句都很短(14个词和10个词)。句子(B)很长(24个词)，主句有两个嵌套的从句("因为, because""而, as")，使其更加复杂。

➤　以嵌套式从句结尾的句子会产生薄弱的预期，而且它们会与句子的主题越来越远。

　　(2)通过句子(A)，读者注意到低温的作用。句子(B)的对比性较弱，因为不再将低温与高温进行比较，它创造了一个预期：下一句将保持同一主题，即俘获。句子(B)却没有让读者产生想要更多地了解"非常缓慢的动力学"的预期，因为这个短语被藏在了长句的中间。

➤　在没有加以引导的情况下，默认的预期是，从一个句子到下一个句子，主题不会发生变化。

　　(3)但是，标点符号已经改变。句子(A)中的句号在句子(B)中被逗号取代了。句号更好，它比逗号提供了更多的呼吸空间。在这个非常有用的呼吸空间里，大脑会处理这个句子，让它的意思沉淀下来。基于这种新的理解，大脑就会为下一句话设定预期。

➤　把标点符号放在它能创造预期的地方。

认知神经影像学

迈克尔在一个认知神经科学实验室工作。他用功能性核磁共振成像（MRI）探索大脑，并试图了解我们的工作记忆中发生了什么。我问他，当我们阅读时会发生什么。迈克尔是一个非常有条理的人，他从电脑中检索出彼得·哈戈特（Peter Hagoort）的两篇论文《语言理解中词义和世界知识的整合》（"Integration of Word Meaning and World Knowledge in Language Comprehension"），以及《大脑如何解决语言的绑定问题：句法处理的神经计算模型》（"How the brain solves the binding problem for language: a neuro-computational model of syntactic processing"）。

我被这些题目吓到了，我问他是否介意用普通人的语言解释一下我们阅读时到底发生了什么。他头也不回地面对着他的Macbook Pro，迅速思考并问道："你使用Spotlight吗？"我回答说："当然。"任何Mac用户都熟悉Spotlight的搜索功能，即位于Mac菜单栏右上角的白色小放大镜。"看这里。"他说。我凑近他的屏幕。"当我输入哈戈特名字中的每个字母时，搜索引擎就会同步更新搜索结果。先是H，接着是HA，然后是HAG。请注意，现在的搜索结果列表非常短了；再多一个字母，我们就会定位到哈戈特的论文文件。"

当他输入字母O时，搜索结果列表只剩下了几个项目。其中包括哈戈特的论文文件。当我回到他对面办公桌的椅子上时，他转向我。"你看，"他说，"看起来好像是Mac试图猜测你在寻找什么。同样，当你阅读时，你的大脑是活跃的，永远在寻找作者的句子要去向哪里。它同时分析语法和含义，从一个词到另一个词逐个辨析。"

来自科学的预期

动词、形容词和副词提出主张

下一个例子结合了来自科学的预期和来自语法的预期。

> 汤姆·史密斯的假设[4]，即顶层材料不可能来自已经迁移的针孔腐蚀的副产品，并不被我们的数据支持。
>
> Tom Smith's assumption [4] that no top layer material could come from the by-products of the pinhole corrosion which had migrated is not supported by our data.

且不管这句话有多少问题，这个句子仍然能够创造一个预期。它提出了一个科学主张：**数据并不支持汤姆·史密斯的假设**。作为科学家，我们希望作者能用数据来支持他的主张。

下面又是一个句子，但这次动词离主语更近了，而且由于主动语态的存在，增加了句子的活力。这句话是用现在时态写的，这种时态通常用于陈述。助词"do"（确实）表示肯定。

> 我们的数据显示，与汤姆·史密斯的假设[4]相反，针孔腐蚀的副产品确实迁移成了顶层材料的一部分。
>
> Our data reveal that, contrary to Tom Smith's assumption [4], the pinhole corrosion by-products do migrate to form part of the top layer material.

预期有变化吗？你希望作者在下一句话中介绍什么？数据还

是汤姆·史密斯？你们大多数人都会回答："数据。"不过，这句话与第一句话有一点不同：现在的预期更加明确。读者期望证明有关迁移的说法，或者证明在顶层发现的材料来自针孔。现在，汤姆·史密斯在两个逗号之间是个旁观者，没有人关心他的假设。这句话说的是作者的发现，而不是汤姆·史密斯的发现。

但是，设想一下，你是作者，你想将读者的注意力集中在数据上，而不是汤姆·史密斯的假设上，那么你会如何改写前面的句子？

有两种改写该句子的方法，两者的共同点是都将汤姆·史密斯放在句子的末尾。

我们的数据显示，针孔腐蚀的副产品迁移成为顶层材料的一部分，这与汤姆·史密斯的假设相反[4]。

Our data reveal that the pinhole corrosion by-products migrate to become part of the top layer material, contrary to Tom Smith's assumption [4].

我们的数据显示，针孔腐蚀的副产品会迁移成为顶层材料的一部分。这些发现与汤姆·史密斯的假设[4]相矛盾。

Our data reveal that the pinhole corrosion by-products migrate to become part of the top layer material. These findings contradict Tom Smith's assumption [4].

在这最后一句话中，汤姆·史密斯不再是一个旁观者，他的假设是主要观点，而且是一个短小精悍的句子。读者现在很好奇，汤姆·史密斯的假设是什么？为什么会有矛盾？我们知道作者的结论是什么。我们不清楚的是汤姆·史密斯假设了什么。

> 对变化的预期主要由句子末尾的新信息决定。

到目前为止，我们已经研究了以动词形式提出的主张（"并不支持，is not supported""确实迁移，do migrate"）。也会以形容词和副词形式提出主张。科技论文的读者与小说的读者有不同的预期。当小说家写"凶猛的狗"时，读者会动用想象力从过去的经历，或从出现这种狗的电影中再现狗的形象。它可能不是作家心目中的那种凶猛的狗，但谁在乎呢——读者把它想象得越凶猛就越好！与科学家不同的是，小说家不必通过测量狗的锋利牙齿表面、每分钟分泌的唾液毫升数或狗的瞳孔扩张程度来说服读者相信狗的凶猛程度——当然，这一切都是从活生生的凶猛的狗身上测量的。活体数据收集是一项危险的工作，特别是如果你希望你的群体具有代表性，不仅限于吉娃娃，还包括德国牧羊犬、杜宾犬和罗威纳犬。

形容词或副词是主观的。对你来说健壮的东西可能对我来说是脆弱的。对你来说非常快的东西对我来说可能是中等速度的。在科学中，形容词和副词是一种主张。当所陈述的主张已被广泛接受为事实时，科学家并不期望作者再去证明其正确性。但请记住，对专家来说显而易见的东西，对非专家来说可能并不明显，他们可能仍然希望你证明你的形容词主张是正确的。说明理由比假设不需要说明理由要安全得多。并且，定义一个形容词比让读者定义它更安全。

当原料气从轻质气体变为重质气体时，工厂的负荷会减少一小部分（4.7%）。

When feed gas changes from light to heavy gas, the
plant load decreases by a small fraction (4.7%).

在这个例子中,"小"(small)这个形容词立即被量化了。这篇
论文的其他地方有一个表格,给出了重质、中质和轻质原料气的定
义,使用的原料气成分(摩尔分数)以%或ppm表示。

➤ 尽可能量化形容词,或对其进行定义。

 阅读你的摘要和引言,用黄色标出所有形容词,
用红色标出副词。如果你的论文变得色彩斑斓,
那么你还有工作要做。检查每个形容词和副词,
它们是否有道理? 删除一个形容词会使你的表达更有权威性
吗? 每个形容词是否可以用一个事实来代替?

论文的主要部分创造了自己的预期

接下来的几个例子表明,同样的句子出现在论文的不同部分
也会引导预期。

下面这个句子是引言中的第一句,使用了副词和形容词来陈
述,让读者对论文的目标产生了强烈的预期。

传统上,飞机发动机的维护一直都是劳动密集
型的。

Traditionally, airplane engine maintenance has been
labor-intensive.

"传统上"（traditionally）和"一直都是"（has been）都证实了无论是现在还是过去，劳动密集型的情况都是相同的。对这篇论文的预期似乎很明确：论文的主题是关于飞机发动机维护的，读者假定作者已经找到了一种新的方法，通过使用机器人、减少零件的数量，或者通过提高飞机发动机部件的质量和耐久性，使飞机发动机的维护变得不那么劳动密集。但是，等等！为什么读者会认为该论文的贡献是减少劳动？这可能是因为"传统上"这个词。在科技论文的背景下，"传统"的做事方式类似于"老"或"低技术"的方式。但是，在人类学论文的背景下，"传统的"可能反而意味着一种值得保留的风俗！这里的重点是，有些预期不是来自语法和词汇，而是直接来自读者现有的背景知识。在一个现代化国家的背景下，劳动密集型＝高成本＝不好；而在一个高失业率的贫穷国家，劳动密集型＝许多就业机会＝好。

➢ 主张的背景和读者的通识塑造了预期。

另一个例子来自一篇科技论文的研究方法部分，通过一连串含有时间先后顺序的句子，建立预期。每个句子都以与时间有关的表达开始："第一天"（day one）、"接下来的三天"（next three days）、"之后"（after）、"接下来"（over the next）。

第一天，30个胚胎细胞被放置在培养皿中。在接下来的三天里，它们将继续增殖。增殖之后，细胞被收集起来，并放入新的培养皿中，这个过程称为重新接种。在接下来的三周里，180次这样的重新接种产生了数百万个正常的、仍未分化的胚胎细胞。

On day one, thirty embryonic cells are placed in the

culture dish. For the next three days they are left to proliferate. After proliferation, the cells are collected and put into new culture dishes, a process called replating. Over the next three weeks, 180 such replatings produce millions of normal and still undifferentiated embryonic cells.

➤ 对于连续进展的预期，需要标出序列，如时间标记、动词时态或连续数字。在这种情况下，预期是由句子的第一个词（而不是最后一个词）设定的。

　　最后一个例子是一个简略的摘要，作者按照读者期望的特定顺序，也就是科技论文的顺序：目的、方法、结果和意义来排列句子，这也与科学过程的顺序相对应，即观察、假设、实验、结果和解释。

　　[观察]登革热基因组在复制前形成一个圈，与轮状病毒的情况一样。由于圆环的一端位于基因组的3'端，而那里是复制发生的地方，[假设]我们想知道该圆环是否在复制过程中发挥了积极作用。[实验]在用放射性标记的复制阵列比较了各种完整和截断的登革热基因组的RNA合成能力后，[结果]我们发现，除了基因组的3'端外，还有一个区域在复制中发挥着更大的作用：基因组的5'端。虽然离3'端很远，但它似乎又循环到了3'端。[解释]因此，可能RNA合成的启动子部位就在这个不寻常的位置。那么，循环将是将启动子带到它能催化快速复制的地方的一种手段。

　　[**Observation**] The dengue genome forms a circle

prior to replication, as is the case for the rotavirus. Since one end of the circling loop is at the 3' end of the genome where replication takes place, [**Hypothesis**] we wondered if the loop had an active role to play in the replication. [**Experiment**] After comparing the RNA synthesis capability of various whole and truncated dengue genomes using radio-labelled replication arrays, [**Results**] we found that a region other than the 3' end of the genome had an even larger role to play in the replication: the 5' end of the genome. Although far away from the 3' end, it seems to loop back into it. [**Discussion**] Thus, it may be that the promoter site for RNA synthesis resides in this unusual location. Looping would then be a means of bringing the promoter to where it can catalyze rapid duplication.

➤ 对逻辑进展的预期需要序列标记,如逻辑标记("如果, if""那么, then""因此, thus、therefore")、表达建议的动词时态或助词("会, would""可以, could""可能, may"),或表达逻辑步骤但不一定基于时间顺序的连续数字。

第十章

为流畅阅读铺设递进的轨道

伟大的乔治

我非常感谢乔治·戈鹏（George Gopen）博士。他的专著《预期：从读者的角度写作》（*Expectations: Teaching Writing from the Reader's Perspective*）向我介绍了围绕主题和所强调的概念构建句子递进的方案。为了证明戈鹏博士对我写作产生了巨大的影响，我需要坦白这个有点尴尬的私人故事。

早在2002年，我重写了博士论文中的某个令人费解的段落。它被精心重写后，变得清晰、简洁。我班上的学生都赞叹不已。我没有告诉他们的是，重写花了我将近1小时20分钟的时间，涉及多版草稿。自然，他们都想知道我用了什么样的技巧重写出了如此出色的段落，但我只能摆摆手说，当你"感觉"哪里还不对劲时，你就继续写下一版草稿。这当然是真的，但对学生来说并不算是鼓舞人心的答案，因为我的回答意味着，如果他们没有那种"感觉"，他们就没有能写得更好的希望。写作是一种天赋，而不是一门科学。

回顾当时发生的事情，我意识到我已有了长足的进步。

> 我不仅可以在不到20分钟的时间内重写同一个段落,而且还可以解释如何将"递进"技巧运用于任何段落。

　　读者如果能以"五档"的速度沿着你的论文行驶,那么全凭你为他们的思想开辟了一条能高速行驶的高速公路,一条阻止他们的思想游荡到不该去的地方的高速公路。有时,在阅读某些论文时,我感觉自己好像以在大雾中"爬行"的速度行进在泥泞的田野上,试图跟上别人的足迹。在科学领域,与文学不同,你需要引导读者沿着一条灯火通明、路标清晰的高速公路前进。如何建设这样一条高速公路? 用一个词来形容:递进。

　　递进是将新事物转化为已知事物的过程,它建立了一个连贯的上下文,让读者可以轻装上阵,背着最少的认知包袱继续阅读。当读者开始阅读你论文中的一个句子、一个段落或一个部分时,他们会将阅读的内容与他们所知道的内容联系起来。这种将新知识逐渐锚定到旧知识上的过程,是一种基本的学习机制。

　　读者可能想知道预期和递进之间是否存在联系。有时二者相辅相成,协同工作。比如,当一个句子以"首先"(first)开头时,它设置了下个句子将涵盖后续内容的预期;按顺序递进,可以满足预期。有时预期和递进截然不同,各自为政,但二者理应作用于同一个方向。有时候,二者的确会把读者拉向不同的方向,这当然是不可取的。递进始终应该用来支持预期,而不是干扰预期。

　　二者之间还有其他差异。预期的覆盖范围可以更远。比如,一个问题涵盖的范围远远超出了下一句话涵盖的范围。递进纯粹是局部的:在一个句子中的两个短语、一个段落中的两个句子或一个部分中的两个段落之间。预期能打开读者的思想,而递进使读者的思想保持在轨道上。

　　在我们深入研究递进的方案之前,必须首先重新回顾一些语法。在法国,学童在14岁时就会在语法书上发现关于主题和强调的所有内容。但是,上大学时,他们已经将其忘了个精光! 你可能也有相同的情况,所以先来上一堂快速复习课。

主题和强调

  约翰逊先生急忙把他邻居的狗赶出前门。

  以上这句话包含三个元素:一个叫约翰逊的男人、一条狗和一扇门。如果我问你这句话是关于谁或什么的,你会本能地(并正确地)回答"那个男人,约翰逊先生"。事实上,这是约翰逊的故事——他是句子的主题,位于最前面,是动词"赶出"的执行者。

  想象一下,我把这句话改成:

  邻居的狗溜进了约翰逊先生的房子,但没过多久,
那人就急忙从前门把它赶了出去。

  这句话的主题现在成了狗——现在是关于狗的故事,而约翰逊则成了配角。

  最后,将之前的两个句子与下面这个句子进行比较:

  约翰逊先生家的前门突然打开了,邻居的狗迅速跑了出来,约翰逊先生就跟在它的后面。

  尽管以上三个句子包含的信息大致相同,但因为句子的主题不同,我们通过阅读这三个句子,产生了三个不同的角度。一般说

来,主题总会被放在句子的前面部分。任何不属于主题的东西都被称为强调。通常情况下,强调从第一个动词开始,到句子结尾结束。

| **主题** > 邻居的狗。

| **强调** > 溜进了约翰逊先生的房子……前门。

主题确定了句子的主语,而强调则详细说明了发生在该主题上的事情。

➤ 要想识别一个主题,就要评估它所描述的内容是否已知,并且是否在句子的开头。强调对读者来说是新的信息。

倒置的主题

我们已经了解到,主题应该出现在句子的前面部分。如果不这样做会怎样呢? 接下来两句话的主题是"裁剪"(the cropping),但它被错误地放在第二句中。

裁剪过程应该保留所有的关键点。相同大小的图像可以**通过裁剪**得到。

The cropping process should preserve all critical points. Images of the same size should also be produced **by the cropping**.

这些句子看起来并不平衡。这是因为在第二句中,已经知道的信息(裁剪)被放在最后的强调位置,这是一个通常为新信息保留的位置,而新信息却被放在句子中为背景知识保留的位置。这种倒置现象让我们延迟了对该句子的理解，直到它的主题"裁剪"最终到来才澄清了一切。

以下是纠正这一问题的三种方法。

方法一：将句子中的语态从被动改为主动，或反过来，从而通过将已知的信息带到句子的头部来理顺倒置的主题和强调。

裁剪过程应保留所有关键点。裁剪还可以得到相同大小的图像。

The cropping process should preserve all critical points. It should also produce images of the same size.

方法二：颠倒句子的顺序以重新建立递进关系。

相同大小的图像可以通过裁剪得到。裁剪过程应该保留所有的关键点。

Images of the same size should be produced by the cropping. The cropping process should also preserve all critical points.

方法三：将两个句子合并为一个句子。

裁剪过程应保留所有关键点并保持图像的大小。

The cropping process should preserve all critical points and maintain the size of images.

➢ 在一个句子中，不要颠倒主题和强调。

当引起强调的动词表意很强时，可能会掩盖其余的强调，并压倒较弱的预期。

应用卡尔曼滤波器**减少**了低成本超声波运动传感器发送的数据中的噪声。这种**减少**足以使检测错误率降低到15%以下。

Applying Kalman filters **reduced** the noise in the data sent by the low-cost ultrasonic motion sensors. **The reduction** was sufficient to bring down the detection error rate below 15%.

➢ 使用强有力的动词来控制预期。

主题句

正如我们所看到的，主题在一个句子中是最重要的，并且经常用来表述该句子的核心。如果你想介绍的不仅仅是一个句子的主题，而是一整段的主题呢？

黑蛋白石是罕见的宝石，这使它们在宝石市场上备受追捧（并且价格昂贵）。

Black opals are extremely rare gemstones, making them highly sought after (and highly priced) in gem markets.

你认为在后续段落中会涉及什么？可能会涉及黑蛋白石的稀有性、它们在宝石市场上的价值，甚至只是关于黑蛋白石更普遍的令人兴奋的事实。该句子创造了一个非常强烈的预期，即我们将更深入地详细探讨该句子的主题。这种类型的句子被称为主题句。

主题句总是出现在一个新段落的开头，是在较长一段时间内引导读者预期的绝妙方法。

三种基于主题的递进方案，让阅读更流畅

围绕一个恒定的主题进行的递进

这个方案很简单。句子的主题在连续的句子中，直接或通过代词，或通过一个更通用的名称重复出现。读者已经熟悉了这个主题，阅读起来就会很流畅。在下面这个例子中，"俘获"（分子）是不变的主题。

俘获在**高温**下并不重要，因为有大量的能量可以逃逸。但在**低温**下，**俘获**会导致非常缓慢的动力学过程。在液体的情况下，这种**俘获**导致了玻璃态相变——冷却时运动的急剧减慢。

Trapping is unimportant at **high temperatures** where there is plenty of energy to escape. But **trapping** leads to very slow dynamics at **low temperatures**. In the case of liquids, this **trapping** causes the glass transition—a dramatic slowing of motion on cooling.[1]

———————————

[1]　经许可转载自 Wolynes P. G. (2001) Landscapes, Funnels, Glasses, and Folding: From Metaphor to Software, Proceedings of the American Philosophical Society 145: 555–563。

由于主题在每句话的开头附近经常重复，阅读起来就非常流畅。

主题到次主题的递进

在这种递进中，通常在第一句话中宣布主要的主题，随后的句子则审查主题的各个方面。在下面的例子中，第一句是关于视觉资料的。接下来的两句话审查了视觉资料的两个方面：它们的位置，以及它们的说服力。

视觉资料是站在证人席上的明星证人，以说服读者陪审团相信你贡献的价值。**它们的出现**，对于你的论文而言，就像善于把握时机的律师适时引入关键证人一样重要。但最重要的是，**它们的说服力**远远超过文字的罗列。

Visuals are star witnesses standing in the witness-box to convince a jury of readers of the worth of your contribution. **Their placement** in your paper is as critical as the timing lawyers choose to bring in their key witness. But most of all, **their convincing power** is far beyond that of text exhibits.

链式递进

在链式递进中，主题和强调是链式的。一个句子末尾的强调成为下一个句子开头的主题。这种常用的递进方案对读者来说很容易掌握。接下来的文字将对这种方案做出说明。

蛋白质链的布朗运动将使它在各种形状之间摇摆不定，最后以某种方式使它稳定在一个包含极少数形状的系列中，我们称之为蛋白质的**"原生结构"**。**许多蛋白质的平均原生结构**是通过X射线晶体学或核磁共振的实验推断出来的。

The Brownian motion of the protein strand will carry it willy-nilly between various shapes, somehow finally getting it to settle down into a much less diverse family of shapes, which we call the **"native structure" of the protein**. **The average native structures of many proteins** have been inferred experimentally using X-ray crystallography or NMR.[1]

从一个句子到下一个句子中，链中的元素不需要逐字重复。通常情况下，前一个句子中的动词会成为下一个句子头部的一个名词。

应用卡尔曼滤波器**减少了**低成本超声波运动传感器发送的数据中的噪声。这种**减少**足以使检测错误率降低到15%以下。

Applying Kalman filters **reduced** the noise in the data sent by the low-cost ultrasonic motion sensors. **The reduction** was sufficient to bring down the detection error

①　经许可转载自Wolynes P. G. (2001) Landscapes, Funnels, Glasses, and Folding: From Metaphor to Software, Proceedings of the American Philosophical Society 145: 555–563。

rate below 15%.

有时，上句的一部分（在下段中被加粗）通过诸如"这"之类的名词，被引入下句中。

上述观察可以归纳出一个相当重要的结论。如果**在一个数据集中存在物种间的巨大摩尔差异**（而这通常是催化反应的正常情况），那么涉及主要物种和次要物种的反应，为了将后者囊括在内，就应当被改写。**这**应该可以解决大多数情况下反应程度的异常梯度问题。

The above observations can be generalized to a rather important conclusion. If **large mole differences between species exist in a data set** (and **this** is often the normal case for catalytic reactions), then the reactions involving both major and minor species should be rewritten to include only the latter. **This** should solve the problem of abnormal gradients in the extent of reactions for most cases.[①]

不过，不要觉得上文这一段写得有多好，它有它的问题。这段话可以更简洁："相当重要"（rather important）中的"相当"（rather）是不必要的。在最后一句中，它还包含了一个模棱两可的代词的典型例子。"这"代表什么？如果你回答"反应"，请再读一遍这句话，因为这不是正确的答案。"这"指的是改写。

---

① Widjaja E, Li C, Garland M. (2004) Algebraic system identification for a homogeneous catalyzed reaction: application to the rhodium-catalyzed hydroformylation of alkenes using in situ FTIR spectroscopy. Journal of Catalysis 223: 278–289, 经爱思唯尔许可转载。

三种主题递进方案（见图10.1）中的每一种都会影响预期，反之亦然。

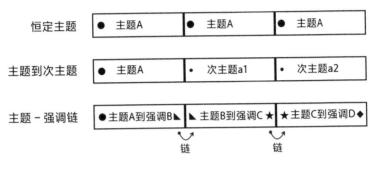

图10.1

三种基于主题的递进方案。每个句子用一个长方形表示；其主题用句首的一个形状表示。在链式递进中，主题保留了与前一个强调相同的形状，以表明前一个句子的强调成为下一个句子的主题。

恒定主题的递进，满足了对同一主题有更多了解的需要（对阐述的预期——广度）。主题、次主题的递进，满足了深入了解该主题的需要（对阐述的预期——深度）。链式递进，满足了了解事物之间相互关联的需要（对关联性和结果的预期）。回到之前的比喻，我们把文本比作火车轨道，恒定的主题是最简单的情况：火车继续沿着直线行驶，没有任何偏差。在从主题到次主题的情况下，思想的火车从主轨道驶上与主轨道平行的侧线。而链式递进则将火车带离主轨道，前往新的目的地。

基于主题的递进方案可以由不依赖主题的方案进行补充。

不基于主题的递进方案

通过解释和说明递进

以下段落的第二句话提出了一种新的递进方式：**解释**。它通常跟在一个问题或一个充当问题的陈述之后。

> 尽管新算法的多项式复杂度很差，但在实践中，它们比线性时间算法执行得更快。这是因为它们的构造方法具有良好的参考位置，而且它们已经考虑了计算机的内存结构。
>
> Although the new algorithms have worst-case polynomial complexity, in practice they are shown to perform faster than the linear time algorithm. This is because their construction methods have good locality of reference and they have taken the computer's memory architecture into consideration.[1]

在这个例子中，第一句话说：新算法的表现应该比现有的算法差，但它们的表现却超过了现有算法。读者很感兴趣，等待解释。第二句话中就有了解释。

你也可以用连接词表达递进的情况，如"例如"（for example）、"类似于"（similarly）、"相似地"（similarly to）和"比方说"（analogy for）等。这些词基于相关的例子、比喻或隐喻来准备解释。最后，

---

[1] 经许可转载自 Wolynes P. G. (2001) Landscapes, Funnels, Glasses, and Folding: From Metaphor to Software, Proceedings of the American Philosophical Society 145: 555–563。

你可以用视觉效果来说明。只要写上（图×）!

什么! 比喻?

以上两章似乎不鼓励唤起读者的想象力。必须定义何为凶猛，必须让读者保持正轨并引导读者的思想。这是否意味着，你——科学家作者应该因为科学是客观的，而去阻止读者的想象力? 本书中的许多例子来自沃林斯（Wolynes）教授写的一篇论文，题为《景观、烟囱、眼镜和折叠：从隐喻到软件》（"Landscapes, funnels, glasses, and folding: from metaphor to software"）。与其试图说服你，我不如在此引用他文章的前几句话："在所有知识分子中，科学家是最不信任比喻和图像的。当然，这是我们对这些心理建构的力量的默认，它们塑造了我们提出的问题和我们用来回答这些问题的方法。"

基于时间的递进

不基于主题的递进的另一个例子，是基于时间的递进，通常出现在任何科技论文的方法部分。

蛋白质**刚刚合成**时，有非常多的形状，类似于灵活的意大利面条可以摆出的形状。（2）蛋白质链的布朗运动**将使**它在各种形状之间摇摆不定，**最后**以某种方式使它稳定在一个包含极少数形状的系列中，我们称之为蛋白质的"原生结构"。

The protein when it is **first made exists** in an extraordinarily large variety of shapes, resembling those accessible to a flexible strand of spaghetti. (2) The Brownian motion of the protein strand **will carry** it willy-nilly between various shapes, somehow **finally** getting it to settle down into a much less diverse family of shapes, which we call the "native structure" of the protein.

在这种基于时间的递进中, 时间的流逝是通过动词时态从现在到未来的变化, 以及通过副词 "最初" (first) 和 "最后" (finally) 来表达的。

尽管 "最初" (first)、"开始" (to start with)、"之后" (then)、"后来" (after)、"直到现在" (up to now)、"目前为止" (so far)、"传统上" (traditionally)、"最终" (finally) 和 "截止" (to finish) 等词, 都标志着一个时间步骤的开始、持续或结束, 但时间往往是隐含的。科学家读者明白, 作者在叙述一个实验的各个步骤时, 是按照时间的逻辑进行的。最常见的是, 时间的流逝是通过改变动词的时态来确定的, 从过去到现在, 或者从现在到未来。

数字递进

在描述一个多步骤的过程时, 经常使用数字递进法。当预先宣布步骤的数量时, 这种方式是最清楚的, 读者能够准确地知道他们在这个过程中走到了哪一步。例如, "最大限度地减少纸浆提取过程中的损失, 需要经过从收集到处理的6个步骤的精细过程。步骤1: ……; 步骤2: ……" 等。

表述递进

递进可以是数字的，但也可以遵循作者定义的顺序（例如，列表中的元素）。在下一句中，作者表述了两个有助于登革热传播的因素，然后再依次介绍每个因素。

有两个因素有助于登革热的快速传播：航空运输和人口稠密地区。

Two factors contribute to the rapid spread of dengue fever: air transportation, and densely populated areas.

逻辑递进

递进可以遵循隐性逻辑，也可以遵循显性逻辑，如由"因此"（thus）、"因为"（because）、"所以"（therefore）等词宣称的因果关系。

收益报告显示，过去两个季度的总收入出现了灾难性下降。因此，许多员工，甚至那些有资历的人，都担心自己的工作。

The earnings report revealed a disastrous loss in gross income over the last two quarters. As a result, many employees, even those with seniority, feared for their jobs.

然而，要小心逻辑递进，因为有时候，它们可能会掩盖知识差距，就像下面这个例子：

在12月，拥挤的柬埔寨户外市场的温度有时会下降几度，因此店主喝的水非常少。

In December, the temperature in crowded Cambodian outdoor markets can sometimes drop a few degrees, therefore shopowners drink very little water.

对于没有去过柬埔寨市场的人来说，这个逻辑递进可能会让你感到困惑。市场、温度和饮水之间有什么联系？然而，我可以向你保证，上面的句子描述的是事实，而且对于一个比较了解柬埔寨的人来说，句子确实是符合逻辑的。

这个逻辑上的转换隐含了两个事实。首先，人们普遍知道，温度下降会增加膀胱的压力，因此需要更频繁地去卫生间。其次，因为柬埔寨户外市场的卫生间很少并/或很远，所以店主去卫生间的时候需要临时撤掉自己的摊位。这可能是非常不方便的，因此店主通过减少喝水来减少上厕所的需要。

现在，当你重读上面的例子时，你不再有那些逻辑上的空白，可以完全理解这个句子。记住，重读不仅是为了文本的流畅性，还是为了认知的流畅性。

通过连接词实现递进

递进有时是由连接词宣布的，如"另外"（in addition）、"而且"（moreover）、"此外"（furthermore）、"和"（and）、"也"（also）、"另外"（besides）。这些连接词对于教授写作的人来说是一个有争议的话题。有些人说，它们只是忽略递进的一种讨巧方式，是人为建立的一种不存在的联系。不幸的是，这些人往往是对的。我建议当你看到这些连接词时，尽量用隐性的递进来代替它们，如一个连续的步骤或一个主题的递进。如果你无法替换它们，可能就需要使用这些连接词进行明确的递进，如下面这个结论段：

我们的方法确定了一个特定的金属-分子耦合的最佳端基。此外，我们确认史密斯计算分子结合能的公式比布朗[8]提出的常用公式计算量要小，而且更准确。

Our method determined the best terminal group for one specific metal-molecule coupling. In addition, we confirmed that Smith's formula for calculating molecular binding energy is less computationally intensive and more accurate than the frequently used formula proposed by Brown [8].

这两个句子是独立的。这里的"此外"强调了论文的贡献程度。

递进中的停顿

递进本身并不是目的。有时，尽管作者尽了最大努力，但由于知识不足或在阅读时受到了太多的干扰，读者还是会迷失方向。为了让非专业读者跟上，作者需要停顿，特别是在即使是专家也需要集中精力理解的概念上！在停顿期间，读者可以通过作者提供的总结或说明来巩固所学的知识。为了体现这一停顿，可以使用"总而言之"（to summarize）、"简单来说"（briefly put）和"举个例子"（for example）等词语。

解决递进中的问题

无结构的段落

有时,虽然一个段落中的每一个句子都可以流畅地连接起来,但整个段落仍然难以理解。这往往是因为句子通过链式递进从一个主题递进到了另一个主题,却没有首先将该主题的所有相关内容阐释完全。

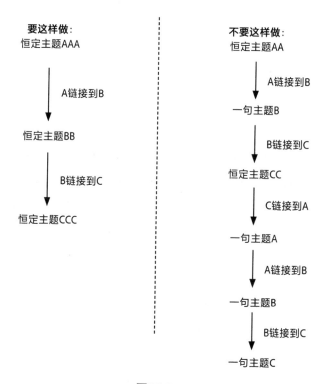

图10.2

主题A和主题C各有三句话,主题B有两句话。

打断主题

有时,递进会像下面的例子那样中断。它停顿了一两句话,然后又恢复了主题。在这种情况下,读者会迅速失去方向感。在某处,不知何故,递进链中的一个或两个环节被打断了,但在哪里被打断的呢?如何识别断裂的环节?

(1)在对大学宿舍中收集到的蟑螂进行微生物学研究后,我们发现它们的肠道携带葡萄球菌和大肠菌群等危险微生物。(2)当蟑螂反刍食物时,它们的呕吐物会污染它们的身体。(3)因此,在它们多毛的腿、触角和翅膀的表面上发现了相同的微生物,并且还有霉菌和酵母菌。(4)在蟑螂的肠道中发现这样的微生物并不奇怪,因为它们也存在于蟑螂赖以生存的人类和动物粪便中。

(1) After conducting microbiological studies on the cockroaches collected in our university dormitories, we found that their guts carried staphylococcus, members of the coliform bacilli, and other dangerous micro-organisms. (2) Since they regurgitate their food, their vomitus contaminates their body. (3) Therefore, the same microbes, plus molds and yeasts are found on the surface of their hairy legs, antennae, and wings. (4) To find such micro-organisms in their guts is not surprising as they are also present in the human and animal feces on which cockroaches feed.

第(1)句的主题是关于蟑螂的,第(2)句也以蟑螂为主题,所以第(1)句能很好地与第(2)句联系起来。第(2)句和第(3)句通过逻辑连接"当……时"→"因此"很好地联系起来。然而，当试图从第（3）句转移到第（4）句时，流畅性就会中断。你能找出原因吗？阅读第（4）句时，有什么熟悉的感觉吗？

　　第（4）句的主题是有关在蟑螂肠道中发现的微生物。这也恰好是第（1）句中所强调的，因此这里有可能存在链式联系。如果你重组该段落，以恢复这种联系，文本就会变得非常流畅：

　　（1）在对大学宿舍中收集到的蟑螂进行微生物学研究后，我们发现它们的肠道携带葡萄球菌和大肠菌群等危险微生物。（4）在蟑螂的肠道中发现这样的微生物并不奇怪，因为它们也存在于蟑螂赖以生存的人类和动物粪便中。（2）当蟑螂反刍食物时，它们的呕吐物会污染它们的身体。（3）因此，在它们多毛的腿、触角和翅膀的表面上发现了相同的微生物，并且还有霉菌和酵母菌。

　　(1) After conducting microbiological studies on the cockroaches collected in our university dormitories, we found that their guts carried staphylococcus, members of the coliform bacilli, and other dangerous micro organisms. (4) To find such micro-organisms in their guts is not surprising as they are also present in the human and animal feces on which cockroaches feed. (2) Since they regurgitate their food, their vomitus contaminates their body. (3) Therefore, the same microbes, plus molds and yeasts are found on the surface of their hairy legs, antennae, and wings.

　　下面一段话是关于一种叫作登革热的热带和亚热带疾病。将原始版本和最终版本进行比较，可以发现文本是如何改进的。

原始版本：

（1）登革热病毒通过受感染的雌性伊蚊的叮咬而传播给人类。（2）此外，这种疾病在人口稠密地区迅速传播，是由于缺乏有效的灭蚊方法、航空旅行的增加，以及缺水地区的卫生条件差。（3）蚊子在吸了病毒携带者的血后就会被感染。（4）病毒在受感染的蚊子体内繁殖三到五天，并停留在其唾液腺内。

(1) The transmission of the dengue virus to a human occurs through the bite of an infected female Aedes mosquito. (2) In addition, the disease spreads rapidly in densely populated areas because of the lack of effective mosquito control methods, the increase in air travel, and poor sanitation in areas with a shortage of water. (3) The mosquito becomes infected when it feeds on a blood meal from a human carrier of the virus. (4) The virus multiplies inside the infected mosquito over three to five days and resides within its salivary gland.

按照如下这些步骤来分析原文。

- 识别作者的意图，以及该段的主要内容。
- 通过共有的词汇来识别密切相关的句子。
- 识别可能的句子主题——通常是指一个句子与下一个句子之间重复的词汇。
- 重组文本以实现递进，并围绕一个主题设定理想的预期。

解决方案

● 作者的意图和要点。

作者在本段中似乎在阐述两个观点。第一，解释登革热病毒的传播周期［第（1）句、第（3）句、第（4）句］；第二，疾病迅速传播的条件［第（2）句］。

● 主题和递进方案。

至少有两个可能的主题：病毒（重复三次）和蚊子（重复四次）。任何一个都可以成为所有句子中的固定主题。关于句子顺序，因为在我们的列举段落之后的段落（此处未显示）描述了社区可以做什么来阻止登革热的传播，所以最后一句必须与第（2）句相似。

● 思考读者的已有知识并预测读者可能不知道的内容，进行文本重组。

在我们的研讨会上观察了成千上万的科学家如何重写这一段之后，我想提醒你可能存在的浪费时间的陷阱。你们中的一些人或许认为给句子重新排序就能够解决缺乏递进的问题。你清楚地看到第（2）句放在那里不合适，于是便把第（2）句移到第（4）句的位置。

（1）登革热病毒通过受感染的雌性伊蚊的叮咬而传播给人类。（3）蚊子在吸了病毒携带者的血后就会被感染。（4）病毒在受感染的蚊子体内繁殖三到五天，并停留在其唾液腺内。（2）此外，这种疾病在人口稠密地区迅速传播，是由于缺乏有效的灭蚊方法、航空旅行的增加，以及缺水地区的卫生条件差。

(1) The transmission of the dengue virus to a human occurs through the bite of an infected female Aedes mosquito. (3) The mosquito becomes infected when it feeds on a blood meal from a human carrier of the virus. (4) The virus multiplies inside the infected mosquito over three to five days and resides within its salivary gland. (2) In addition, the disease spreads rapidly in densely populated areas because of the lack of effective mosquito control methods, the increase in air travel, and poor sanitation in areas with a shortage of water.

然而，这却造成了该段第一部分（传播周期）和第二部分（疾病的传播条件）之间的脱节。为什么？将第（2）句移到段尾后，第（4）句就变成了第三句话，以"并停留在其唾液腺内"结束。从蚊子的唾液腺转移到疾病的传播，对读者来说是一个概念上的跳跃。因此，不要用蚊子感染人类—人类感染蚊子的顺序来描述这个循环，而是应该选择人类感染蚊子—蚊子感染人类的顺序。这样一来，关于"唾液腺"的句子将是该段的第二句话，位于序列的中间。在这个位置，它不会产生任何问题。

以下结束该段的句子存在三个问题。

此外，这种疾病在人口稠密地区迅速传播，是由于缺乏有效的灭蚊方法、航空旅行的增加，以及缺水地区的卫生条件差。

In addition, the disease spreads rapidly in densely populated areas because of the lack of effective mosquito control methods, the increase in air travel, and poor sanitation in areas with a shortage of water.

1. 必须去掉"此外"这个无效的过渡词。但即使去掉了，这句话也是以错误的主题开头："这种疾病"。要么你用从上一句话中提取的词语写一个附加句子，作为两部分（周期和传播条件）之间的黏合剂，要么你在上一句话中找到已知的信息，把它提到前面，作为本句的主题。

2. 审视该句子中给出的信息。所有的信息都有用吗？记住，你正重写的这段话之后的下一段，是关于阻止疾病传播的社区行动。

3. 你可能是第一次接触登革热这个话题，但你知道蚊子需要水来繁殖其幼虫。知道了这些，你认为这句话中的所有内容都有意义吗？是否存在需要弥合的知识差距？

最终文本（第一版——病毒是恒定主题）

来自人类携带者的**登革热病毒**通过雌性伊蚊所吸食的被感染者的血液进入其体内。然后，**病毒**在蚊子的唾液腺内繁殖三到五天。**它**通过被感染的蚊子叮咬时注入的唾液传染给另一个人。该**病毒**在有大量人类和蚊子共处的地区迅速传播。这种传播随着人类旅行（尤其是航空旅行）、无效的蚊子防控方法以及缺水地区的恶劣卫生条件而加速进行。

The dengue virus from a human carrier enters the female Aedes mosquito via the infected human blood she feeds on. **The virus** then multiplies inside the mosquito's salivary gland over three to five days. **It** is transmitted back into another human through the saliva injected by the infected mosquito when she bites. **The virus** spreads rapidly in areas where large numbers of humans and mosquitoes cohabit. This spread is accelerated with human travel (air travel particularly), ineffective mosquito control methods, and poor sanitation in areas with water shortages.

递进是围绕着一个恒定主题而建立的。这个递进也是一个基于时间的递进(传播周期)和一个逻辑递进(扩大:从限定到延伸,从具体到一般)。第四句话可以作为两部分之间的桥梁。它是通过从原始版本的最后一句话中删除一个短语——"人口稠密地区",并将其发展为一个完整的句子而建立的。

这一段对于在热带国家生活过的专家来说是可以理解的,但对于我们其他人来说却无法理解。有人说,他们知道蚊子是在水中繁殖的,那么如果缺水,蚊子是如何繁殖的? 尽管文本很清楚,但知识的缺乏导致理解的缺失。

最终文本(第二版——蚊子是恒定主题)

雌性伊蚊以登革热病毒携带者被感染的血液为食。在蚊子的唾液腺内,病毒会繁殖三到五天。随后,当受感染的蚊子叮咬其他人时,其唾液会将病毒带到他们身上。无效的蚊子防控方法导致登革热病毒迅速传播,特别是在人口稠密地区，当雨季结束时，零星的降雨更加速了病毒的传播。那时，**蚊子**享受着随处可见的繁殖场所，如积水的水坑和为旱季储存雨水的敞口大水缸。

The female Aedes **mosquito** feeds on the infected blood of a human carrier of the dengue virus. Inside the **mosquito** salivary gland, the virus multiplies over a period of three to five days. Subsequently, when the infected **mosquito** bites, its saliva carries the virus back into another human. Ineffective **mosquito** control methods cause the dengue virus to spread rapidly, particularly in densely populated areas at the end of the rainy season due to the sporadic rains. At that time, **mosquitoes** enjoy abundant breeding sites such as puddles of stagnant water and large opened vats storing rainwater for the dry season.

在第二个版本中，蚊子是所有句子中恒定的主题。为了在传播周期的结束和疾病的传播之间建立联系，只需要在重写的句子中，把原版本中的第（2）句中间的一个要素——"无效的蚊子防控"——提到前面。原句中的一些信息被删除，并增加了额外的细节，使本段更加清晰，并为过渡到下一段的社区行动做准备。删除"航空旅行"是有意而为之的，因为航空旅行与属于社区的村民没有直接关系；删除"缺水"也是有意为之的，因为这不符合直觉，蚊子需要水来繁殖。补充信息澄清了缺水和疾病传播之间的联系。

最终文本（第三版——有序推进和"循环"主题）

登革热病毒的繁殖依赖于一个含有三个步骤的周期。**首先**，当蚊子吸食人类宿主受感染的血液时，病毒进入雌性伊蚊体内。一旦进入蚊子的唾液腺，病毒**随即**会在三到五天的时间里进行繁殖。当病毒通过被感染的蚊子叮咬注入的唾液回到另一个人身上时，这个**周期**就**完成**了。在人口稠密地区，当人们旅行或灭蚊不力时，特别是在缺水地区，蚊子在露天储水容器中繁殖时，这个周期会迅速重复（有时会产生大流行）。

The reproduction of the dengue virus relies on a three-step **cycle**. **First**, the virus enters the female Aedes mosquito when the mosquito feeds on the infected blood of a human host. Once inside the mosquito salivary gland, the virus **then** multiplies over a period of three to five days. The **cycle** is **complete when** the virus returns to another human through the saliva injected by the infected mosquito when it bites. This **cycle** is repeated rapidly (sometimes at epidemic speed) in densely populated areas when people travel, and when mosquito control is ineffective, particularly in areas with water shortages where mosquitoes breed in open air water storage containers.

在这种写法中，其递进是有顺序的：三个步骤。读者会计数。当顺序递进结束时，恒定的主题"周期"又回到了段落的末尾。

最终文本(第四版——更大的知识差距——对蚊子已有一些了解的儿童)

患有登革热的人在其血液中携带登革热病毒。当血液被一种学名叫作埃及伊蚊的雌性蚊子吸食时,血液携带病毒进入她体内。病毒不会伤害她,只是侵入她的身体。在病毒进入15天后,会到达她的唾液中,并停留在那里繁殖、繁殖、再繁殖3到5天。因此,当这只雌蚊子叮咬其他人时,她的唾液就会携带一大批登革热病毒进入血液,足以使这个人生病。在有些地方,蚊子和人生活在一起,登革热的传播速度就会非常快。当人们乘坐飞机旅行时,或者当人们粗心大意让埃及伊蚊在旧轮胎或花盆托盘等开放的水容器边上产下成千上万的卵时,登革热的传播速度就更快了。

People sick with Dengue fever carry the dengue virus inside their blood. When that blood is sucked by a female mosquito called *Aedes Aegypti* — that's her family name — the blood carries the virus inside of her. It does not harm her, it simply invades her body. Fifteen days after it got in, it arrives inside her saliva and stays there to multiply, and multiply, and multiply for 3 to 5 days. So when the female mosquito bites someone else, her saliva carries a whole army of dengue viruses into the blood, enough to make that person sick. Where many mosquitos and people live together, dengue fever spreads very fast. It spreads even faster when people travel by plane, or when people are careless and let the *Aedes Aegypti* mosquitos lay thousands

of eggs on the side of open water containers like old tires or
flower pot plates.

儿童需要的是不太复杂的词汇。"宿主""受感染""人口密
集""控制方法",这些都是成人词汇。他们需要口语,而不是书面
语。他们需要中间的解释、例子、数字、拟人和演绎手法。

最后要提醒的是,不要试图在不考虑下一段主题的情况下
"修复"一段话中的递进问题。段落之间和段落中句子之间,递进
都是适用的。递进问题并不总是能通过移动句子所处的位置来解
决。在许多情况下,一个不明确的文本需要彻底重组。要想进行
重组,就要理解作者的意图,并确定文章中所提出的观点的关键点
及其背后的逻辑联系。

 从你论文的讨论部分抽取10个连续的句子。找出
每个句子的主题和侧重点。你能确定一个递进方
案吗?有些句子是否与前面的句子完全不相干?
句子是否被一个过渡词人为地连接起来,掩盖了一个递进问
题?重写这些句子以恢复正常的递进。

第十一章

发觉句子的流畅性问题

这里有一个非常重要的练习,你千万不要错过,因为它可以让你评估你设定的预期值有多大。跟着练习一步一步来。这只需要你花10分钟。

你也可以用SWAN——科技写作助手(Scientific Writing Assistant)来做这个练习,这是一个与我们的写作课共同被开发的软件工具。该工具可以在http://cs.joensuu.fi/swan/上获取,网站上有关于日常使用的帮助视频,但在这里,我们希望你专注于人工评估流畅性的功能。

第1步:

选择一篇你写的论文,如果你从未写过论文,就选择任意一篇你所在领域的论文。拿一支铅笔。你将会用它在句子中画线,并在句子的开头画一个表情符号。

☺   ☺   ☹

第2步:

从论文的导言中选择前11个句子。

第3步：

将你的目光集中在导言的第一句话上。

第4步：

阅读这句话，用一张纸挡住其余部分，以免看到下一句话。在你理解这句话后，就在提示下一句话主题的词下面画线。如果你有一个预期，可直接进入第6步（跳过下一步）。

第5步：

你对接下来可能要讲的事情没有任何预期。向右移动遮盖在下一个句子上的纸，直到你看到该句话的第一个动词，然后不再往下看。如果你现在有了预期，就进入第6步，但如果你仍然没有预期，就在你前面读过的句子（不是你部分揭开的这句）的开头画一个☺。直接进入第7步（跳过下一步）。

第6步：

测试你的预期，看你是否猜对了。阅读你所遮盖的下一个完整句子。如果它满足了你的预期，就在你前面读过的句子（并非你刚读过的、测试你的预期是否正确的句子）的开头画一个☺，但是如果它不符合你的预期，就画一个☹代替。

第7步：

如果你已经完成测试，那么你应该在前10个句子的开头都画了一个表情符号；进入第8步。如果没有，请回到第4步，继续阅读下一句话。

第8步：

计算你的分数。每有一个☺，就给自己一个鼓励，并在你的总分上加3分。每个☺减去1分，每个☹减去2分。如果分数是20或更多，那么这个段落就写得很精彩。如果得分低于12分，那么请考虑改写☺和☹句，以便更好地控制读者的预期。

下面是一个例子。

　　天空是蓝色的。(不知道后面会发生什么,让我查查下一个动词)

　　天空是蓝色的。那只猫正在(还是不知道后面会发生什么,我在第一句的前面画一个☺)

　　☺天空是蓝色的。那只猫正在尝试在一朵花上抓一只蜜蜂。(我打赌猫会被蜜蜂蛰到!)

　　☺天空是蓝色的。那只猫正在尝试在一朵花上抓一只蜜蜂。蜜蜂蛰了它的爪子。(是的! 这里要画一个☺,我是对的)

　　☺天空是蓝色的。☺那只猫正在尝试在一朵花上抓一只蜜蜂。蜜蜂蛰了它的爪子。(猫一瘸一拐地走了)

　　☺天空是蓝色的。☺那只猫正在尝试在一朵花上抓一只蜜蜂。蜜蜂蛰了它的爪子。园丁挖了一个洞。(☹错了!)

　　☺天空是蓝色的。☺那只猫正在尝试在一朵花上抓一只蜜蜂。☹蜜蜂蛰了它的爪子。园丁挖了一个洞。

　　总分:[−1, +3, −2]= 0!

现在你完成了这个练习,难道你不想找出产生这些表情的原因——特别是无表情和愁苦的表情? 你可以自己来做,审阅每一个句子,确定是什么造成了你的预期,以及作者是如何违反这些预期的。这样你就会找到流畅性问题产生的原因。说真的,你为什么不现在就做呢?!

许多科学家在写作课上做了这个练习,并找出了常见的问题。当你做完这个练习后,请阅读下面的内容,检查你发现的问题是否也在这里加以描述了。

没有预期的原因 ☺

后视镜语句

> 上述框架符合传统的数字签名系统结构。
>
> The above framework is compliant with traditional digital signature system structures.[1]

在这句话中，作者添加了最后一个细节，结束了对框架的相当完整的介绍。这句话是向后看的，而不是向前看的，它没有设定任何预期。

描述性语句

> 统一数据集中的每个点，坐标都是在[0,10000]中随机产生的，而对于Zipf数据集，坐标遵循向0倾斜的Zipf分布（倾斜系数为0.8）。
>
> The coordinates of each point in a uniform dataset are generated randomly in [0, 10000], whereas, for a Zipf dataset, the coordinates follow a Zipf distribution skewed towards 0 (with a skew coefficient 0.8).[2]

---

[1] Qibin Sun and Shih-Fu Chang. A Robust and Secure Media Signature Scheme for JPEG Images, Journal of VLSI Signal Processing, Special Issue on MMSP 2002, pp. 306–317, Vol. 41, No. 3, Nov., 2005.

[2] Papadias Dimitris, Tao Yufei, Lian Xiang, Xiao Xiaokui. The VLDB Journal—the International Journal on Very Large Data Bases, July 2007, v.16, no. 3, pp. 293–316.

陈述事实或数据的句子几乎没有产生预期。

段落中断

根据定义，段落是一个具有单一主题或目的的文本单元。当主题或目的改变时，段落也会随之改变。但前后两个主题是如何联系起来的？你让读者自己去发现其中的联系吗？如果你这样做了，那么这种联系对非专家来说，也是显而易见的吗？最好以如下两种方式之一来明确这种联系：用本段的最后一句话来介绍下一段的主题，或者用新段的第一句话来介绍新的主题并说明它与前一段的关系。

在下面这个例子中，这种联系并不明确。该段指出，有知名的算法，也有不那么知名的算法（我们推测）。但我们不知道接下来会有什么期待。

> 为了将共同表达的基因归入聚类，许多聚类算法被提出。一些众所周知的例子包括层次聚类[1，2]，K−均值聚类[3]，以及自组织映射[4，5]。贝叶斯网络[6]和图论方法[7—9]、基于模型的方法[10—12]和模糊聚类[13]提供了额外的聚类方法。
>
> 已采用许多种测量方法，对基因表达对之间的相似性进行评分。
>
> Many clustering algorithms are proposed to group co-expressed genes into clusters. Some well-known examples include hierarchical clustering [1, 2], K-mean clustering [3], and self-organizing maps [4, 5]. Bayesian networks [6] and graph theoretic approaches [7-9], model-based methods

[10-12], and fuzzy clustering [13] provide additional methods toward clustering.

Various measurements have been employed to score the similarities between pairs of gene expressions.

条目长度不可预测的列举

如果在一个有编号条目的列举中，每一项都由一句话组成，读者会很快发现这个模式，并期望这种情况继续下去。但是，如果每一项都由数量不等的句子组成，读者就不知道在每个句子结束后可以期待什么：一个新条目，或者关于同一条目的下一个句子。

在科学上，长句是由两个因素促成的：精确和理性诚实。通过修饰语给名词增加精确性会延长句子的长度。例如，"一根有六根照明光纤和一根读取光纤的R400-7光纤反射探头"明显比"一根光纤探头"更精确。为了使读者相信荧光测量的质量，这种精确性可能是必要的。理性诚实通过增加详细的修饰语和附加条件延长了句子。

In science, two factors contribute to long sentences: precision and intellectual honesty. Adding precision to a noun through a modifier lengthens the sentence. For example "an R400-7 fiber optic reflection probe with 6 illumination fibers and one read fiber" is significantly more precise than "a fiber optic probe". Such precision may be necessary to convince the reader of the quality of the fluorescence measurement. Intellectual honesty lengthens a sentence through the addition of detailed qualifiers and provisos.

在这个例子中，读者期望作者在"例如"开头的句子之后马上转到"理性诚实"这一因素上。但是，作者却增加了关于"精确性可能是必要的"的句子。因此，读者的预期就被打破了，他们需要重新设定预期，但不再知道在这个解释句之后应该期待什么。这种情况本可以通过删除这句话来避免，它的表意很弱（"可能"表达了不确定性），也不是必要的。

连锁的解释细节的旋涡造成了预期空白

这是一个"一件事勾起另一件事"的例子，但看不到终点。读者跟随着句子，却不知道下一步该期待什么。之前已经呈现过这个很好的例子，我们在这里再重复一下。

在接下来的三天里，三十个胚胎细胞在培养皿中增殖。使用的培养皿由塑料制成，其内表面涂有小鼠细胞，这些细胞经过处理已经失去了分裂的能力，但仍然保持提供营养的能力。使用这种特殊涂层的原因是为胚胎细胞提供黏性表面。在增殖后，胚胎细胞被收集并放入新的培养皿中，这一过程被称为"重新接种"。

第一句话将细胞增殖确立为该段的主题。接下来的两句话将我们带入一系列连锁的细节：从胚胎细胞到培养皿，从培养皿到培养皿涂层，以及从培养皿涂层到黏性表面。读者不知道接下来会有什么期待。回到增殖的话题并不令人惊讶，但也不令人期待。

模糊的、一般性的陈述

随着计算机通信和互联网的迅速发展，数字图像的传播无孔不入。

With the rapid development of computer communication and Internet, the distribution of digital images is pervasive.

紧随这句话的下一句话是关于水印的。谁会猜到呢！这句话很笼统，是引言部分典型的空洞开头句。从这样一个模糊的陈述中，我们不能得出任何预期。

长句蕴含过多主题，稀释了预期

在本文中，我们专注于扩展运行支撑环境（RTI）的实现，以放松联合体之间的时间同步，特别是专注于支持保守模拟协议的时间管理服务的RTI，如DMSO的RTI。

In this paper, we focus on extending the implementation of the Run-time Infrastructure (RTI) to relax the time synchronization among federates, particularly focusing on RTIs that support the conservative simulation protocol for their time management service, for example the DMSO's RTI.[①]

下一句话要讲什么？RTI、联合体、放松联合体之间的时间同

---

① Boon Ping Chan, Junhu Wei, Xiaoguang Wang, (2003) Synchron, Synchronization and management of shared state in HAL-based distributed simulation, Proceedings of the Winter Simulation Conference, S. Chick, P. J. Sánchez, D. Ferrin, and D. J. Morrice, eds.

步、保守模拟协议、DMSO的RTI的时间管理服务？读者毫无头绪，因为在这个充满细节的长句中，有太多的选项。下一句是关于每个联合体用来调节时间的方法。谁会猜到呢？我以为作者会解释为什么有必要放松时间同步。我本来想给这句话一个☹，但这个领域的专家却给了它☺（不同的读者的预期不同，取决于他们的背景知识）。

错误预期的原因☹

未表达的主题变化和模糊的代词

我们这组图像经过归一化处理，在输出时具有一致的灰度等级。眼睛的坐标被自动检测并设置为一个固定的位置。然后，它们被重新取样到一个给定的大小。在归一化之后……

The images in our set are normalized to have a consistent gray level when output. The coordinates of the eyes are automatically detected and set to a fixed position. They are then resampled to a given size. After normalization…

第一句话的主题为下一句话提供了两个可能的主题。

预期1：保持灰度等级一致的好处

预期2：对图像进行的附加归一化的步骤，如图像对比度

第二句的"眼睛"主题不符合预期1或预期2。如果作者明确

指出这些图像是脸部图像,这就可能会成为符合预期的主题。只有在读者读完第二句后,他们才意识到这句话与预期2——附加归一化的步骤有关。在此基础上,读者对下一个句子会产生两个新的预期。

新预期1:另一个归一化的步骤

新预期2:固定眼睛坐标的原因,或者固定位置在哪里

代词"它们"开启了下一个句子。读者认为这个代词指的是"眼睛的坐标",他们期望有一个固定这些坐标的理由。但当动词"重新取样"出现时,他们陷入了僵局,因为坐标不可能被重新取样。读者短暂地停下来,重新阅读,发现这个"它们"指的是第一句中提到的图像。这个代词是模糊的。第三句只是另一个归一化的步骤(预期1)。下面是一个可能的改写。

所有的人脸图像都被归一化(1)以显示一致的灰度等级,(2)自动将眼睛放在每个图像的相同位置,最后(3)通过重新取样将每个图像设定为128×128的大小。在归一化之后,……

All face images are normalized (1) to display consistent gray levels, (2) to automatically place the eyes at the same location in each image, and finally (3) to set each image to a 128×128 size through resampling. After normalization, …

如此可提高文本的精确度。句子很长,但很精确,容易理解。列举和平行语句设定了我们正在从一个归一化步骤进入下一个步

骤的预期。

形容词性或副词性主张后没有证据

形容词或副词是能够以如下三种方式设定预期的词语。

- 它们提出一个需要验证的主张,如"世界是平的"。
- 它们陈述一个现有的(通常是众所周知的)被判断为不令人满意的情况需要改进,如"飞机发动机的维修是非常费力的"。在这种情况下,"非常费力的"为它的反面,即"不那么费力的"设定了预期。请注意,"非常"作为一个判断性的词,其作用是提高人们对一个更令人满意的解决方案的预期。
- 它们从消极或贬义的角度陈述情况,要求情况向积极的或改善的方向转变,如"在高温下,俘获是不重要的"。这句话设定了一个预期,即俘获在低温下可能很重要。

依赖3D有限元精细网格的跌落试验模拟是非常**耗时的**。它们需要节省在板级进行的实际物理测试所需的时间和成本。我们提出了一个简化的模型,将电路板视为一个梁结构……

Drop test simulations that rely on a fine mesh of 3D finite elements are very **time-consuming**. They are required to save the time and cost involved in actual physical tests conducted at board level. We propose a simplified model that considers the board as a beam structure…

"耗时"这个形容词使人联想到有限元方法。该领域的读者已经意识到，精细网格的3D建模是非常耗时的。他们希望作者在下一句中介绍更快的方法，结果到了第三句才……。你可能会反对，认为作者使用了一个很好的递进方案，即恒定的主题递进："跌落试验模拟"，以及代词"它们"，尽管这个代词是模糊的，因为它也可以指代有限元。为了回应这个反对意见，我们先要强调一点：**预期比递进更重要**。为了满足读者的预期，必须改写这些句子。下面是一个可能的改写。

　　　　基于有限元的精细3D网格分析的模拟可以节省成本，但不能节省进行物理板级跌落测试的时间。如果简化模型，就可能节省时间。我们提出了一个模型，通过使电路板成为一个梁结构来对其进行简化……

　　　　Simulations based on the analysis of a fine 3D mesh of finite elements save the cost, but not the time involved in conducting physical board level drop tests. Saving time is possible if the model is simplified. We propose a model that simplifies the board by making it a beam structure…

　　在这次改写中，设定了递进链，并满足了预期。

对明确问题的不明确答复

　　　　大脑的不对称程度超过哪个阈值时，就应该被认为是不正常的？答案取决于需要什么样的大脑信息。当人们研究病理异常时，应将假阳性和假阴性保持在较低水平。区分正常与异常不对称性的阈值可以从病人的数据中估计出来,但这个值有多么敏感或多么特异,目前还不清楚。

Beyond which threshold value should the degree of asymmetry of the brain be considered abnormal? The answer depends on what kind of brain information is required. When one studies pathological abnormality, false positives and false negatives should be kept low. The threshold value differentiating normal from abnormal asymmetry could be estimated from patient data, but how sensitive or how specific that value would be, is unclear.

开始提出的问题设定了一个对精确数值的预期,应对其做出回应的答案却是不明确的,令人失望。事实上,第二句话相当于提出了第二个间接问题:所需要的大脑信息是什么?答案再次令人失望,因为作者给出了一个意料之外的答案,表现出对数据统计质量的关注。读者不可能猜到这一点,因此会对"假阳性/假阴性"的句子感到惊讶。这时,读者通常会放弃给出预期,在连续两次惊讶之后,采取漠然的态度。然后作者告诉读者,如果一个阈值不敏感或不特异,那么它就没有什么用。下面是一个可能的改写。

假设大脑不对称程度是大脑病变的一个可靠指标,那么对异常的诊断能否基于不对称的阈值?要想回答这个问题,就必须确定某种从病人数据中得出的数值是否有足够的敏感性和特异性。

Assuming that the degree of brain asymmetry is a reliable indicator of brain pathology, can a diagnostic of abnormality be based on an asymmetry threshold value? To answer that question, it will be necessary to determine whether such a value derived from patient data has enough sensitivity and specificity.

不合理的选择

光标控制(脑机接口)的方法分为两类,回归(引用)和分类(更多引用)。它们各有优点。在我们的研究中,我们采用了分类法,……(后面的文字描述了该方法,但没有给出采用该方法的理由)。

The methods for cursor control [Brain Computer Interface] come under two categories, regression [references] and classification [more references]. Each of them has its merits. In our study we adopt the classification method, ...[①]

作者提出了他所面临的选择:回归法或分类法。二者都有各自的优势。读者会产生两种可能的预期:

- 作者会给出每种方法的优点和缺点。很明显,作者并不打算这样做。最好删除"它们各有优点"这句话,因为它造成了错误的预期。
- 作者将选择一类方法并证明其合理性。

是哪个缺点,或者是哪个优点导致作者偏爱分类法?作者并没有明说。请注意,即使去掉第二句"它们各有优点",读者仍然

---

① Zhu X, Guan C, Wu J, Cheng Y, Wang Y. (2005) Bayesian Method for Continuous Cursor Control in EEG-Based Brain-Computer Interface. *Conf Proc IEEE Eng Med Biol Soc* 7: 7052–7055.

会想知道作者为什么选择分类法而不是回归法。每当你下断言并做出选择时，读者都想知道原因，即使选择是任意的。

> 光标控制（脑机接口）的方法有两类，回归（引用）和分类（更多引用）。我们决定采用分类法，因为……
>
> The methods for cursor control [Brain Computer Interface] come under two categories, regression [references] and classification [more references]. We decided to adopt the classification method because...

打破重复模式并加以阐释

> 20世纪70年代，隐马尔可夫模型（Hidden Markov Models, HMM）的出现使语音识别取得了巨大的进步。至今，HMM仍是语音识别的实际使用方法。然而，有人认为HMM并不是万能的。同时，今天的语音识别系统要比早期的系统聪明得多。
>
> The emergence of Hidden Markov Models (HMM) in the 1970s allowed tremendous progress in speech recognition. HMMs are still the de-facto method for speech recognition today. However, some argue that HMMs are not a panacea. At the same time, today's speech recognition systems are far smarter than those in the earlier days.

第一句话确立了该段的主题：HMM。这句话把它放在了一个高光位置上。读者希望赞美之词继续下去，在第二句话中也确实如此。读者对第三句话有两种预期：目前在语音识别中使用HMM

的例子，或继续使用HMM的原因（也许是近期对基本HMM方法的改进）。

在第三句话中，作者却声称这种方法有局限性，这让读者感到惊讶。现在，读者的预期变成了作者说出一个HMM不擅长的问题。不幸的是，在第四句话中，作者似乎又改变了话题。"同时"是一个类似于"此外"（in addition）的短语：它掩盖了一个缺乏适当过渡的问题。

要想打破一个模式，最好在同一句话中就打破，如下面所示。

> 尽管HMM仍然是当今语音识别的实际使用方法，但它们并不是万能的。随着语音识别的应用场景越发复杂（自动语言识别、说话人验证），在实际使用中，HMM需要与其他数据处理方法相互协调。

> Although HMMs are still the de-facto method for speech recognition today, they are not a panacea. As speech recognition applications increase in sophistication (automatic language recognition, speaker authentication), HMMs need to blend harmoniously with other statistical methods, in realtime.

缺少背景知识（或有未解释的词）和同义词

> 血管中充满着血细胞以及血小板，而血小板数量不如血细胞数量（比例为1比20）。血小板除了是生长因子的来源外，还通过聚集形成血小板栓塞来止血，从而直接参与体内平衡。凝血细胞计数通常包括在血液检查中，因为它是确定白血病等疾病的一种手段。

Blood vessels carry blood cells as well as platelets, which are not as numerous as blood cells (ratio of 1 to 20). Platelets, besides being a source of growth factors, are also directly involved in homeostasis by aggregating to form a platelet plug that stops the bleeding. A thrombocyte count is usually included in a blood test as it is a means to determine diseases such as leukemia.

第三句话为不知道"凝血细胞"是"血小板"同义词的非专业读者设置了障碍。在这个例子中,作者不希望重复血小板,因为它已经在前一句中提到了两次。但用同义词填满一篇论文,会增加知识鸿沟,增加记忆负担。当有两个同义词时,应确定一个关键词(较简单的一个),并在论文中持续使用它,这是一条规则。

> 血小板计数通常包括在血液检查中,因为它是确定白血病等疾病的一种手段。

但是,如果你想引入一个新的关键词,请按照下面的方式及时定义它。

> 凝血细胞计数(也被称为血小板计数)通常包括在血液检查中,因为它是确定白血病等疾病的一种手段。

第十二章

控制阅读能耗

血流动力学反应

通过阅读研究人员彼得·哈古尔特（Peter Hagoort）的一篇神经科学论文，我学到了一些真正迷人的东西。它描述了在阅读过程中，当我们的大脑遇到"汽车停在砂锅红绿灯前"等奇怪的句子时，会发生什么事情。当我偶然读到文章中的"血流动力学"一词时，类似的事情也发生在了我身上。谷歌把我带到了一个网站上：fr.wikipedia.org/wiki/Réponse_hémodynamique，事情开始变得非常有趣。我发现，当阅读变得困难时，身体会向大脑输送更多的血液（即葡萄糖和氧气）。它并不会从大脑的一个部分抽出血液送到另一个部分，以便保持能量消耗不变，它只是增加了流速。我像猎犬一样追踪，发现了一篇由原子能委员会生命科学部主任安德烈·西罗塔（André Syrota）撰写的法语文章，其中指出我们大脑的额外工作消耗的能量相当于"每分钟思考147焦耳"。[1]

---

[1]　http://histsciences.univ-paris1.fr/i-corpus-evenement/FabriquedelaPensee/afficheIII-8.php

你的读者在阅读之旅结束后，会有多疲惫？你对他们的时间和精力管理得如何？正如乔治·戈鹏（George Gopen）所指出的那样，阅读会消耗能量。[1] 阅读科学文章会消耗很多能量。因此，你如何减少阅读的能耗，如何让读者确信，在你的文字构筑的漫长而曲折的道路上，会有大量的能源补给站？

能源账单

令 E_T 代表大脑处理一句话所需的总能量。E_T 是以下两种能量的总和。

1. 用于分析句子结构的句法能量（syntactic energy）E_{SYN}。

2. 用于将该句子与前面的其他句子联系起来，以及根据该句子的词义对其进行理解的语义能量（semantic energy）E_{SEM}。

戈鹏认为这两种能量是一种"零和关系"。[2] 这意味着，如果 E_{SYN} 变得很大，将以牺牲 E_{SEM} 为代价：花在分析句子句法上的能量越多，留给理解句子意义的能量就越少。

$$E_T = E_{SYN} + E_{SEM}$$

E_T 是有限的，其由大脑分配阅读任务。类似于我们的肺，肺给我们提供一次呼吸所需的氧气，而大脑有足够的能量让我们一次读完一个句子。E_T 的增加不能超过生理机制所规定的限度：增加血流速度需要几秒钟，而且大脑中的血管尺寸（虽然可以扩展）是有限的。

作为作者，你的工作是通过尽量减少阅读所需的句法能量和

---

[1] George D. Gopen. 2004. "Expectations: teaching writing from the reader's perspective". Pearson Longman, p. 10.

[2] George D. Gopen. 2004. "Expectations: teaching writing from the reader's perspective". Pearson Longman, p. 11.

语义能量,以确保在任何时候$E_{SYN} + E_{SEM} < E_{Tmax}$都成立。

什么会消耗过多的句法能量(E_{SYN})

- 任何模棱两可或不明确的成分——不知指代哪个名词的代词、曲折的修饰名词、模棱两可的介词。
- 拼写或轻微的语法错误——缺少定冠词the,错误的介词,如in而不是on,误用的动词,如adopt而非adapt。
- 不完整的句子,如缺少动词。
- 任何对记忆有影响的东西——长句(通常使用被动语态),公式,含有多个说明、附加和限定词的句子,含有多层嵌套从句的句子。
- 外语的语法结构不加改动地应用于英语中。
- 缺少或错误使用标点符号。

什么会消耗很少的句法能量(E_{SYN})

- 句法简单的短句:主语、动词、宾语。

  新的想法破坏了句子的逻辑流。
  New ideas disrupt the logical flow of sentences.

- 用"虽然"(although)、"因为"(because)、"然而"(however)或"越……越少"(the more…the less)等词汇建立的可预测模式的句子。

  花费在分析句子句法上的精力越多,留给理解句子

含义的精力就越少。

The more energy is spent to analyze the syntax of a sentence, the less energy is left to understand what the sentence means.

● 主语靠近动词，动词靠近宾语的句子。

动机将总能量E_T分配给阅读任务。

Motivation allocates the total energy, E_T, to the reading task.

● 标点符号使用良好的句子。

读者有三个选择：放弃阅读、再次阅读同一句子，或阅读接下来的内容。

The reader has three choices: give up reading, read the same sentence again, or read what comes next.

什么会消耗巨大的语义能量（E_{SEM}）

● 未知词汇、首字母缩略词和简写词。
● 若不联系上下文，无法推测含义。
● 缺少能够理解或帮助理解的前期知识。
● 缺乏使概念更清晰的例子或视觉资料。
● 过于详细的视觉资料或不完整的视觉资料。
● 读者忘记了之前读过的内容。
● 读者对陈述、方法或结果有异议。

- 非常抽象的句子或公式。

- 句子与读者的预期不一致。

什么会消耗很少的语义能量(E_{SEM})

- 具有完善语境的句子。

一个给定句子的总阅读能量(E_T)是两个要素的总和：句法能量(E_{SYN})用在分析句法上，以及语义能量（E_{SEM}）用在对刚刚分析的句子的理解上。

$$E_T = E_{SYN} + E_{SEM}$$

- 读者熟悉的主题或想法。

鸣鸟飞回巢中，坐在三个小小的蛋上，两个是它自己的，第三个是杜鹃鸟的。

- 解释前句的句子。

因此，如果E_{SYN}变得很大，将以牺牲E_{SEM}为代价。花费在分析句子句法上的精力越多，留给理解句子含义的精力就越少。

- 铺垫的句子（用于递进或设置背景）。

牵引阅读的分句往往遵循一种可预测的模式；它们以介词开始，如"虽然""因为""然而"或"如果"。

- 短句（有已知的词汇）。

它没有。读者感到震惊。

什么会让读者陷入困境

当$E_{SYN} + E_{SEM} > E_{Tmax}$时，会出现能源短缺。

- E_{SYN}意外地大。结果，剩下的E_{SEM}不足以提取句子的完整含义。
- E_{SYN}是正常的，但一个新词、首字母缩写词、简写词、明显的矛盾或概念需要大脑做出额外的努力（饱和的记忆，或无法找到与已知数据的关联），读者耗尽了E_{SEM}。在完全理解句子之前，语义能量的油箱已经空了。

当这种情况发生时，读者可以在以下三种选择中任选其一：放弃阅读、再次阅读同一句话，或阅读接下来的内容，希望以后能够理解。

放弃阅读是不幸的结局，是重复又连续的理解障碍产生的结果。文本变得越来越模糊，因此读者最终放弃了阅读。

如果动机较强的话，读者就会反复读同一句话。读者决心要理解这句话，因为他们期望可以从难懂的句子中收获更多。掌握了难懂的句法后再重读，就不消耗句法能量了，因为读者已经对这句话的句法很熟悉了，只需把所有的能量花在理解上即可。

$E_{SYN} = 0$，因此$E_T = E_{SEM}$。

阅读是在消耗大脑的能量这一比喻，与在科学中观察到的情况一致。大脑努力工作时，会消耗更多的能量。

标点符号：一个能源补给站

句号，停下来加满油的补给站

当句号到来时，读者在阅读下一个句子之前会暂停一下，并补充他或她的能量罐。它让读者有机会总结、吸收、巩固刚刚获得的知识，并预测接下来的内容（来自预期或递进）。

分号，为半满的油箱添点油

令人惊讶的是，在一篇科技论文中搜索分号，往往会听到糟糕的提示声："没有找到，我可以搜索其他东西吗？"句号、冒号和逗号似乎是科学家使用的所有标点符号了。科学家从本质上是讲逻辑的，应该喜欢使用分号才对，使用分号不仅是为了加强他们的论点，也是为了让他们的文字不那么含糊，并以很小的代价推进上下文。

分号是句号的近亲。分号和句号一样，处于语义封闭的位置。它结束并开始一个分句（有主语和动词，作为句子的一部分）。与句号不同，分号的作用是联合、连接或联系，而句号的作用是分离。分号两边的分句往往是有对比性的或对立的。通常情况下，句子中的第一个分句提出了一个观点，而分号后的分句（或多个分句）完善、细化或完成了这个观点。分号经常出现在连接词和连接副词附近，如"但是"（but）、"因此"（consequently）、"然而"（however）、"尽管"（therefore）、"于是"（thus）或"不过"（nonetheless）。

计算出的数据和观察到的数据密切相关；然而，当浓度下降时，观察到的数据会滞后。

The calculated data and the observed data were closely related; however, the observed data lagged when concentration dropped.

上述句子中的第一个分句为整个句子提供了背景。它与分号后面的分句共享主语。这两个分句在语义上也是紧密相连的，比用句号隔开的两个句子要紧密得多。因此，由于上下文在句子中没有变化，阅读就变得更快、更容易。

分号有不止一种用途。当我们需要将一连串句子统摄于一个长句之下时，分号可以很好地胜任这项工作。

具有视觉冲击力的信息需要创造力、画图技巧和时间。因为这些东西大多供不应求，所以软件生产商提供了创意、技巧和省时的工具：只需点击几下鼠标就能制作出漂亮表格、图片和图表的数据包；只需点击一下就能捕捉到光线不足的测试台设备上堆满电线的照片（我感觉画面越糟糕，看起来就越真实）；还有能轻松控制你的工作站屏幕，将画面录入你的论文的屏幕捕捉程序。

Information with visual impact requires creativity, graphic skill, and time. Because most of these are in short supply, software producers provide creativity, skill, and time-saving tools: statistical packages that crank out tables, graphs and cheesy charts in a few mouse clicks; digital cameras that in one click capture poorly lit photos of test bench equipment replete with noodle wires (I suppose the more awful they look, the more authentic they are);

and screen capture programs that effortlessly lasso your
workstation screens to corral them for your paper.

加油站 ":""！""? "和逗号

其他标点符号也提供了加油的机会：冒号、问号和不科学的
感叹号（我不知道如果阿基米德用感叹号来结束他的那句"尤里
卡"[①]，是否会损害自己作为科学家的声誉）。问号是最不常用的标
点符号，它让读者停顿并思考，同时也为答案设定了明确的预期。
冒号用来介绍、解释、阐述、回顾和列举。与分号不同的是，冒号
可以跟在一个缺乏动词的短语后面；与分号相同的是，冒号的前面
是一个完整的句子（而不是像下面这个例子中被截断的句子）。

而结果是：

And the results are:

在一个正确的句子中，主句没有被截断。

而结果如下所述：

And the results are the following:

冒号很受读者喜欢：它们宣布澄清内容或细节。冒号也是作

[①] Eureka，意为"我发现了"或"我找到了"。传说阿基米德受叙拉古僭主
之命，在不破坏皇冠的前提下，检验其是否为纯金。阿基米德苦思冥想，当他
入浴时，看见澡盆中的水溢出，当即喊道："尤里卡。"因为他意识到不规则物
体的体积可以通过这种方法测量，再通过测量重量，求出密度，与黄金相比，
就可以知道皇冠是否为纯金了。——译者注

者的盟友，它们有助于在陈述之后引入理由。

逗号有助于消除句子中的歧义，达到暂停效果，或标记句子的开始和结束。

但是，就其所有的效用而言，有一点是逗号所不能实现的：语义封闭。读者不能在一个逗号上停下来，然后不往下阅读就能理解句子的其余部分。

本章已经给你提供了许多工具来减少阅读的能耗。想象一下，你的写作是一块布，而读者的大脑是熨斗。如果你的文章光滑如丝绸，熨斗就可以调到最低的温度挡。如果你的文章像过度干燥的棉布一样粗糙，那么不仅熨斗要调到最高温度，而且你会给读者带来压力，他们需要用蒸汽熨平你文章中难看的折痕。不是**你**花费时间和精力，就是**读者**花费时间和精力。

请一位读者阅读你的论文，用红色标出不能理解清楚的句子（语义能量高），用黄色标出因句法问题而导致阅读速度降低的句子（句法能量高）。然后进行相应的纠正。

使用标点符号有助于减少阅读能耗。请搜索"："和"；"。你的论文中有足够的标点吗？如果没有，找机会使用它们，特别是在长句中。

第二部分

—

论文结构和目的

房屋建造的每个阶段都对其整体质量有所贡献。同样，一篇文章中的每一部分都有助于提高整体质量，从摘要（建筑师的蓝图）和结构（地基），到引言（台阶和门廊），视觉资料（提供光线的窗户），最后是结论（房子的钥匙）。

建造的技艺是通过长期的学徒生涯获得的。你可能会被省时的作为权宜之计的预制构件所吸引，或者被模仿其他质量不明的建筑所吸引（你的导师给你的那篇论文作为你第一篇论文的模板）。谨防捷径。匆忙组装的论文，一旦经过分析，往往会暴露出重大的"裂缝"和缺陷：它那不成形的结构就像宽松的牛仔裤，几乎适合任何框架；它的视觉资料和其他视觉资料会给人一种批量制造的外观和感觉。

当你的房子建好了，当你的论文终于发表了，读者在参观你的房子后会有什么感觉？在大厅里，你留下了一本留言簿，访客可以在里面写下他们的评价。这里有两段留言，哪一个最让你感到满意？你会把这样的评论与什么样的科技论文联系起来？

敬启者：

水泥板和干草并不能构成一个花园。我真的不知道你怎么敢把那个胶合板平台叫作门廊。这很可笑。

房子的内部阴暗，你需要更多的窗户。顺便说一下，我没有从冰箱里拿走任何东西，里面什么都没有，甚至都没有插电。我找不到那些你声称放在房子里的东西。我到处找，但所有东西都很凌乱，我放弃了。几堵墙上有很大的裂缝（不是线状裂缝），你的房子不安全。既然我们说到了墙的问题，为什么你把它们都刷成了暗灰色？总之，我离开这里了。谢谢你的备用钥匙，但我把它扔了。我不打算再来了。

亲爱的房主：

　　你的房子是如此令人愉悦，我希望我也有一幢这样的房子。你的花园和你的门廊是如此吸引人。你的室内设计很精致。一切都在正确的地方，我立即找到了我要找的东西。我没有想到，冰箱里有一篮子新鲜水果和清凉的补品饮料。多漂亮啊！我喜欢你的大窗台，它们使房子看起来如此明亮、色彩斑斓。一个黑暗的角落都没有！

　　谢谢你的备用钥匙。我还拿了你的名片，以便宣传你这幢漂亮的房子，它让人们感到宾至如归。

深表谢意，

希金斯教授

　　关于什么是好房子，当然取决于它的设计，但也取决于房子主人对客人的态度。一个好的作者是一个关心读者的人，是一个能预见读者需要的人。**好的写作不仅是一个关乎写作技巧的问题，而且是一个对读者的态度问题。**

　　要想写出一篇令人满意的论文，你必须了解论文的每一部分对读者和作者所起的作用。而为了评估每个部分的质量，你必须建立一套评价标准。下一章将实现上述目标。本部分给出了大量的例子，以帮助你区分好的写作和坏的写作。在本书结束时，你将为写自己的论文做好准备。

第一印象

今天，当这座城市的肠道表现出它们一贯的便秘时，瓢泼大雨给缓慢的交通队伍增添了几分黏稠的色彩。莱昂迪夫教授不喜欢去实验室时迟到。他把滴水的雨伞挂在桌子边上，那个垃圾桶上方的指定位置。他用一些安慰的话轻轻唤醒他昏昏欲睡的电脑，"来吧，你这个金属和二氧化硅的大块头，醒来吧"。

他查看自己的电子邮件，第三封来自一家科学期刊，他在那里担任审稿人。"亲爱的莱昂迪夫教授，上个月你欣然接受审阅这篇论文，并同意于……提交你的意见。"他看了看日历，意识到离截止日期只有2天了。一股寒意袭上他的脊背。他甚至还没有开始审稿。这么多事情要做，而时间却这么少！然而，他不能推迟回复。作为一个能随机应变的人，他打了几个电话，重新安排了工作日程，当即腾出了2小时的空当。

他给自己倒了一大杯咖啡，从一堆待处理的文件中抽出了这篇文章。他直接翻到最后一页的参考文献部分，看看其中是否提到了他自己的论文。他高兴地咧嘴一笑。他一边数着页数，一边查看文字密度。应该不会花太长时间。他又笑了。然后他回到第一页，阅读摘要。读完后，他慢慢向前翻页，花时间分析一些视觉资料，然后跳到他会精读的结论部分。

他拉伸了一下肩膀，看了一眼他的手表。从他开始阅读到现在，已经过去20分钟。目前为止，他已经对这篇论文或多或少建立了明确的第一印象。尽管文章长度适中，但对于这样一个小成果来说，它太长了。比起一整篇论文，快报会是更合适的形式。他将不得不通知作者，以一种委婉的方式，以免作者气馁，因为他知道所有作者都有共同的希望和期待。"真是太可惜了。"他想。如果他接收了这篇论文，他的引文数量就会增加。现在，对数据进行彻底分析的艰苦工作摆在了面前。他拿起杯子，喝了一大口咖啡。

审稿人是大忙人，肯定是以时间为导向的。根据我们定期进行的一项调查显示，审稿人平均需要20分钟才能对论文有一个"发表或毙稿"的印象。自然，有些人在几分钟内就得出了他们的第一印象，而有些人在读完所有内容之后才会形成意见。

事实上，我们的调查也显示，审稿人只阅读论文的某些部分——题目、摘要、引言、结论和结构，就会得出他们的第一印象，他们通过在翻页时阅读标题和小标题获得印象。他们也会看一些视觉资料及图注。在有选择性地略读中形成第一印象是节省整个审稿过程时间的有效方法。一旦得出一种印象，接下来的任务就是将能证明这个印象的合理性的论据找出来。

1. 如果是好的印象（**发表**），那么就寻找所有能加强你的第一印象的支持性证据，并把遇到的任何问题缩小化，视为小问题。

2. 如果是负面印象（**毙稿**），那就寻找所有推迟发表的好理由：找出缺点、不充分的数据、逻辑错误、方法不一致等。

"第一印象很重要！"这句话是对的，在认知心理学中有很多支持这句话的证据。在你的搜索引擎中输入关键词"晕轮效应"或"证实偏差"，你就可以准备大吃一惊了！

在第二部分中，本书有选择地涵盖了有关速读一篇论文形成第一印象的部分。这是以我从那些发表过论文的科学家那里收到的反馈为指导的。他们说在自己的论文中，方法和结果部分最容易写并写得最快。其他部分——摘要、引言和讨论，才是难点，需要时间。至于题目、结构和视觉资料，在课程结束时，他们认识到自己往往低估了这些部分在创造第一印象中起到的关键作用。

读完这些章节并做完练习后，你的写作水平应该有明显的提高。那时，在科学界激起涟漪和掀起波浪之间的区别，与其说是一个写作问题，不如说是一个科学水平问题。这个问题我交给你们来处理！

第十三章

题目：论文的脸面

当我想到论文的题目时，很自然地想到了脸的比喻。题目的许多特征与脸部相似。你的脸让人们对你有了第一印象。同样地，题目包含了读者将看到的第一句话。题目给他们的第一印象是关于你的论文在多大程度上满足了他们的需求，以及你的论文是否值得阅读。你的脸设定了关于你是哪种类型的人的期望。你的题目也揭示了你写的是什么样的论文，以及论文的体裁、广度和深度。你的脸是独特的，令人难忘的，它出现在你的护照和各种官方文件上。你的题目是独特的，它可以在参考文献和数据库中找到。你的脸之所以独特，是因为你的五官以一种和谐的方式被组合起来。你的题目之所以独一无二，是因为它的关键词的组合方式，将你的工作与其他人的工作区分开来。

当我12岁的时候，我在当地图书馆的书架上偶然发现了一本奇怪的书。这本书是关于形态心理学的，研究人们脸部形状所揭示的性格。试图把一张脸和一个人物联系起来非常有趣。通过题目发现一篇论文也应该是有趣的。为了让你参与其中，我把下面的部分变成了一段对话。想象一下，假若你是被问到问题的科学家，将如何回答？

从八个题目中了解题目

作　者：科学家先生，您好。我想介绍一系列题目，由八个题目组成，并就每个题目问你一到两个问题。这些题目可能是你不熟悉的领域，但我相信你会做得很好。你准备好了吗？

科学家：准备好了，来吧！

作　者：好。这里是第一个题目。

《气体辅助粉末注射成型（GAPIM）》

"Gas-Assisted Powder Injection Molding (GAPIM)" [1]

根据其题目，这篇论文是具体的还是普遍的？

科学家：嗯，你说得对，我对粉末注射成型一无所知。这个题目似乎在具体和普遍之间徘徊。"粉末注射成型"本身就很笼统，也许是一篇综述。但是，这个题目就比较具体了。它说"气体辅助"，这告诉我还有其他方法可以进行粉末注射成型。

作　者：你说得对。GAPIM是用来制作空心陶瓷部件的。该领域的人们会对粉末注射成型及其缩写PIM相当熟悉。怎样才能使题目更具体呢？

科学家：作者可以提一个GAPIM的具体应用。

作　者：很好，你对题目中使用缩写词GAPIM有什么看法？

---

[1]　Dr. Li Qingfa, Dr. Keith William, Dr. Ian Ernest Pinwill, Dr. Choy Chee Mun and Ms. Zhang Suxia, Gas-Assisted Powder Injection Moulding (GAPIM), ICMAT 2001, International Conference on Materials for Advanced Technologies, Symposium C Novel and Advanced Ceramic materials, July 2001.

科学家：我不确定这是否有必要。我以前见过一些题目中带有缩写，但它们是用来推出一个新系统、新工具或新数据库的名称。缩写通常比它所取代的长名字更令人难忘。除非GAPIM非常有名，人们已经记住了它，而且它已经成为一个搜索关键词，否则我认为它不应该出现在题目中。

作　者：谢谢你。这第二个题目怎么样：普遍还是具体？

《大型无线传感器网络中的高能效数据收集》
"Energy-Efficient Data Gathering in Large Wireless Sensor Networks"[①]

科学家：这个题目非常具体，其范围也很明确：它不是传感器网络，而是无线传感器网络，更确切地说，是大型无线传感器网络。而且该论文只关注这些网络中的数据收集。它的贡献："高能效"（energy-efficient），被放在了它应该在的位置，就在题目的开头（指英文题目）。"高能效"给了我一个暗示，数据收集在大型网络中是不节能的。顺便说一下，我在想"大型"（large）在这里是不是正确的描述词，也许"稀疏集成型"（sparsely populated）会更好。

作　者：你完全有权从题目中进行逻辑推断。实际上，所有读者都会从题目中产生假设和期望。接下来这两个题目怎么样？它们说的是同一件事吗？

---

① Kezhong Lu, Liusheng Huang, Yingyu Wan, Hongli Xu, Energy-efficient data gathering in large wireless sensor networks, second International Conference on embedded software and systems (ICESS'05), Dec. 2005, pp. 327–331.

《使用硅基绝缘体的高效波导光栅耦合器》

"Highly efficient waveguide grating couplers using Silicon-on-Insulator"

《硅基绝缘体用于高输出波导光栅耦合器》

"Silicon-on-Insulator for high output waveguide grating couplers"

科学家：第二个题目似乎是在介绍一种新的技术——硅基绝缘体，来制造高输出的波导光栅耦合器。仔细想想，我不清楚"高输出"（high output）是什么意思，它可能是一种耦合器，但也可能是一种优势，意味着其他技术只能提供较低的输出。你可以看出我也不是这个领域的专家！现在我们来看看第一个题目。题目中首先出现的通常是作者的贡献，所以这篇论文似乎更关注利用现有的硅基绝缘体技术，使整个系统更有效率。在我看来，这是两篇不同论文的题目。首先发表的是介绍硅基绝缘体的那篇论文。

作　者：好样的！你做得很好。现在看看下面的题目。除了使用破折号或冒号来介绍网络服务的好处外，这两个题目是等价的：你喜欢哪一个？

《网络服务——贸易伙伴社区虚拟整合的有利技术》

"Web services — an enabling technology for trading partners community virtual integration"[1]

---

① Siew Poh Lee, Han Boon Lee, Eng Wah Lee: Web Services — An Enabling Technology for Trading Partners Community Virtual Integration. ICEB 2004, pp. 727–731.

《网络服务：整合贸易伙伴的虚拟社区》

"Web services: integrating virtual communities of trading partners"

科学家： 嗯……这是个难题。第一个题目中冗长的有5个单词修饰的名词很难读懂，但我却被"有利技术"这个醒目的术语所吸引，尽管它不是一个常用来检索的关键词。第二个题目很容易阅读。它更短、更清晰、更有活力，而且目的性强。但有必要在"网络服务"后面加一个冒号吗？题目的后半部分并没有真正解释或说明网络服务。题目是否可以改成"通过网络服务整合贸易伙伴的虚拟社区"（Integrating virtual communities of trading partners through Web Services）？这样一来，就可以将新事物放在题目的开头。我不认为网络服务是真正的新事物。[①]

作　者： 题目可以改成你建议的那样。你是对的，第二个题目更有活力。使用动词形式的"整合"（Integrating）使其达到了这样的效果。许多论文的题目由两部分组成，中间用破折号或冒号隔开。这种分隔的效果纯粹是在题目中创造了两个强调之处：在标点符号之前和之后；否则，只有题目的第一部分被强调。现在，关于你说的网络服务的新颖性，如果网络服务确实是新的，你可以有一个由两部分组成的题目。你做得很好。只剩两个题目了。下面的题目是来自英国期刊还是

① 我们的问卷在这里得到了一个有趣的结果。在数百次的研讨会中，大约有三分之一的人喜欢第一个标题，而三分之二的人喜欢第二个标题。这正好说明了复合名词对阅读清晰度的破坏有多么巨大！

美国期刊?

《聚合物的薄膜和界面的蒸汽压力辅助空隙生长和
开裂》

"Vapor pressure-assisted void growth and cracking of
polymeric films and interfaces" [1]

科学家:"蒸汽"(Vapor)这个单词只有一个"o",而不是
"ou"。这是一个来自美国期刊的题目,不是吗？如
果是英国的论文,他们会写成"vapour"。即便搜索
引擎已越来越好,但现在人们还是需要注意关键词
的拼写。幸运的是,这个题目包含很多关键词,所以
很容易找到。

作　者:实际上,在这个领域,还有一个经常使用的替代关
键词,是英国人使用的。他们提起"蒸汽压力辅助"
时,不用"vapor pressure-assisted",而使用"moisture-
induced"。你将如何确保英国和美国的科学家都能找
到你的论文？

科学家:嗯……让我想想。也许我会在题目中使用一个关键
词,而在摘要中使用另一个关键词。因为搜索通常
是在检索题目和摘要,所以论文有机会被两个群体
找到。

作　者:这是个好主意,但可能会适得其反。请记住,为了让
读者看到你的摘要,他们必须点击你的题目,这意味
着他们是被**这个**关键词所吸引,而不是它的同义词,
即便是他们自己也可能意识不到这一点。在题目和

---

[1]　L. Cheng, T. F. Guo, 2003. Vapor pressure assisted void growth and cracking
of polymeric films and interfaces, *Interface Science*, 11(3): 277.

摘要之间选择不同的关键词，也会导致搜索引擎，如谷歌学术，给你一个较低的排名。你应该在关键词列表中列出备选关键词。这就是列表的作用！

除了同义关键词的问题，在这个题目中还有什么是你认为有可能混淆的吗？

科学家：这个题目包含了两个"和"。这篇论文是否有两个贡献：一个是**蒸汽压力辅助空隙生长**，另一个是**聚合物的薄膜和界面的开裂**，还是只有一个：**蒸汽既辅助空隙生长又辅助开裂**？第二个"和"同样含糊不清："聚合物的"这个形容词是适用于薄膜和界面，还是只适用于薄膜？我相信对于一个专家来说，他会觉得这个题目是明确的，但像我这样的非专家却缺乏相关的知识来消除歧义。

作　者：很好的意见。题目必须让所有的人都能清楚明白，不管是专家还是非专家。除了"and"和"or"，其他介词在题目中也可能引起相当大的模糊。例如，介词"with"可以表示"和"，如"咖啡和牛奶"（coffee with milk），也可以表示"使用"，如"用勺子搅动咖啡"（stir the coffee with a spoon）。每当你的题目中有一个不明确的介词时，看看你是否可以用"通过"（through）、"为了"（for）、"使用"（using）等来代替它。

现在到了我们来看最后一个题目的时候了。这有点棘手。你能确定作者的贡献吗？

《一种基于符号间相关性的多用户盲检的新途径》
"A new approach to blind multi-user detection based on inter symbol correlation"

科学家：其他研究人员已经在这个领域做研究了，而作者是用一种新的方法来跟随大部队。我个人不喜欢"途径"（approach）这个词：它很含糊。我想用"方法"（method）、"技法"（technique）、"系统"（system）、"算法"（algorithm）或"技术"（technology）来代替。它们更具体。我也不喜欢以"新的"什么东西放在题目的开始。"新"并没有说明什么是新的，或者什么使它成为新的。把"途径"称为"新"的也可能是一句空话，如果读者在这篇论文发表后的最初几年内阅读它，那么作者声称的新颖性是正确的。但是，如果这篇论文在5年后被检索到，读者可能会惊讶地发现，在摘要中提出的方法已经相当过时了！关于这篇论文的贡献，我必须说我很茫然。符号间的相关性可能是新的，但如果是这样的话，为什么它被放在题目的后面？它应该被放在前面。"符号间相关性的多用户盲检"很清楚。也可能是——我怀疑是这样的——符号间相关性不是新的，但作者做出了修改。这可以解释"基于"的使用。在这种情况下，他为什么不告诉我们修改后的方法的好处？比如，"修改符号间相关性以提高多用户盲检的准确性"，这样信息量会更大，也会更有说服力。

作　者：你在这方面相当出色。非常感谢你在这次对话中协助我。

科学家：不敢当！

时间比你想象的更短

弗拉基米尔经常喜欢在谷歌上搜索他发表的一篇论文，

看看谁引用了它，或者其他人对它的评价如何。但是，那一天，他没有输入整个题目，而是只输入了两个主要的关键词，以为这样就够了。结果却令他大吃一惊。他看了看第一页，充满了其他人的题目，而且在这一页之后还有10页。他开始向下扫视题目列表，在每个题目上都只花了几秒钟。然后，他想到了一个问题。这就是其他研究人员在寻找有趣论文时所做的事情！

"这太可怕了。"他喊道。

鲁斯拉娜听到了他的话。她问："亲爱的，什么这么可怕？"

"天哪！我花了9个月的时间做研究，花了整整两个星期写我的论文，但如果我的题目不能吸引搜索的读者的眼球，我的论文甚至不会被阅读，那么我可以对引用量和职业发展说再见了！"

鲁斯拉娜像不知如何帮助却想帮忙的人那样，说了句显而易见的话。

"好吧，那你最好写一个有吸引力的题目！"

弗拉基米尔回应道："太感谢了，我怎么能让一个题目有吸引力呢。托尔多夫夫人？"

她以开玩笑的方式回避了："试试用口红吧，亲爱的。"

实际上，鲁斯拉娜提出了一个有趣的观点。题目是你的论文的脸面。但是，你如何在数百张脸中认出一张脸呢？

- 看一张脸，从正面看，不要从后面看（见下面的技巧1）。
- 微笑。一张微笑的脸比一张平淡的脸更令人难忘，它是有吸引力的，有生命力的，有活力的（见技巧2和技巧3）。

- 不要将你的脸的可被人识别的突出特征隐藏在围巾、眼镜或面纱后面（见技巧4和技巧5）。
- 想办法通过化妆、特殊发型、胡须等来增强脸部的吸引力和独特性（见技巧6）。

但无论你做什么，都不要成为一个冒牌货，不要利用面部整容手术变成另一个迈克尔·杰克逊或猫王。每张脸都是独一无二的，而且应该保持这样。

你为什么没有发现这些方案也适用于创作一个绝佳的题目？你甚至可能有独属于自己的方案。以下是我发现的六种有效的技巧。

改进题目的六个技巧

技巧1：在题目中把贡献放在前面

从目前审阅过的八个题目中可以看出，读者希望在每个题目中的相同位置看到论文的贡献：题目的开头。贡献之后是范围、方法或应用（如下面的例子）。

《岛内潮汐能源场的自装式变电站》

"Self-installing substation for insular tidal-energy farms"

大多数出版文章的题目都是不完整的句子，缺少一个动词。但是在某些领域（生命科学就是其中之一），文章的题目是一个带有动词的完整句子。

> 当题目包含一个动词时，贡献就要从动词开始，一直持续到句子的结尾（句子的重点）；否则，贡献就要在题目中提前说明。

《糖皮质激素诱导的胸腺细胞凋亡与内源性核酸内切酶的活化有关》

"Glucocorticoid-induced thymocyte apoptosis is associated with endogenous endonuclease activation"[1]

这篇论文的贡献并不在于发现胸腺细胞凋亡是由糖皮质激素诱导的，这是一个已经知道的事实，贡献在于发现了细胞凋亡与内源性核酸内切酶的活化之间的联系。

技巧2：动词形式的增加

一个没有动词的题目缺乏能量。名词不具备动词的活力。

> 动名词和不定式动词形式为没有动词的题目增加了能量。

《数据学习：理解生物数据》

"Data learning: **understanding** biological data"[2]

---

[1]　A. H. Wyllie. Glucocorticoid-induced thymocyte apoptosis is associated with endogenous endonuclease activation, Nature 284: 555–556 (10 April 1980).

[2]　Brusic, V., Wilkins, J. S., Stanyon, C. A., and Zeleznikow, J. (1998a). Data learning: understanding biological data. In: Merrill G. and Pathak D.K. (eds.) Knowledge Sharing Across Biological and Medical Knowledge-Based Systems: Papers from the 1998 AAAI Workshop, pp. 12–19. AAAI Technical Report WS-98–04. AAAI Press.

《非线性有限元模拟**阐明**显微外科中用于端侧动脉

微吻合处的狭缝动脉切开术的有效性》

"Nonlinear Finite Element Simulation **to Elucidate**

the Efficacy of Slit Arteriotomy for End-to-side Arterial

Anastomosis in Microsurgery" [①]

技巧3：形容词和数字具有定性或定量方面的贡献

形容词和副词也被用来吸引注意力——"快速的"（fast）、"高效的"（highly efficacy）或"稳健的"（robust）。它们增强了贡献。由于形容词是主观的，用更具体的东西来代替它们总是更好的选择。一个"100兆赫的DCT处理器"比一个"快速的DCT处理器"更清楚，而且等到20年后，"快速的"就成了谎言，但"100兆赫"不会。顺便说一下，避免使用"新的"（new）、"新奇的"（novel）或"最早的"（first），这些都是没有传递信息的词汇，因为无论如何，一个贡献应该是新的、新奇的和最早的。

《用于HDTV的100兆赫二维8×8 DCT/IDCT处理器》

"A 100 MHz 2-D 8×8 DCT/IDCT processor for HDTV

applications" [②]

---

① 转载自journal of biomechanics, vol. 39, Hai Gu, Alvin Chua, Bien-Keem Tan, Kin Chew Hung, nonlinear finite element simulation to elucidate the efficacy of slit arteriotomy for end-to-side arterial anastomosis in microsurgery, pages 435–443, 版权所有©2006, 经爱思唯尔许可转载。

② Madisetti, A. Willson, A. N., Jr., "A 100 MHz 2-D 8×8 DCT/IDCT processor for HDTV applications", IEEE Transactions on Circuits and Systems for Video Technology, Apr. 1995, Vol. 5, No. 2, pp. 158–165.

技巧4：明确而具体的关键词

　　具体的关键词能吸引专家。一篇论文的具体程度与题目中具体关键词的数量成正比。要注意，淹没在冗长的修饰名词中的关键词，其清晰度与修饰名词的长度成反比。为了澄清这些名词，可以添加介词，你可能会失去简洁性，但你肯定会获得清晰性——收益大于损失。

　　　　《反应电刺激的水凝胶的动力学分析的瞬态模型》（不清晰）

　　　　"Transient model for kinetic analysis of electric-stimulus responsive hydrogels"

　　　　《对电刺激有反应的水凝胶的动力学分析的瞬态模型》（清晰）

　　　　"Transient model for kinetic analysis of hydrogels responsive to electric stimulus"

技巧5：巧妙选择关键词的覆盖范围

　　即使你发表了文章，如果没有被发现，文章的影响也不大。读者通过在线搜索关键词找到新文章，这就是选择有效的关键词至关重要的原因。

　　关键词分为三类（见图13.1）。

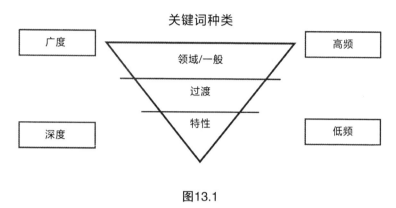

图13.1

特性关键词位于倒三角下方的最尖端。一般关键词位于三角形的宽边上端。一般到特殊的尺度与科学关键词的使用频率相关。一个关键词的深度和广度并非其内在的品质，它们取决于这些词在发表论文的期刊上的使用频率。读者的知识也会影响对关键词层次的感知：读者拥有的知识越少，一般的关键词看起来越具体。

一般关键词［"模拟"（simulation）、"模型"（model）、"化学"（chemical）、"图像识别"（image recognition）、"无线网络"（wireless network）］对于描述该领域很有用，但它们没有什么区分度，因为它们经常出现在题目中。它们不会使你的题目更接近被检索到的题目列表的顶部。过渡关键词在区分度方面做得更好。它们通常与几个研究领域的共同方法［"快速傅立叶变换"（fast Fourier Transform）、"聚类"（clustering）、"微阵列"（microarray）］或大型子领域［"指纹识别"（fingerprint recognition）］有关。但是，为了达到最大的区分度，特性关键词的作用无与伦比［"超表面"（Hyper surface）、"跳数定位"（hop-count localization）、"非替代性剪接基因"（non-alternative spliced genes）］。对于一个特定的期刊，或者对于该领域的专家来说，一个关键词的类别是明确的。它在不同的期刊之间，或者在专家和非专家之间会发生变化。"聚合物"（polymer）在《自然》期刊中是一个过渡关键词，但在《聚合物科学》期刊中肯定是一般关键词。

请确保你的题目在倒三角形的至少两个层次中都有关键词。如果过于有特性，你的题目只会被你所在领域的少数专家发现，它还会使有相当大知识差距的读者望而却步。如果太一般化，你的题目就不会被专家发现，或者只会出现在搜索结果的第5页。关键词由你选择，依据你论文的读者对象来决定。

如果你是一位知名作者，是你所在领域内的研究先驱。有一些读者关注你在推特（Twitter）上发布的出版物公告，或者你的文章通过作者姓名、引文或参考文献搜索就能检索到……如果你是这样的人，不要过分担心其他人的题目，因为你是引领者。但如果你（还）不是，确保你的题目有一个以上的关键词。人们需要关键词来找到它。

技巧6：吸引人注意力的方案

吸睛的首字母缩写。缩写词BLAST现在是生物信息学中的一个常用词。它诞生于1990年发表在《分子生物学报》（*Journal of Molecular Biology*）上的一个题目中的五个单词 "Basic Local Alignment Search Tool"（基本局部比对搜索工具）。作者创造了一个有趣的、令人难忘的缩写，每个人都记住了它。首字母缩写提供了一个捷径，帮助其他作者简洁地提及你的工作。

《VISOR：学习神经网络中的视觉模式，用于对象识别和场景分析》

"VISOR: learning **VI**sual **S**chemas in neural networks for **O**bject **R**ecognition and scene analysis"[①]

上面的题目是威肯·刘（Wee Kheng Leow）的博士论文题目。其他研究人员在提到他的工作时，举个例子，可以写"在VISOR系统中［45］"。这个缩写为其他人参考他的工作提供了一个便捷途径。请注意，BLAST和VISOR都是容易记忆的缩写。像GLPOGN这样的缩写词是注定要失败的。

问题。问题是一个强有力的钩子，但期刊编辑很少允许在题目中包含问题。如果你敢于在题目中提出一个问题，那么答案必须在论文中得到明确的体现。是，或者不是。不要"可能"或"取决于"。

《使用可编程逻辑的软件加速：是否值得付出努力？》

"Software acceleration using programmable logic: is it worth the effort?"[②]

超出预期范围的字句。下面是一个依靠比喻、引人入胜的题目。

---

① Wee Kheng Leow (1994). VISOR: Learning Visual Schemas in Neural Networks for Object Recognition and Scene Analysis, PhD Dissertation; Technical Report AI-94-219, June 1994.

② Martyn Edwards, Software acceleration using programmable logic: is it worth the effort?, Proceedings of the 5th international workshop on hardware/software codesign, IEEE computer society, p. 135, March 1997.

《分布式控制中的食客–侍者模式》

"The Diner-Waiter pattern in Distributed Control" ①

"分布式控制"通常不会与餐厅服务员和顾客之间的互动联系起来。这个题目在吸引人方面有所收获，但在可检索性上有所损失：它只有一个一般领域的关键词（"分布式控制"），而这个领域的研究人员甚至不可能想到把"食客–侍者"作为一个检索关键词。下面这个题目有超出预期范围的词，对于不同文化背景的读者就起不到作用。

《炎症巨噬细胞：杰基尔和海德的故事》

"The inflammatory macrophage: a story of Jekyll and Hyde" ②

如果你是一个非英语背景的研究人员，你能理解这个题目吗？据我所知，杰基尔博士从未发表过任何论文。只有当你读过罗伯特·路易斯·史蒂文森（Robert Louis Stevenson）1886年的小说时，这个题目才有意义。

除了以上六种流行的改进题目的技巧外，下面还列出了另外三种，就不写例子了。

- 有些关键词成为流行语，承载着我们时代的研究热点，题目中若包含它们，就会吸引热衷于了解科学领域最新动

① H. He and A. Aendenroomer, "The Diner-Waiter Pattern in Distributed Control", Proceedings of 2nd International Conference on Industrial Informatics, (INDIN'04), Berlin, Germany, 12–16 June 2004, Vol. 2, pp. 293–297.

② Duffield J. S., The inflammatory macrophage: a story of Jekyll and Hyde, Clin Sci (Lond). 2003 Jan. 104(1): 27–38.

态的读者。例如，2020年的一些流行语包括"深度学习"（Deep Learning）、"立体制造"（Additive Manufacturing）和"CRISPR-Cas9"。

- 一个较短的题目比一个长的题目更有吸引力，一个一般的题目比一个有特性的题目更有吸引力。
- 宣布出乎意料、令人惊讶或驳斥既定事物的词语，都会激发读者的好奇心。

使论文题目吸引人，只有一条规则：吸引人，赞成；不诚实，不行。

题目的目的和质量

题目对读者的目的

- 它帮助读者决定该论文是否值得进一步阅读。
- 让读者初步了解论文的贡献：新方法、化学制品、反应、应用、制备、化合物、机制、过程、算法或系统。
- 它提供了关于论文的目的（综述、介绍性论文）、具体内容（狭义或广义）、理论水平和性质（模拟、实验）的线索。通过同样的方式，它帮助读者评估从论文中获益所需的知识深度。
- 它告诉人们研究的范围，以及贡献可能会带来的影响。

题目对作者的目的

- 它允许作者放置足够的关键词，以便搜索引擎找到题目。

- 它能吸引读者的注意力。

- 它以简明的方式说明贡献。

- 它将题目与其他题目区分开来。

- 它能吸引目标读者，并过滤非目标读者。

题目的特点

- **独一无二**。它使你的题目有别于其他所有题目。
- **持久性**。不要在题目中使用"新"字，题目的寿命远比你长。
- **简洁**。删除多余的或填充性的词语（"对……的研究"）。如果你的题目已经很独特，没有细节也很容易找到，就把这些细节去掉。
- **清晰**。避免长的修饰名词，它们会带来模糊和误解。
- **真实且有代表性的贡献**。它设定了期望，并且会满足这些期望。
- **吸引人**。作者只有一次机会和两秒钟来吸引读者。
- **便于查找**。它的关键词是经过仔细选择的。

 你认为你的题目如何？它包含有足够多的这一部分提到的品质吗？你的贡献是否位于题目的开头？现在是你仔细检查的时候了。

关于题目的问答

问：什么时候创作题目？

答：没有固定的时间。一旦你发现某些东西是新颖和有用的，并值得出版，你就可以写一个暂定的题目。早期的题目使你的工作有重点。随着研究的推进,你可以决定改变你的题目,以将最新的发现囊括在内。但是,你也可能发现一些新的因素,这些因素本身就代表了足够的贡献,值得发表另一篇论文。你怎么知道该走哪条路呢?如果你想把所有内容都集中在一起,那么你的题目会变长,在这种情况下,拆分成两篇论文可能会更好。但是,如果你的题目变得更短、更笼统,那么你可能会有一篇更好、更具吸引力的论文。然而,一般或通用的题目不应被滥用。有一连串已发表的短篇论文,总比有一篇使用宽泛的题目、内容涵盖不成形的新研究的未发表的论文要好。

问:我应该在写最终题目之前还是之后,查看参考文献列表中的其他题目?

答:您的最终题目应该具备本章中提到的所有品质,除了确保您的题目是独一无二的之外,不应受到其他人题目的影响。也就是说,在查看相关论文的题目时,你可能会发现引用率最高的论文使用了某个特定的关键词,而你使用的却是一个经常出现的同义关键词。使用引用率高的论文题目中的那个关键词可能是有利的,这样,当他们的题目被检索到时,你的题目就会和他们的题目一起被检索到。

问:当两个关键词是同义的时,我应该选择哪一个作为我的题目?

答:从我们以前的经验来看,应该选择使用频率最高的那个。当两个具有相同含义的不同关键词以相同的频率出现在题目中时,选择一个作为题目和放在摘要中,并将另一个放在关键词列表中。这样一来,无论用哪个关键词进行搜索,搜索引擎都能找到你的论文。

问：在题目中提到贡献的影响是否合适？

答：《兰姆波在分层处的多重反射》（"Multiple reflections of Lamb waves at a delamination"[①]）是T. Hayashi和Koichiro Kawashima的论文题目。读完这篇论文后，参加写作技巧研讨会的科学家建议改写题目，以更准确地描述论文的内容。以下是他们提议的题目。

《用于快速测量分层的兰姆波的多重反射》

"Multiple reflections of Lamb waves for rapid measurement of delamination"

请注意添加的"快速测量"（rapid measurement）。吸引读者的东西，即研究的影响，没有出现在原题目中。是的，题目更长了，但也更有吸引力。

问：为了最大限度地吸引读者，保持题目的一般性不是更好吗？

答：B. Seifert等人发表在《人工器官》（*Artificial Organs*）期刊上的一篇论文（第26卷第2期，第189—199页）有一个典型的题目（如下），包含两个部分，用标点符号分开。它强调了聚合物的名称和它在成膜方面的新颖性。

《聚醚酰亚胺：一种用于生物医学应用的新型成膜

聚合物》

---

① T. Hayashi, Koichiro Kawashima, 2002. Multiple reflections of Lamb waves at a delamination, Ultrasonics, 40(1–8): 193–197.

"Polyetherimide: A New Membrane-Forming Polymer for Biomedical Applications"

"生物医学应用"（biomedical application）这个词很笼统，对于发表生物医学的期刊来说，也许太笼统了。不定冠词"a"（一种）是一般性的，非描述性的：它意味着"众多中的一种"。"新型"（new）很快就会被淘汰。"膜"（membrane）也是一个一般性的术语。膜有许多类型，有许多特性。下面是本文的读者对于如何改变题目来使其更具体、更有吸引力的建议。

《聚醚酰亚胺：用于形成防污膜的生物相容性聚合物》
"Polyetherimide: A biocompatible polymer to form anti-fouling membranes"

他们添加了一个热门关键词"生物相容性"（biocompatible），并以"防污"（anti-fouling）来描述膜的特性。该题目现在包括一个动态动词"to form"（形成），增强了其吸引力。

问：我同意短题目比长题目好，但如何从长题目变成短题目？
答：Cook B. L., Ernberg K. E., Chung H., Zhang S. 发表在PLoS One［2008年8月6日；3（8）］上的一篇论文的题目很长，如下：

《合成人类嗅觉受体17-4的研究：从可诱导的哺乳动物细胞系中表达和纯化》
"Study of a synthetic human olfactory receptor 17-4: expression and purification from an inducible mammalian cell line"

请注意"研究"(study of)或"调查"(investigation of)之类的词。你可以安全地删除它们。"a"没有吸引力，而且有误导性，因为"a"会让人认为在这种情况下，只有一个这样的受体。这篇文章的读者改写了题目，以使其简洁，删除了他们认为不重要的和无益的搜索关键词(哺乳动物细胞系)。

《以毫克量纯化合成的人类嗅觉受体17–4》

"Purifying the synthetic human olfactory receptor 17-4 in milligram quantities"

读者把杰出的贡献直接放在题目的前面，以动词的形式，使题目更有吸引力。他们在题目的最后加上了贡献的结果。

问：改变题目中的关键词会有什么后果？

答：以下是Linda Y. L. Wu、A. M. Soutar和X.T. Zeng博士撰写的同一篇论文的两个备选题目，发表在《表面和涂层技术》〔*Surface and Coatings Technology*, 198(1-3), pp.420-424(2005)〕。

《通过化学和形态学修饰来增加溶胶–凝胶硬涂层的疏水性》

"Increasing hydrophobicity of sol-gel hard coatings by chemical and morphological modifications"

《通过模仿荷叶的形态学增加溶胶–凝胶硬涂层的疏水性》

"Increasing hydrophobicity of sol-gel hard coatings by mimicking the lotus leaf morphology"

第二个题目相当吸引人,只少了一个描述方法的关键词(如"化学修饰")。"荷叶"是出乎意料的。这个关键词可能会吸引制造技术领域以外的科学家,甚至会吸引为广泛发行的科学杂志写稿的记者。这篇论文的作者Linda Wu博士决定保留第一个题目,尽管第二个题目的确很有吸引力。为什么呢? 她的题目所针对的期刊是《表面和涂层技术》。它的读者有化学和材料科学的背景,而不是生物学。如果她选择"荷叶"题目,那么论文就会吸引更多的普通读者。因此,她将不得不重写整篇论文,改变其结构(强调形态学和生物仿生学),并简化词汇(更多非专家群体可以理解的简单术语)。

问:如果我向不同的期刊提交论文,是否需要改变题目?

答:首先,如果你写了一篇论文,就是为一个期刊写的。看看你的目标期刊的网页,它特别提到该期刊涵盖的内容类型。每个期刊吸引不同类型的读者。因此,每篇论文都是为特定期刊的特定读者而写。一篇论文不可能以同样的方式写给两个不同的期刊。因此,不仅你的题目要改变,而且论文的内容也要改变。

此外,不应同时向两个期刊投递同一篇论文。投稿应该是一个连续的过程。选择一个期刊。如果该期刊决定不发表你的论文,或者你觉得该期刊冗长的审稿过程(部分原因是审稿人对你的论文的态度)耽误了重要成果的发表,就向另一期刊投稿——在重新修改内容和题目以符合读者的兴趣之后。

问:在题目对作者的作用方面,你表示(题目)能吸引作者所针对的读者的注意。为什么作者要针对谁? 不是读者根据自己的需要来确定目标吗?

答:如果你没有想到可以利用你的贡献的读者,那么你的影响将是微不足道的。这个读者在寻找什么关键词？它们在你的题目中吗？这些关键词通常描述的是影响或应用领域。在一个之前列举的题目中，"毫克量"的字样是由读者自己添加到题目中的，因为他们认为这是非常重要的，并产生了许多新的应用。在另一个题目中，"快速测量"这几个字是由读者加上去的，这也反映了他们同样关注为这个领域的科学家所面临的实际问题提出真正的解决方案。设身处地为读者着想，如果篇幅允许，就想办法在论文题目中提到你的贡献成果。

问：在前文中你提到形容词会表达主张，因此在科技论文中使用形容词是危险的。但在这一章中，你写道，形容词是有吸引力的。这里不是有矛盾吗？

答：确切地说，醒目的形容词是在表达主张。但任何题目也是如此。在题目中发现"稳健""高效"或"快速"这样的形容词，不应该令人吃惊。一旦提出了主张，作者就应该在摘要中为该主张提前说明理由，即使只是部分理由。

问：当某人在撰写一个题目，在一个领域里是第一人时，有什么优势和劣势？

答：优势很明显。如果你是自己所在领域的先驱，词语的选择完全由你决定。既然你是这个领域的第一人，你就不需要担心可能已经被使用的题目。想象一下，你是第一个写关于语音识别中的对话的人。找到一个题目很容易："语音识别中的对话"。又好又短。现在想象一下，如果你是第856号作者，在这个熙熙攘攘的领域里写了一篇论文。你必须更加具体，以便将你的题目与其他所有的题目区分开来。因此，你可能不得不选择一个很长且具体的题目，如"基于语义的对话系统中自发语音的多阶段解析模型"。

成为第一人,使你有机会拥有一个较短的题目……但那就意味着,不会被发现!你是一个探路者。一开始,人们可能不会通过你引入的新关键词(如你给一种新的聚合物起的名字)找到你,因为他们还没有意识到有这个词。这就是为什么你要通过包含其他知名的关键词来确保你的题目被找到。另外,如果你已经很出名了,就不必在意。人们是通过名字找到你的,而非通过你论文的关键词。

问:有什么证据支持你的主张,即你应该把新颖的东西放在题目的前面?

答:眼球追踪研究,它研究人们如何通过列表进行搜索,发现人们花更多的时间阅读列表中每个条目的开头,而不是该条目的结尾。通常情况下,如果开头不能吸引人们的注意力,那么列表中的其他条目就会被直接跳过,读者就会转到下一行。因此,如果你把有趣的东西放在长题目的末尾,读者可能不会去看它。

题目的衡量指标

(+)代表你的贡献的词语在题目的开头。

(+)题目有2个以上的搜索关键词,位于图13.1倒三角形中的不同层级。

(+)你的题目有吸引人的词语(非搜索关键词)。

(+)没有包含超过3个单词的名词短语。

(+)你所有的题目搜索关键词都能在你的摘要中找到。

(+)你的题目在两秒内就能读完,并且一读就能明白。

(+)仅在摘要中出现的搜索关键词的频率,不要高于题目里含有的任何搜索关键词在摘要中出现的频率。

（+）你的贡献的影响或结果在题目中是可以识别的。

（+）你的题目明确规定了研究的范围。

（−）代表你的贡献的词语在题目的中间位置或后面位置。

（−）你所有的关键词都在图13.1倒三角形的同一层内。

（−）题目中只有一个搜索关键词。

（−）你的题目有模棱两可的介词"and""with"（和，与）。

（−）你的题目没有吸引人的词语。

（−）你的题目包含a、an、study（研究）、investigation（调查）。

（−）名词短语由3个以上的词组成（比如，可塑性过渡金属氮化物涂层）。

（−）你的摘要中缺少一些题目搜索关键词。

（−）你的题目需要两秒钟以上的时间来阅读。

（−）摘要中重复出现的搜索关键词在题目中没有出现。

（−）你的题目让读者产生了与论文内容不同的期望。

（−）你的题目没有确定研究范围，或只确定了部分研究范围。

下面是加分项：

（++）题目让读者对论文内容只产生了一种期望，并且满足了这种期望。

© Jean-Luc Lebrun 2011

第十四章

摘要：论文的心脏

心脏在人体中有着至关重要的作用。同样，一篇论文的本质就是它的摘要。心脏有四个腔室。摘要也是由四个容易识别的部分组成。

摘要中的视觉资料？

永远不要说"不"！我曾经认为摘要中不应出现视觉资料，但现在看来，我错了。一些期刊的目录 [如《先进材料》(*Advanced Materials*)、《美国化学会期刊》(*Journal of the American Chemical Society*)] 现在会包括一个关键的视觉资料，同时还有一个摘要的节选。这是对所有期刊未来发展形式的预演吗？我相信是这样的。一个好的视觉资料在有效、简明地说明和解释一篇文章方面，远远超过了纯文本。因此，请注意并做好准备：哪种视觉资料会成为你的摘要的"唯一"选择？

这里将要剖析的这篇摘要处于外科和计算机科学的交叉点。

它来自一篇关于狭缝动脉切开术的论文。解释动脉切开术的最简单方法是将两个管子（这里是指动脉）的手术连接可视化。通常情况下，外科医生在受体动脉上切开一个椭圆孔（去除一部分组织），然后在孔上缝合供体动脉。这种情况下，在供体动脉被缝合之前，只在受体动脉的一侧切开一个缝隙，没有任何组织被移除。

狭缝动脉切开术的效果和孔洞动脉切开术一样好吗？即使答案是肯定的，外科医生也持谨慎态度。如果一个成熟的手术（孔洞动脉切开术）是有效的，为什么有必要用一个新的手术（狭缝动脉切开术）来代替它呢？手术后最初阶段的统计数字确定了两种技术的等效性，这是不够的。10年后，当动脉老化或病人血压升高时，切口会发生什么变化？为了弄清新技术随着时间推移的安全性和有效性，发明新技术的外科医生请求计算机建模科学家的帮助。该技术被建立了模型，并在《生物力学期刊》（*Journal of Biomechanics*）上发表了一篇论文[1]。该刊物的读者来自不同领域：生命科学、工程科学和计算机科学。当他们瞥见该刊物第39卷的目录时，他们看到了以下题目：

《非线性有限元模拟阐明显微外科中用于端侧动脉吻合处的狭缝动脉切开术的有效性》

"Nonlinear Finite Element Simulation to Elucidate the Efficacy of Slit Arteriotomy for End-to-side Arterial Anastomosis in Microsurgery"[2]

---

[1]　转载自journal of biomechanics, Vol. 39, Hai Gu, Alvin Chua, Bien-Keem Tan, Kin Chew Hung, nonlinear finite element simulation to elucidate the efficacy of slit arteriotomy for end-to-side arterial anastomosis in microsurgery, pages 435–443, 版权所有©2006, 经爱思唯尔许可转载。

[2]　H. Gu[a], A. W. C Chua[b], B. K. Tan[b], K. C. Hung[a].

这个题目有两个部分：贡献和背景。如果你要在这两部分之间插入一个分隔符"｜"，你会把它放在哪里？答案将在后面，在你阅读完摘要之后揭晓。请注意，黑体字同时出现在了摘要和题目中。

[第0部分]用于端侧动脉微吻合处的**狭缝动脉切开术**是一种用于重建手术中的游离皮瓣血管再通的技术。[第1部分]狭缝打开的宽度是否足以供血？缝隙的开口是如何受动脉壁厚度和材料硬度等因素影响的？为了回答这些问题，我们提出一个**非线性有限元**程序来模拟手术。[第2部分]通过使用超弹性壳元素对动脉进行建模，我们的**模拟**[第3部分]显示，狭缝打开的宽度甚至大于供体动脉的原始直径，允许有足够的血液供应。它还确定了解释狭缝打开的两个因素：在大多数情况下占主导地位的血压，以及供体动脉对狭缝施加的力。在模拟过程中，当我们增加供体动脉的厚度和硬度时，发现血压对狭缝开放的贡献减少，而供体动脉施加的力增加。这一结果表明，有时供体动脉的作用力甚至比血压的作用力更重要。

[第4部分]我们的模拟**阐明了狭缝动脉切开术的功效**。它提高了我们对血压和供体血管因素在保持切口开放方面的相互作用的理解。

[Part 0, 18 words] **The slit arteriotomy for end-to-side arterial Microanastomosis** is a technique used to revascularize free flaps in reconstructive surgery. [Part 1, 42 words] Does a slit open to a width sufficient for blood supply? How is the slit opening affected by factors such as arterial wall thickness and material stiffness? To answer these questions we propose **a non-linear finite element** procedure to simulate the operation. [Part 2, 10 words] Through modeling the arteries using hyperelastic shell elements, our **simulation** [Part 3, 112 words] reveals that the slit opens to a width even larger than the original diameter of the donor artery, allowing sufficient blood supply. It also identifies two factors that explain the opening of the slit: blood pressure which is predominant in most cases, and the forces applied to the slit by the donor artery. During simulation, when we increase the donor artery thickness and stiffness, it is found that the contribution of blood pressure to the slit opening decreases while that of the forces applied by the donor artery increases. This result indicates that sometimes the forces by the donor artery can play an even more significant role than the blood pressure factor.

[Part 4, 28 words] Our simulation **elucidates the efficacy** of the slit arteriotomy. It improves our understanding of the interplay between blood pressure and donor vessel factors in keeping the slit open [Total: 210 words].

"｜"应该放在哪里，换句话说，贡献与贡献的背景之间的间隔是什么？

《非线性有限元模拟阐明 ｜ 显微外科中用于端侧动

脉微吻合处的狭缝动脉切开术的有效性》

"Nonlinear Finite Element Simulation to Elucidate the Efficacy of Slit Arteriotomy | for End-to-side Arterial Anastomosis in Microsurgery"

在我们的摘要示例中,如果根据每个部分的字数来定位贡献,似乎第3部分(112个英文单词),即阐明疗效,涵盖了贡献。第2部分(只有10个英文单词),非线性有限元分析起着附带的作用,但它却直接出现在了题目的最开始。题目可以是这样的:

《利用非线性有限元模拟阐明端侧动脉微吻合处的狭缝动脉切开术| 在显微外科中的有效性》

"Elucidating the Efficacy of Slit Arteriotomy | for End-to-side Arterial Anastomosis in Microsurgery using nonlinear finite element simulation"

然而,在检查了论文的结构(标题和小标题)后,似乎贡献确实是非线性有限元模拟。题目与结构相吻合,而与摘要则不那么吻合。我们的结论是,摘要的读者对象是那些对有限元模拟的技术细节不太关心的外科医生。他们可能永远不会阅读这篇论文,而只满足于阅读摘要。如果该论文的目标读者是计算机科学家,那么方法论部分会更长,而结果部分会更短。

四个部分

摘要中的四个部分(按字数区分)都分别回答了读者的关键问题。

第1部分：论文要解决的问题是什么？论文的主题和目的是什么？

第2部分：问题是如何解决的，目的是如何实现的（方法论）？

第3部分：具体结果是什么？问题解决得如何？

第4部分：那又怎样？这对科学界和读者有多大用处？

你可能已经注意到，我们举例的摘要中有一个**第0部分**。除了像我们的摘要示例中出现的情况外，这部分可有可无，也不推荐。作者预见到题目中某个关键词的含义对非外科医生来说可能是模糊的，因此及时提供了背景资料——在本示例中，是对外科手术的功能性定义。

正常的摘要应该是由四部分组成的，但许多摘要只有三部分：第四部分（论文的影响）是缺失的。为什么呢？

1. 可能是作者过早地达到了字数的上限。有些作者在摘要中滔滔不绝地介绍解决方案的必要性，但随后就没有篇幅来描述该解决方案的好处了。

2. 作者是否（错误地）认为结果不言自明？值得重申的是，作者在写论文时必须考虑到读者。谁有可能从研究中受益？论文的影响是说服读者下载你论文的原因。而这个读者可能没有足够的知识来确定结论（产出）所带来的影响（成果）。

3. 会不会是许多研究人员将研究任务原子化造成了短视，致使作者无法评估影响？

4. 会不会是作者无法提及任何影响，因为该贡献只是比以前的成果有了一点改进，不足以声称有重大影响？

不管是什么原因，少于四个部分就会降低摘要的信息价值，从而降低其对读者的价值。因为读者会根据摘要来决定是否阅读文章的其余部分，所以摘要的不完整性降低了你的论文被阅读……

和被引用的可能性。

 阅读你的摘要，找出它的各个部分。你的摘要是否有上述四个基本部分？字数最多的部分是否就是与贡献相对应的部分？你是否还在使用形容词并在你应该准确的时候语焉不详？

摘要和题目之间的连贯性

通过快速统计关键词，可以确定摘要与题目是否一致。下面的题目包含9个搜索关键词：狭缝、动脉切开术、端侧、动脉、吻合处、显微外科、非线性、有限元、模拟。在这个计数中，冠词（a、an、the等）、介词（to、of、for、in）和非搜索性关键词［elucidate（阐明）、efficacy（功效）］不被考虑在内。

（题目）《非线性有限元模拟阐明显微外科中用于端侧动脉微吻合处的狭缝动脉切开术的有效性》

"Nonlinear Finite Element Simulation to Elucidate the Efficacy of **Slit Arteriotomy** for **End-to-side Arterial Anastomosis** in Micro**surgery**"

（第一句话）用于端侧动脉微吻合处的狭缝动脉切开术是一种用于重建手术中的游离皮瓣血管再通的技术。

The **slit arteriotomy** for **end-to-side arterial** Micro-**anastomosis** is a technique used to revascularize free flaps in reconstructive **surgery**.

在我们的摘要示例中，有6个单词同时出现在题目和摘要的第一句话中（66%）。

这个比例很好。为什么呢？因为读者在刚刚读完题目后，期望尽快了解更多信息。你能想象摘要的第一句话与题目所阐述的信息脱节吗？这是无法想象的。题目和摘要之间的连贯性是通过重复关键词来实现的。如果百分比落在30%～80%这个范围之外，就应该更仔细地检查。

若百分比为0%～20%，说明出现了一个问题，摘要第一句话涉及与论文主题的联系较为松散的一般性内容，它包含两个或更少的题目词，设定了问题的背景。如果摘要第一句话简要地解释了一两个不寻常的题目关键词，只要第二句和第三句提到了其他大部分题目词，就没有问题。否则，背景内容就太长了，会造成摘要缺乏简洁性。

若百分比为80%～100%。是否意味着完美的百分比？不一定。第一个句子是对题目的重复，只加了一个动词。何必要重复呢？第一句话应该扩展题目。但是，如果这句话包含的字数比题目字数多得多，那么80%～100%也许是可以接受的。

总而言之，你的题目只是吊起了读者的胃口，他们希望在你的摘要中了解更多关于你题目的信息。你应该满足他们的期望，迅速提供更精确的细节。摘要的第一句话应至少包含题目中四分之一的词。

首先计算你的题目中重要（检索）词的总数（在你的计算中，不要包括非检索词，如on、the、a、in，或形容词）。让我们用T指代这个数字。

然后，看看你的第一句话中是否包含任何这T个词中的词。如果你发现出现了几个，就在题目中画线。不同形式的词（名词形式变为动词形式，反之亦然）可以归为一个词，但同义词不可以。例如，simulation（模拟）与simulated（模拟）的是一样的，但abrasion（磨蚀）与corrosion（腐蚀）是不一样的。

计算你的题目中画线的单词数量。让我们用U指代这个数量。

计算百分比100 × U／T。

你的百分比是多少？在20％到80％之间，表明你做得很好。在这个范围之外，请检讨。

第二次统计将帮助你确定摘要和题目之间的相关性。题目中的所有检索关键词是否也应在摘要中？应该如此。

在我们的摘要示例中，题目中的9个词中有6个在摘要第一句话中出现了，还有3个词没有出现。但它们在摘要的其余部分都出现了（我们提出一个**非线性有限元程序**来**模拟**手术）。所有的题目检索关键词都在摘要中出现。

想一想吧。你通过将一个词放置在题目中，赋予其高可见度——在一篇论文中的最高地位。为什么题目词会在摘要中丢失？可能有以下原因：

- 题目词并不重要。把它从题目中删除可以提高简洁性。
- 摘要中缺少的题目词确实很重要。在你的摘要中为它找一个位置。
- 也可能是你的摘要经常提到一个题目中没有的关键词。重写你的题目以纳入该关键词。
- 你用了一个同义词来避免重复。不要这样做。在摘要中重复一个题目词会增加搜索引擎为该关键词计算出的相

关度分数，从而会让你的题目排在检索到的题目列表的
顶部。

你已经计算过了T——你的题目中重要的词的数
量。阅读你的摘要，看看是否有任何重要的题目
词被遗漏。如果有，问问自己为什么。你题目的
主张是否过于宽泛？你的题目是否不够简明？你是否使用同
义词冲淡了你的关键词的力量，使读者感到困惑？找到符合
现状的原因，必要时修改题目或摘要。

你现在有三种技巧来衡量你的摘要的质量。

1. 摘要有四个部分（还有一个可选部分，用于对晦涩难懂的题
目词进行适当的解释，如我们的摘要示例所示）。包含你的贡献的
那一部分应该是最详尽的。

2. 摘要中重复所有的题目搜索关键词。

3. 在摘要的前一两句话中展开叙述题目，因为读者会有如此
期待。

动词的时态和精确性

到目前为止，你已经成功地带领读者越过了题目障碍，进入了
你的摘要。祝贺你！但是，如果读者在这里停住了脚步，那你还能
做什么来增加论文的引用次数？你需要把你的摘要作为一个发射
台，读者通过"点击下载PDF文件"的按钮来推动自己进入你的论
文。对有些人来说，如果他们的图书馆没有订阅发表你论文的期
刊，这甚至意味着他们要输入自己的信用卡信息进行在线支付。

如何将摘要变成一个发射台？有两种方法。用广告中使用的

时态,即现在时态来写摘要,以及通过对你的主要成就进行简短而准确的描述来说服读者阅读更多的论文内容。

如果想更好地表达成果,那么用动态的现在时态比用沉闷的过去时态更好。选择现在时态来写摘要是有好处的。现在时态充满活力、生动、有吸引力、重要、新颖并且新鲜。现在时态是事实的时态:你在论文中展示的结果在你的读者所在的未来和你写作的现在一样真实。有些作者之所以不愿意用现在时态写作,是因为他们认为过去时态对所做的研究有更准确的表述。的确,实验已经完成了,但不能说实验结果过去曾经真实,它们现在是真实的,而且将继续真实。用现在时态代替过去时态很简单,就像"在这项研究中,我们发现了(found)x和y之间的结合力是3.8eV",可以用"在这项研究中,我们发现(find)x和y之间的结合力是3.8eV"来替代。即使读者在你的论文发表10年后才读到它,这句话也会像刚写完一样令读者感到新鲜、不过时。过去时态是过眼云烟、似曾相识、陈年往事、已经逝去的东西,是陈旧的、枯燥乏味的、滞后的。感觉像在读旧新闻。它甚至可以引起歧义。比如,"was studied"(被研究过的)这个短语,会让人产生一个疑问:难道作者之前已经发表过这个成果了吗?

如果你还需要一个理由来说服自己使用现在时态,那么首先你要检查论文所针对的期刊是否同意这种"现代做法"。然后,如果没有期刊强加的过去时态指令,想想你在阅读新的论文时,有多少次直接从摘要跳到结论。因为结论也是用过去时态写的,所以对读者来说,阅读结论就像重新阅读摘要(会感到无聊)。

现在来看看我们的发射台的第二个要素:精确性。题目中的字数很少,所以需要用抓人眼球的形容词来吸引读者,如稳健(robust)、有效(effective)、快速(rapid);但这种形容词的功效是有限的。如果没有精确性和细节的支持,感兴趣的读者很快就会移开目光。比如，下面两个句子中，哪一个能说服你买我的车？

　　这辆车跑得非常快。有多快？非常、非常快。甚至快得令人难以置信。

　　这辆车跑得非常快。有多快？从0加速到60公里/小时不到6秒，最大速度为370公里/小时。

第二个句子的精确性令人信服。

下面的题目包含几个有吸引力的词。"临床上不同"。不过，有多"不同"呢？读者在决定你的论文是否值得进一步阅读之前，想精确地知道这些。

　　《一种基于基因表达的方法来诊断临床上不同的弥漫性大B细胞淋巴瘤亚群》

　　"A gene expression-based method to diagnose **clinically distinct** subgroups of Diffuse Large B Cell Lymphoma"

该摘要确实回答了上述问题，证明了题目中提出的说法。

　　本数据集中确定的GCB和ABC DLBCL亚群在多药化疗后的5年生存率具有显著差异（62% vs 26%；P = 0.0051），与其他DLBCL研究团队的分析一致。这些结果证明无论用于测量基因表达的方法如何，这种基于基因表达的预测因子都能将DLBCL群组分为生物学和临床上不同的亚群。

　　The GCB and ABC DLBCL subgroups identified in this data set **have significantly different 5-year survival**

rates after the multiagent chemotherapy (62% vs 26%; P = 0.0051), in accord with analyses of other DLBCL cohorts. These results demonstrate the ability of this gene expression-based predictor to classify DLBCLs into biologically and clinically distinct subgroups irrespective of the method used to measure gene expression.[①]

本章提供的摘要示例完全是用现在时态写的。其结果不是数字性的,但主要结果的描述是精确的。

狭缝打开的宽度甚至大于供体动脉的原始直径,允许有足够的血液供应。它还确定了解释狭缝打开的两个因素:在大多数情况下占主导地位的血压,以及供体动脉对狭缝施加的力。(……)血压对狭缝开放的贡献减少,而供体动脉施加的力增加。

The slit opens to a width even larger than the original diameter of the donor artery, allowing sufficient blood supply. It also identifies two factors that explain the opening of the slit: blood pressure which is predominant in most cases, and the forces applied to the slit by the donor artery. [...] the contribution of blood pressure to the slit opening decreases while that of the forces applied by the donor artery increases.

---

① George Wright, Bruce Tan, Andreas Rosenwald, Elain Hurt, Adrian Wiestner, and Louis M. Staudt, a gene expression-based method to diagnose clinically distinct subgroups of Diffuse Large B Cell Lymphoma, Proceedings of the national Academy of Sciences, August 19, 2003 Vol. 100, No.17, www.pnas.org, copyright 2003 National Academy of Sciences, U.S.A.

35美元

弗拉基米尔找到了一篇看起来非常有趣的论文，请求图书管理员下载它。他没有在内部邮件中收到他所期望的论文，而是收到了图书管理员的一封电子邮件，通知他研究所没有订阅发表他索要的论文的那份期刊。然而，图书管理员提出只要他获得主管的批准，就可以下载该论文，并向他的部门收取35美元的下载费。

"35美元！"弗拉基米尔感叹道。

在相邻隔间的朋友隔着隔板听到了他的话。朋友喊道："不算多，50美元我就能知足了！"

"啊，别说了，约翰。图书管理员向我们收取35美元的费用，下载别人的论文。我可以用这个价格买一本书！"

约翰已经站了起来，现在正越过隔板看着弗拉基米尔。

"你一定是在开玩笑！这么多？"约翰说。

"多少钱？"说话者是程佳，另一位与约翰背对背坐在同一个隔间里的同事。她出现在约翰旁边。

这场骚动引起了波波夫教授的注意，当时他碰巧离开了他的办公桌，经过打开的办公室门，看向这群人。他加入了谈话，听完了大家的抱怨，并建议说：

"弗拉德，再读一遍那篇摘要。如果它包含足够的细节，使你真的可以从阅读这篇论文中受益，那么我就会批准购买。"

摘要的意义和质量

摘要对读者的意义

- 它阐明了题目。
- 它对作者的科学贡献提供了令人信服的细节。
- 它帮助读者决定文章的其他部分是否值得购买或下载以进一步阅读。
- 它帮助读者迅速收集有竞争力的信息。

摘要对作者的意义

- 比起题目,摘要有更多的关键词,因此它可以使论文更容易被找到。
- 比起题目,摘要更精确地说明作者的贡献,以说服读者阅读论文的其余部分。
- 如果在论文的早期就写好摘要,那么它可以指导写作,使作者保持专注。

摘要**不能**用于以下两方面。

1. 提及其他研究人员的工作,除非你的论文是你或其他作者以前发表的(单一)论文的延伸。

2. 证明你所选择的问题的重要性:你对该解决问题的贡献的重要性才是真正重要的。

摘要的特点

- **与题目相关**。所有检索关键词都在摘要中。
- **完整**。它有四个部分（什么、如何、结果、影响），并有一个可选的（简短）背景。
- **简洁**。不超过必要的长度，是对读者的一种礼貌。研究是通过结果的重要性而不是问题的重要性来证明的。
- **独立**。摘要有自己独立的世界：摘要数据库、期刊摘要。在未来，摘要可能将包含关键的视觉资料。
- **代表论文的贡献**。它设定了期望。它鼓励读者阅读该论文。
- **准确描述贡献**。
- **现在时态**。真实，新鲜。

你认为你的摘要如何？它是否具备足够多的这里提到的品质？你在摘要中提到的贡献是否与题目所声称的一致？一份高质量的摘要会给人留下良好的第一印象。花一些时间重新审视它。

关于摘要的问答

问：什么是长摘要？

答：长摘要不是摘要。它是一篇简短的论文，读者在不到一个小时的时间内就能读完，其篇幅通常是一篇普通论文的五分之一。与摘要不同的是，它包含一些关键的视觉资料（篇幅允许的话）和参考文献。它缺乏一些细节。例如，尽管长摘要有一个引言，但它没有详细描述贡献的背景，而是侧重于直接给出相关的研究，这对理解和评价你的贡献至关重要。同样,它的结论(如果有的话)也会略去未来的研究。在某些方面,写长摘要比写完整的论文更难,因为作者必须在细节方面做出艰难的选择:哪些内容不写,以及哪些内容要保留以引起兴趣并增强说服力。

问:我可以向期刊提交一篇与我为会议准备的长摘要相一致的论文吗?

答:简短的回答是"不能"。这没有新意,只是在同一贡献上增加细节。期刊在给作者的指南中明确规定了这个问题,因此请阅读你的期刊关于这个问题的指南。当你向非开放获取期刊投稿时,你会签署一份具有法律约束力的投稿声明,将你的材料的版权转让给期刊。因此,在期刊论文中重复使用长摘要中的段落将被视为自我抄袭。

长摘要通常只不过是与论文中第一个研究步骤相对应。期刊论文还需要其他步骤,它们的题目会不同,它们的视觉资料也会不同,等等。

在提交论文时,最好向期刊编辑说明你的长摘要的存在,并解释它与你论文的不同之处(不同的方法、扩大的范围、新发现……)。

问:是不是所有的摘要都有四个部分?

答:不是所有的摘要都有四个部分,有时这是有充分理由的。涵盖某一领域技术现状的综述性论文只有一个或两个部分。短篇论文(通讯、报告)有一至两行。"长"摘要是在会议之前写的,在某些情况下是在研究完成之前写的;因此,它们的第三部分和第四部分较为浅显或缺失。但是,除了上述这些特殊情况外,所有的摘要都应该有四个部分。

问：有些期刊将摘要的长度限制在300字以内。是否最好写满300字？

答：要为忙碌的读者着想！如果你能用不到300字写出你的摘要，并且它仍然是一个完整的摘要（包含四个部分），那么就要简洁！简洁是通过取舍来实现的。

问：摘要应该用过去时态来写。每个人都是这样做的。你从哪里听到的这种用现在时态写的胡话？

答：话不要说得太绝对！我过去一直认为，摘要只能用过去时态写，因为它们指的是已经完成的工作。现在看来，我错了。现在有更多的期刊接受甚至建议使用现在时态来写摘要。甚至NASA（美国国家航空航天局）的科学家也被建议在他们的摘要中使用现在时态。

在你为你的摘要选择时态之前，请阅读期刊对作者的建议。如果期刊没有禁止使用现在时态，就考虑使用它。

问：摘要是否只包含文字？

答：事实上，可视化摘要正慢慢进入一些化学、材料科学甚至生物学期刊中。它能帮助读者以直观的方式和少量的文字了解贡献。导图、化学公式或微观结构在视觉上能更有效地帮助理解。如果你的期刊要求摘要包含视觉资料，请准备好挑选最能代表你的贡献的视觉资料。

问：我的论文是一篇综述。本章所详述的原则是否也适用于这类论文？

答：综述是完全不同的。请看最后一章中提供的资料，以找到综述论文的写作指南。

问：如果我的研究用到的方法在我的领域非常常见，我是否应该提到它？

答：应该提到，但在这种情况下，不要详细说明，用半句话就可以了。如果你修改了该方法，只需说明它与标准方法有什么不同。

摘要的衡量指标

（+）你的题目中的所有检索关键词也都出现在摘要中。

（+）你的摘要包含所有四个主要部分（什么、如何、结果、影响）。

（+）包含贡献的部分字数最多。

（+）你的摘要不包含背景或对问题重要性的论证。

（+）你的摘要只使用现在时态或现在完成时态的动词。

（+）你的摘要准确提及了主要结果，如果是方法，则提及了关键的方法步骤。

（+）你的摘要揭示了你的主要结果，从而针对的是能从你的研究中获益最多的读者。

（−）摘要中缺少题目中的一个或多个检索关键词。

（−）摘要中的第一句话或多或少是对题目的重复。

（−）摘要中的第一句话不包含或只包含一个题目中的关键词。

（−）你的摘要中缺少一个主要部分。

（−）摘要中包含贡献的部分不是字数最多的部分。

（−）你的摘要只使用了过去时态，或混合使用了各种时态。

（−）在提到主要结果或关键方法步骤（如果贡献是一种方法）时，你的摘要仍然模糊不清，缺乏准确性。

（−）摘要的第四部分（影响）仍然模糊不清，因为没有针对读者。

下面是加分项：

(+++)读者仅仅通过阅读你的摘要就能明白你的论文题目。

© Jean-Luc Lebrun 2011

第十五章

标题与小标题：论文的骨骼

骨骼为身体提供了框架。有了它，健壮的身体才会成形；没有它，人就会变成水母。一篇论文的骨骼就是它的结构。骨骼根据身体各部分的功能需要来支持它们。论文的骨骼由按逻辑顺序设置的标题和小标题组成，该结构加强了科学贡献。骨骼是标准的，但它允许形状和大小的变化。每篇论文中的标题一般都是一样的（引言、讨论、结论），但小标题则不同。骨骼中最复杂的部分也是最精细的部分（骨干、掌骨、跖骨）。论文结构中最详细的部分包含最多的贡献性细节。

科技论文：300年的历史

在《科学家》(*The Scientist*) 期刊发表的一篇题为"科技写作的正确性"的文章中，作者艾伦·格罗斯 (Alan Gross) 和约瑟夫·哈蒙 (Joseph Harmon) 为科技论文的结构辩护，反对那些声称它不代表科学"发生"方式的人。这种结构经过300多年的完善，使读者能够评估论文中所提出的事实、结论的可信度和重要性。作者赞扬了标准的叙述方式。他们还指出，今天,由于视觉资料所起的作用越来越大,有必要超越线性文本形式的表达。

读者的结构和作者的结构

在开始写作之前,许多作者深入思考自己的内容,计划自己要表达的东西,以及要在哪里表达。他们把自己的内容分成几个小部分,每个部分都由一个标题或小标题分开。随后,他们使用这些标题来提醒自己的内容应遵循的一般性主题。这个系统使写作变得有条理,这是一件好事。但这些就足够了吗?

像往常一样,这种类型的写作以作者为中心,建立结构是为了帮助作者组织和发展他们的思想。但是,如果你应该在这个时候强烈意识到一件事的话,那么这件事就是作者首先需要以读者为中心。要了解如何为读者写出最好的结构,你必须首先了解读者如何使用结构。

因此,问自己一个问题:作为一个读者,你是如何使用结构的?你会仔细读完所有的内容、记住每一行,并且试图重建作者对论文逻辑的思想模型吗?还是你会浏览标题和小标题,直到某个关键词吸引了你的注意力,促使你直接进入论文的那一部分?你看,读者不是把结构当作一个骨骼,而是把它当作一个潜在的切入点的集合。读者可能会从结构中找出两个感兴趣的标题,然后只阅读这些标题下的段落,然后再继续阅读其他内容!一个好的结构可以让他们有效地跳读你的论文,而不是不得不阅读可能与他们的需要或兴趣无关的大段文字。一个好的结构是作者向时间紧迫的读者表示理解的点头。

好结构的四个原则

一个发挥其作用的结构要遵循以下四个原则。

1. 贡献引导形式。

2. 详细说明贡献的标题和小标题被分组。

3. 反映贡献的题目词（不一定是所有的题目词）在标题和小标题中重复出现。

4. 它讲述了一个清晰而完整的故事框架。

研究论文的结构可以让你发现一些重要的问题，如题目不完美，或者论文太复杂、太详细、太不成熟或太肤浅。

让我们回顾一下关于狭缝动脉切开术的论文结构。斜体字是题目和结构中所共有的关键词。

非线性有限元模拟阐明显微外科中用于端侧动脉微吻合处的狭缝动脉切开术的有效性[①]

1. 引言

2. *狭缝*开口的基本机械因素

3. 计算机*模拟*的方法

   3.1 *有限元*模型的参考配置

   3.2 参考配置中*有限元*模型的几何细节和边界条件

   3.3 *动脉*的超弹性材料

   3.4 操作的*模拟*程序

4.结果和讨论

5.结论

回顾一下，一个题目有两个部分：前面的部分是其贡献，后面的部分是其背景。

"非线性有限元模拟阐明显微外科中用于端侧动脉微吻合处的狭缝动脉切开术的［贡献］有效性［背景］"

原则1：贡献指导结构的形态

在上面的例子中，有三个标题是标准的：引言、结果和讨论、结论。标准标题与题目无关，不包含题目词。它们只是标明一个部分的位置和功能。相比之下，标题2和标题3是有意义的：它们包含近一半的题目词，并与贡献直接相关。

标题3在这个结构中占主导地位。它有四个小标题，提供了许多关于贡献的细节。这些小标题按逻辑顺序组织细节。所有这些都是可以产生预期的，不是吗？一个结构应该在作者最需要写的地方，即论文的科学贡献方面最详细。为了读者的利益和论文的清晰性，必须扩展结构以匹配细节，可通过提供更多的小标题来按照逻辑顺序组织这些细节去实现这一点。（见图15.1）。

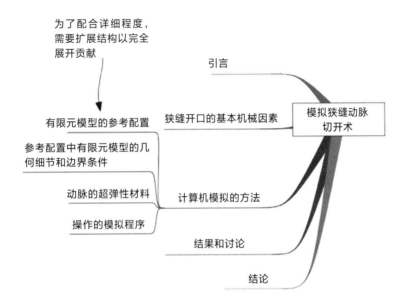

图15.1

贡献通常出现在缩进程度最深、小标题数量最多的标题下。

原则1有一个推论：当过于详细的部分不包含很多贡献时，结构就缺乏平衡。

- 次要部分可能过于详细。简化或将细节移至附录、脚注或补充材料中。[①]

- 读者的知识水平被低估了。删去细节，提供开创性的论文和书籍的参考（见图15.2）。

---

① 补充材料是不发表的。它与你的论文一起寄给期刊，以使审稿人能够在比论文更高的细节水平上检查你的数据，提供你遗漏的额外证明，或验证你因篇幅不够和为了便于阅读而无法详细说明的公式。

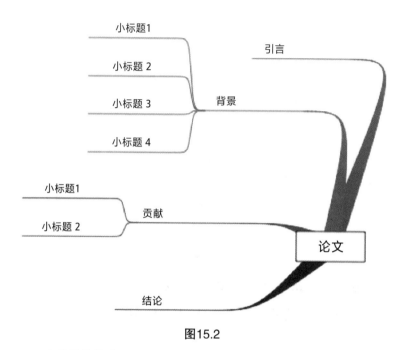

图15.2

这种结构指出了一个或几个问题：（1）背景太详细；（2）贡献少，因此作者用背景填满了论文；（3）作者低估了读者的知识水平。

- 小标题被"切"得太小。当一个只有一两个短段落的部分有自己的小标题时，应该将其与其他部分合并。
- 顶层结构没有被分成足够的部分。比如，背景部分与引言部分合并，因此引言中需要许多小标题。增加结构的顶层标题，减少小标题的数量。
- 该论文有多方面的贡献，需要一个大的背景和一个广泛的结构。把它改写成几篇小论文（见图15.3）。

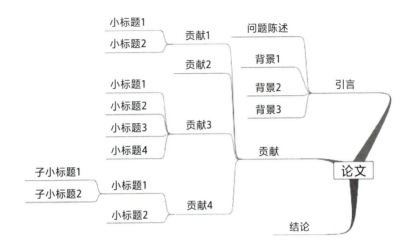

图15.3

这种结构指出了以下一个或几个问题:(1)结构顶层的标题太少;(2)贡献太多,不适合单篇论文;(3)小标题需要合并。

原则2:成组的详细说明贡献的标题和小标题

当包含贡献的分支分散而不是成组时,结构就缺乏重点(见图15.4)。

成组的关于贡献的小标题

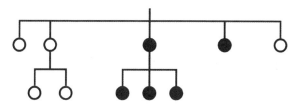

分散的关于贡献的小标题

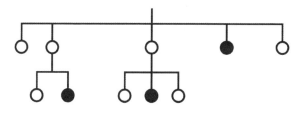

● = 小标题与贡献紧密相连（比如，通过使用题目词）。

图15.4

成组的标题和小标题显示出贡献具有良好的识别性和独特性。如果详细介绍贡献的标题和小标题分散在整个结构中，那么该结构存在问题。

- 论文中可能有一个以上的贡献。为了确保论文被期刊接受，作者在论文中塞满了贡献。这类论文的标题非常难写！最好是围绕一个贡献写一篇论文，让另一篇论文（或通讯）涵盖其他贡献。

- 论文可能还没有准备好发表。贡献分散在不相干的部分。论文缺乏统一性和简洁性：在这种情况下，重复是不可避免的。

- 作者可能无法确定论文的主要贡献，或无法确定主要贡

如何写出期刊欢迎的科技论文

献和次要贡献之间的优先次序。该论文及其题目可能缺乏重点。

原则3：描述贡献的题目词在结构中的标题和小标题里重复出现

与题目脱节的结构要么是无益的，要么表明题目是错误的。因为结构的作用是帮助读者在论文中导航，并确定你的贡献在哪里，所以结构的标题和小标题应该与题目相联系（见图15.5）。

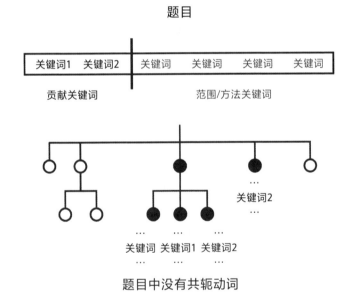

图15.5

题目关键词在结构中的标题和小标题中重复出现，可以让读者直接定位到这篇论文的重要部分。

·280·

让我们将原则3应用于我们的结构示例中，审视一下接下来的标题2和标题3。

2. 狭缝开口的基本机械因素

标题2包含"狭缝"，这是在题目第一部分中描述该贡献的一个题目词。标题2似乎是写给外科医生的，而下面的标题3肯定是写给机械工程的信息技术方面的人。回顾一下，这篇论文发表在《生物力学期刊》上，读者是来自两个不同领域的科学家——生命科学和工程科学，他们可能因为缺乏背景知识而难以理解对方的工作。因此，针对这两类读者的结构确实有意义。

标题2带我们了解狭缝动脉切开术的手术步骤以及在手术中观察到的机械引起的应力和形变。在这一点上，外科医生停止阅读，但机械工程师继续阅读，并在标题3中找到标题2所述步骤的模型。

3. 计算机模拟的方法

　　3.1 有限元模型的参考配置

　　3.2 参考配置中有限元模型的几何细节和边界条件

　　3.3 动脉的超弹性材料

　　3.4 操作的模拟程序

标题3及其四个小标题中包含"模拟"和"有限元"，这两个词位于题目的前半部分（贡献部分）。这两个词证实标题3和标题2一样，属于论文的贡献相关部分。作者可以加上"非线性"来加强标题和结构之间的一致性。标题3及其小标题中的具体措辞向外科医生传达了这样的信息：论文的这一部分不是为他们写的。

原则3可导致一个必然的结果：当标题和小标题与论文的题目脱节时，结构或题目可能是错误的。

● 结构比题目更能反映贡献。比如，在一个结构中，5个标题中有3个出现了"轨道"一词,但这个词在题目中甚至一次都没有出现过,这就暴露出题目并不完美。

- 结构太模糊了。它的标题和小标题过于笼统、简短或不切题。它们没有提供足够关于内容的信息。修改结构,将其与题目重新联系起来。
- 结构中包含题目词的同义词,或是取代了题目中通用关键词的特定关键词,甚至是题目词的缩写。失去了同质性和连贯性之后,文章就没那么清晰了。改为原来的关键词,或改变题目,使之更加具体。

原则4:一个结构讲述了一个主线清晰完整的故事

根据原则4,不熟悉计算机模拟领域的人在阅读了题目、摘要和连续的标题和小标题之后,应该能够了解故事的逻辑。

下面这个故事清楚吗?

1. 引言

2. 狭缝开口的基本机械因素

3. 计算机模拟的方法

3.1 有限元模型的参考配置

3.2 参考配置中有限元模型的几何细节和边界条件

3.3 动脉的超弹性材料

3.4 操作的模拟程序

4. 结果和讨论

5. 结论

标题2带领读者进入手术室,观察外科医生切割和缝合动脉。在手术刀锋利的刀刃下,动脉被打开;在手指的压力和缝线的拉扯下,动脉变形。一旦手术完成,读者可以想象血液流经动脉,将狭缝撑得更大。

标题3提供了关于模拟的细节。

小标题3.1定义了模拟对象的初始状态。

小标题3.2详细介绍了模型参数（动脉、狭缝），并定义了它们的范围。

小标题3.3描述了动脉，即模拟中的关键对象，是如何被建模的。

小标题3.4使模拟步骤与实际手术的步骤相对应。

这个故事与标题所声称的内容是一致的，但它并不完整：模型和结果（阐释）之间没有联系。可以通过将通用的标题"结果和讨论"换成信息量更大的标题，如"狭缝动脉切开术疗效的阐释"，从而很容易地建立模型和结果之间的直接联系，并能鼓励外科医生也阅读这一部分。

对于不熟悉有限元模型的外科医生来说，这个故事可能并不清楚。可从标题3.1和3.2中使用的专家词汇中清楚地看出这一点。小标题中的6个词（"参考""配置""几何""细节""边界""条件"）甚至在摘要中都找不到，而在其他小标题中出现的词都可以在摘要中找到。

原则4有一个推论：如果按顺序审阅的标题或小标题讲述了一个无意义的故事，则结构有漏洞或题目有误。

- 这篇论文可能还不成熟：它的结构还没有达到清晰的程度。需要做更多的工作，直到结构到位。

- 这个故事是无稽之谈，因为它不是题目中的故事，而是另一个故事。你在身体上安放了错误的面孔，或者相反。改变题目或重写论文。

- 标题和小标题过于简洁或过于晦涩难懂——可能是因为

使用了缩略词、同义词或只有专家才能理解的高度具体的关键词。写出信息量更大、更易理解的标题和小标题。

- 关键的标题或小标题缺失。对不明确的标题或小标题进行细分，以显示出缺失的那一部分联系，或在结构中插入一个新的标题或小标题。

标题的句法规则

迈克尔·阿利（Michael Alley）是使我能够在科技写作领域看得更远的巨人之一，他主张在结构中采用平行句法，这种句法确实使结构更容易阅读。标题和小标题通常有三种风格：名词短语，如"参数的确定"（Parameter determination），动词短语，如"确定参数"（Determining the parameters），以及（主要在生命科学论文中）完整的句子，如"参数是以静态形式确定的"（The parameters are determined statically）。为了帮助读者从结构上重建一个故事，同一层级的标题或同一标题下的小标题应采用平行句法。在结构示例中，标题2和标题3是名词短语。在标题3中，所有的小标题也都是名词短语。

在下面的结构中，句法是不平行的。

1. 引言

2. 干扰机制（Interference mechanism）

3. 设计规则（Design rules）

4. 提出解决方案（Proposing a solution）

    4.1 三层预测算法（Three layer prediction algorithm）

        4.1.1 算法的分类（Algorithm classification）

        4.1.2 层预测的比较（Layer prediction comparison）

5. 建议的识别（Proposed recognition）

6. 模拟研究（Simulation studies）

7. 讨论

8. 结论

这不是一个好的结构，原因有很多。仅着眼于缺乏一致性，就不能忽略"一个父，只有一个子"的问题：标题4只有一个子标题4.1（没有4.2）。在同一标题层级上，句法也缺乏一致性：标题1、标题2、标题3、标题5、标题6、标题7和标题8都是单名词短语；但标题4以现在分词"提出"开始，从而打破了句法的平行性。

结构的目的和特点

结构对读者的意义

- 它提供直接进入论文各部分的途径，使浏览变得容易。
- 它帮助读者迅速找到论文中与作者贡献有关的部分。
- 它使读者能够通过连续的标题和小标题整理出一个逻辑故事，迅速掌握论文的主要内容。
- 它通过每个部分的长度和详细程度设定阅读时间的预期。

结构对作者的意义

- 它通过在标题或小标题中重复题目或摘要的关键词，强调研究贡献。
- 它帮助作者将论文划分为内容丰富、不冗长、逻辑联系紧密的章节，以支持研究贡献。

结构的特点

- **提供信息**。在预期的通用标题之外，不应出现无意义的标题。阅读结构的标题和小标题应该足以让读者理解标题或立即确定感兴趣的地方。
- **与题目和摘要相联系**。题目和摘要中的关键词也在结构中。它们是对贡献的支撑。
- **有逻辑**。从一个标题或小标题到下一个标题，非专业读者可以明白作者选择的逻辑顺序，并且不存在逻辑上的空白。
- **语法层面上的一致性**。每个父级标题都有一个以上的子级小标题。句法是平行的。
- **清晰、简明**。既不会太详细，又不过分简练。

 这里有一个非常简单而有效的方法来确定你论文结构的质量。在一张白纸上"展平"你的结构。我的意思是，将题目写在页面的顶部，然后按照论文中出现的顺序写下所有的标题和小标题。完成后，在结构与题目共有的词下画线。你是否发现有什么不一致的地方？结构中是否缺少题目中的贡献关键词？这是不是因为你在使用同义词？改变你的结构，使其更接近题目。你是否使用了文本中定义的首字母缩写词，从而使你的标题变得模糊不清？如果是这样，请删除它们或给出它们的全名。你是否有频繁使用的结构关键词，但在题目中没有用到？它们不应该是题目的一部分吗？会不会是你的结构是正确的，而你的题目是错误的？如果是这样的话，请改变题目。

一旦你检查了结构与题目的匹配程度后，让其他人阅读你的扁平化结构，并向你解释他或她认为你的论文包含哪些内容。这个人对你的工作了解得越少越好。问问这个人，能否在连续的标题或小标题中看到逻辑。如果这个人非常困惑，那么说明你还没有完全准备好发表这篇论文。重新修改你的结构和论文。

　　故事清楚后，就进行快速句法检查。你的标题的句法是否平行？小标题是"孤儿"吗？

　　当志愿评审员提出问题时，不要解释！记住，一旦你的论文发表，你就无法向读者解释你的结构。只需记下这些问题，并相应地调整你的结构或标题。

关于结构的问答

　　问：结构就像一个大纲。我们在开始写论文时，不是应该先制定大纲吗？

　　答：有些作者把结构作为写作的框架。他们以要点的形式或以大纲的形式创建结构，然后再扩展要点。这种方法有价值，它使论文有重点。如果故事在结构层面上流畅，那么它在细节层面上也可能会流畅。作者以后仍可能改变结构，但这主要是为了完善标题或创建更多的小标题，而不是为了完全重组论文的思路。作为题外话，事实上，当被问及是否知道Microsoft Word包含一个提纲程序时，大多数科学家都说他们不知道有这样的功能。它就近在手边，是视图菜单下的一个项目，自带一套工具，多用用吧。我在Apple II（苹果公司推出的第二款计算机）上发现了大纲编辑器（一个叫More的程序）。从那时起，我的生活就变得不一样了。甚至这本书的第一版也是从11页的大纲开始的！

问：为了使我的标题简短，我可以使用缩略词吗？

答：除非缩略词是众所周知的，否则在标题或小标题中使用它们，对大多数读者来说是很麻烦的。晦涩难懂的缩略语使读者无法从小标题中得出一个故事，并且高度具体的专业词汇也是如此。为非专家读者撰写你的标题和小标题。如果你必须在小标题中使用一个专业词汇，请在该小标题后的第一句话中立即定义它。这样做是尊重了背景及时的原则。

问：什么是好的小标题？

答：一个好的小标题是一个信息丰富的名词短语，其关键词在后面的段落中出现的频率很高。这个小标题整齐而有逻辑地排列在其他小标题之中。并且它与贡献密切相关，通常包括题目和摘要中的词语。糟糕的小标题包含缩写、题目关键词的同义词或题目关键词的具体实例（比如，题目包含"内存"，而小标题包含"寄存器"，一个甚至在摘要中都没有使用过的具体关键词）。计算机科学专家知道内存和寄存器之间的联系，但有知识差距的非专家读者却无法建立这种联系。

问：一个小标题下有多少个段落？

答：这将取决于你的段落的长度，以及你的论文的流程。比如，如果你描述了一连串的步骤，但每个步骤都包含在一个两至四句的段落中，那么将几个步骤归纳或折叠在一个更全面的小标题下可能更有意义。让小标题中关键词的具体程度来指导你。如果小标题过于具体，其关键词甚至没有出现在摘要中，请重新考虑其作用或其措辞。

问：我的期刊规定了小标题的类别！我可以改变它们吗？

答：为了使读者能够重复你的研究结果，有些期刊（化学或生命科学期刊是这样的）要求你遵循他们规定的结构。如果一个期刊规定了小标题的数量和类型，你别无选择，只能遵守。

问：我写了一篇通讯，并非一篇论文。我的通讯中没有标题，我是否应该加入一些标题？

答：不是所有的论文都有明确的结构。当论文很短时，如一篇通讯，就没有必要添加结构——结构是隐含的。没有"引言"标题，但通讯的第一段会介绍背景。没有"结论"标题，但通讯的最后一段就是结论。然而，如果你想从本章的检验和度量标准中获益，我建议你根据段落内容人为地创造并写下一个这样的结构，尽管它不会成为你通讯的一部分。

问：我的结构有通用的标题（引言、结果……）。我应该引入更多的小标题吗？

答：如果你的论文有足够的页数，你至少应该在包含你大部分贡献的标题下增加两个小标题（或更多）。这有利于阅读。

问：我读了我朋友的论文结构，发现其很难与他的论文题目联系起来。是哪里出了问题？是题目，还是结构？

答：可能是两者都有。如果你不能通过浏览你朋友的论文的标题和小标题复述题目的故事，那么你可以把问题追溯到5个主要来源。（1）同义词（题目和结构使用不同的关键词，但意思相同）；（2）首字母缩写词（在其他地方被定义）；（3）没有信息的标题或小标题（空洞的标题，如"实验"）；（4）逻辑上的空白；（5）难以理解的专业关键词。

问：结构中的每个词都需要从题目或摘要中提取吗？

答：除非这些词是众所周知的通用词，包括众所周知的缩略词，否则你的最高层级的标题中的词需要取自题目和摘要。在更低的小标题层级（如1.1.2），你可以选择任何你喜欢的词，因为读者在第一次看到这篇论文时不太可能阅读这些小标题。

问：我的论文是一篇综述。这里详述的原则是否也适用于这种论文？

答：综述性论文是完全不同的，但原则4（故事线）仍应遵守。

结构的衡量指标

（＋）题目中所有与贡献有关的检索关键词也在标题或小标题中出现。

（＋）贡献在连续的标题下被分组。

（＋）结构中包含信息丰富的小标题。

（＋）没有一个标题或小标题可以在不影响论文结构的情况下改变位置。

（＋）在最高层级的标题中，不包含缩写词、同义词或只有专家才能理解的关键词。

（＋）大部分的结构用词都在摘要中出现过。

（＋）结构中不包含单独的标题或小标题。

（－）你的结构中缺少题目中的与贡献相关的检索关键词。

（－）贡献散落在结构中的各个部分。

（－）结构中不包含任何小标题，或不包含任何能提供信息的标题或小标题。

（－）标题或小标题可以改变位置而不影响论文的结构。

（－）在最高层级的标题中，包含缩略语、同义词或特定的专业关键词。

（－）在摘要中提供信息的结构用词少于50%。

（－）结构中包含单独标题或小标题。

下面是加分项：

（＋＋＋）即使不是专家也能通过阅读结构明白你的论文题目。

© Jean-Luc Lebrun 2011

第十六章

引言：论文的双手

伸出双手欢迎并邀请，引导人们进入一个不熟悉的新地方。一篇论文的引言也扮演着类似的角色，它欢迎、提供指导，并介绍一个读者不熟悉的主题。手指指向值得注意的东西，并邀请人们的目光跟随。引言也指出了其他科学家的相关工作和你的贡献。

对许多人来说，引言都是个难逃的劫，是比方法或结果更难写的东西。因此，为了减轻负担，科学家通常让引言保持简洁。然而，只有那些已经熟悉相关资料的该领域的少数专家才会欣赏简洁的引言，许多知识差距很大的读者（合理推测占40%）将不会觉得满意，审稿人甚至可能也是其中之一。问问审稿人，有多少篇他或她接受审稿的论文，是在没有充分的关于审稿内容的专业知识的情况下审核的，并准备好被答案吓一跳吧！因此，你需要写一篇引言，来弥补他们的知识差距，否则他们可能无法正确评价你的论文。请记住，他们对于是否发表你的论文有否决权。

排除万难的写作

弗拉基米尔手中拿着被拒稿的论文，正在阅读评审他论文的三个人的在线评论。从这些评论中，弗拉基米尔可以看出其中两个人在他的领域中很有见地。令他不安的是第三位审稿人的评论。很明显，那不是他所在领域的人，他本来以为他们所有人都是专家。

波波夫，他的导师，正路过这里。弗拉基米尔叫住他。

"嘿，老板，你不是应该先成为该领域的专家，然后才会被邀请审稿吗？"

"经常是这样的。可能80%的时间里会是这样。"

"你的意思是，你曾经审查了在你的直接专业领域之外的论文？"

"对不起，弗拉德，没有时间聊天了，我要去开会了。"

只剩下他一人时，弗拉基米尔快速心算了一下。让我想想看，如果我有三个审稿人，如果每个审稿人是所属领域专家的概率是80%，那么我遇到一位非本领域专家的审稿人的概率是多少呢？嗯，那将是……0.8乘以0.8，也就是0.64，再用0.64乘以0.8，那就是……60乘以8，480，再加上4乘以8，32，那就是……51.2%的可能性，所有评审员都是专家。因此，我有二分之一的机会，我的三个审稿人中至少有一个不是专家！

不久之后，在回来的路上，波波夫在弗拉基米尔的隔间前停下。

"会议取消了，"他说，"你想知道的是什么？"

"你确定你的答案是80%吗？"弗拉基米尔问。

"80%什么？"他的导师已经忘记了。

"80%的机会你是应邀审稿的论文主题的直接专家。"

"差不多是这样。当然，这取决于期刊的情况。对于大型期刊而言，这个比例可能更低。"

"那么在三位审稿人中，必须有多少人推荐你的论文，它才有机会发表?"

"同样,这将取决于期刊。但对于著名的期刊而言,我会说,所有三个。"

"太好了!"弗拉基米尔喃喃道,"这意味着,我必须把我的论文写得让业余爱好者都能理解!"

"你说我是业余的吗? 弗拉基米尔……因为在你面前站着的是一个已经审阅了许多论文的业余爱好者,他并不认为自己是一个对别人所写的一切都感兴趣的专家。"

"哦,不,老板……您是个专家。对吧,约翰?"

从隔间的隔板后,传来约翰的声音,他喊道:

"一个真正的专家,老板!"

引言开始得迅速,结束得有力

引言要吸引人。不要让读者的大脑闲置太长时间。因为你的读者急于想去的地方。你如何确定这是真的呢? 好吧,不耐烦的读者在经过了题目(粗筛)和摘要(细筛)这两个过滤器后,决定点击下载按钮。他们一定抱有很高的兴趣! 不要让读者厌烦或拖延他们时间。不要用一个错误的开头来拖慢你的引言的节奏,使读者失望。

空洞的错误开头

> 在基因组时代,大规模的数据是由世界各地的许多科学团体产生的。

> In the age of genomes, large-scale data are produced by numerous scientific groups all over the world.

化学科学，特别是晶体学领域的重大进展，往往高度依赖于从大量的实验数据中提取有意义的知识。这种实验测量是在多种仪器上进行的。

Significant progress in the chemical sciences in general, and crystallography in particular, is often highly dependent on extracting meaningful knowledge from a considerable amount of experimental data. Such experimental measurements are made on a wide range of instruments.

由于消费品越来越小的长期趋势，对制造微型部件的需求也越来越大。

Because of the long-term trend towards smaller and smaller consumer goods, the need for the manufacture of micro components is growing.

这些例子中有什么信息是你不知道的吗？抓住并无情地删去这些冰冷的开头，以及空洞的陈述。这些句子不过是作者在进入正题之前，为了给大脑热身而做的几个"俯卧撑"而已。顺便说一下，如果你是这样的作者，不要感到遗憾，我们很多人都是如此。当我们面对空白的页面或空白的屏幕时，我们的大脑需要花一点时间来输出连贯而有趣的文字！这就是我们的写作。既然我们有在这种时候做大脑俯卧撑的倾向，那我们就一定要把它们产生的句子去掉。

下列的例子是另一种类型的错误开头。乍一看它似乎没有什么问题。毕竟，作者试图通过展示当前问题的巨大重要性来唤起人们的兴奋感。

"可观的"错误开头

近来,有一股热潮,导致……的使用越来越多。

There has been a surge, in recent times, towards the increasing use of...

近年来,人们对这项技术产生了相当大的兴趣,而且,正如趋势所表明的那样,预计它将在未来10年内呈现持续增长……

There has been considerable interest in recent years in this technology, and, as trends indicate, it is expected to show continuing growth over the next decade...

在这种类型的错误开头中,作者认为一个研究领域的热度足以使读者对他的贡献感到激动。用来提高热度的词语有"指数型"(exponential)、"可观的"(considerable)、"激增"(surge)、"增长"(growing)、"增加"(increasing)等膨胀性的词语。它们使一类重要的读者,即审稿人怀疑这是一篇"跟风"的论文。最近可能出现激增,但作者显然落后于那些创造了激增的研究人员。开拓研究的人创造了未来,他们不会追赶过去!

审稿人也可能怀疑作者试图通过将问题的重要性等同于解决方案的重要性,从而影响他们的判断。如果人们认为某个问题是重要的,这是否就意味着贡献是重要的? 这里没有必要的因果关系。如果我和一位诺贝尔奖获得者握手,这是否意味着我也是一个伟大的科学家? 如果我的邻居因抢劫被捕,这是否使我成为重罪犯?

正确的开头

最好是以读者所期望的开始：他们想要更多的细节。你的题目是粗略的，它画出了一张脸的轮廓。你的摘要将一个明亮但狭窄的正面聚光灯打在脸上，给它一个平整、均匀的外观，使其他一切都退到阴影里。引言是柔和的填充光，它增加了维度，弱化了阴影，并揭示了背景。用摄影师熟悉的一个比喻来说，摘要优先的是抓拍速度，而引言则强调了景深。

在引言的开头，因为脸部仍然在读者的视线范围内，最好紧贴题目，并将其置于背景中。背景，无论是有关历史、地理，甚至是词汇定义，都不应该失去与脸部的关系。回到照片的比喻，即使视角扩大，读者也应该在取景器中持续看到脸。太多的论文在引言中描绘了一幅广阔的风景，以至于读者无法将标题置于其中。

这里是一个快速而专注的开头，结合了定义和历史视角。

命名实体识别（NER）是一项信息提取任务，它可以自动识别命名实体并将其分类到预定义的类别中。NER已经成功地应用于新闻专线［参考文献］。今天，研究人员正在调整NER系统以提取生物医学的命名实体——蛋白质、基因或病毒［更多参考文献］，用于自动建立生物医学数据库等应用程序。尽管早期的结果很有希望，但NER应用于此类实体的能力没有达到人们的预期。

Name Entity Recognition (NER), an information extraction task, automatically identifies named entities and classifies them into predefined classes. NER has been applied to Newswires successfully [references]. Today, researchers are adapting NER systems to extract biomedical named entities—protein, gene or virus—[more references] for applications such as automatic build of biomedical databases. Despite early promising results, NER's ability to apply to such entities has fallen short of people's expectations.

读完这一段，读者期望作者能解释为什么成功是有限的，并为主要问题带来答案：对原有的NER进行怎样的调整才能使生物医学命名实体的提取更加成功。

死胡同

在门口——被拒绝！

史蒂夫·威尔金森是一家大型保险公司的保险代理人。他是弗拉基米尔的邻居。几个星期以来，在弗拉基米尔的妻子鲁斯拉娜在花园里修剪她的玫瑰花丛的时候，他一直在与她隔着栅栏聊天（当然是关于保险的）。她最终将这件事告诉了弗拉基米尔。弗拉基米尔数学很好，而且很想知道为他的家庭投保的好处，于是决定接受邻居的邀请，听邻居介绍他公司的保险产品。日期确定下来了：下周四下班后。

星期四晚上。弗拉基米尔出现在威尔金森先生的大门口，并按了门铃。史蒂夫去开门，在让弗拉基米尔进来之前，立即在门口开始了独白。

"最近，越来越多的人购买保险，因为全球变暖。全球变暖可能会导致威胁生命和财产的天气出现。AIE和PRUDENTA在这个领域提供保险计划，但今天我们将要考察的是一个不同的计划。在交了四年的保险费之后，假设全球变暖指数连续四年保持稳定，GLObal WARming BLanket的保险计划（Insurance Scheme）GLOWARBLIS将提供5.6%的保险费年息。在此期间，全球变暖指数波动1个百分点，年利率将相应减少。进入这栋房子后，穿过走廊来到客厅，在那里将可以看到招股说明书。在此之后，前往办公室，一起讨论签署合同的问题。签字后，回到这扇门前，你就能带着一个介绍该公司其他保险计划的包裹离开。"

目录式的结尾不应出现在引言中，因为读者只需翻几页，通过快速扫视标题和小标题就能得到整个结构。因此，不要像下面这样来结束你的引言。

本文的其余部分组织如下：第2节讨论相关工作。第3节介绍技术，并说明我们的方法如何推进了我们的方案。第4节介绍我们的实验结果，并展示与其他方法比较，我们的方法在效率和准确性方面的优势。最后，我们提出我们的结论并讨论局限性。

本文的其余部分组织如下：第2节描述一些相关的工作，特别是已经完成的类似工作。随后，第3节讨论提出的方法，第4节讨论实施细节。第5节评估性能，并将所提出的方法与一个基线模型进行比较。最后，我们在第6节中得出结论并概述未来的工作。

当一个地方很小，而且或多或少是普遍通用的——如弗拉基米尔的故事中保险代理人的房子——就没有必要去描述各个房间和摆在面前的任务。但如果地方很大，而且不常见（美国华盛顿的白宫、中国北京的故宫或法国的凡尔赛宫），导游在进入之前简要介绍一下参观的概况（日程安排、路线……）才是明智的。一篇博士论文，或一本书，因为其篇幅之大，足以容纳一篇让读者预知其主要部分是什么，以及其成果的引言。

有力的结尾

在门口

史蒂夫·威尔金森是一家大型保险公司的保险代理人。他是弗拉基米尔的邻居。几个星期以来，在弗拉基米尔的妻子鲁斯拉娜在花园里修剪她的玫瑰花丛的时候，他一直在与她隔着栅栏聊天（当然是关于保险的）。她最终将这件事告诉了弗拉基米尔。弗拉基米尔数学很好，而且很想知道为他的家庭投保的好处，于是决定接受邻居的邀请，听邻居介绍他公司的保险产品。日期确定下来了：下周四下班后。

星期四晚上。史蒂夫看到弗拉基米尔正在走向他的房子。他在弗拉基米尔按门铃之前就去开门，并热情地问候他的邻居。

"弗拉基米尔，我很高兴你能来。今天是一个你会记住的日子，你将通过保护你的家人免受全球变暖带来的破坏性龙卷风和无数其他金融灾难的影响，从而获得安宁。请进，请进。"

引言的最佳结尾就在这第二个好莱坞式的场景中。弗拉基米尔被告知签署保险合同的结果，然后直接进门。用你研究的预期贡献结果来结束你的引言，以保持读者的积极性。

阅读你的引言的第一段。它是"空洞的"还是"可观的"？如果是空洞的，请删除它。最后一段的结构是多余的吗？如果是的话，请删除它。

引言要回答读者的关键问题

你的论文的主要问题是什么？这是你通过陈述自己的贡献来回答的问题。如果你不能表述这个问题，那么就没有准备好写你的论文，因为你对自己的贡献还没有一个明确的概念。为了帮助你确定主要问题，请在以下熟悉的题目上练习。

《非线性有限元模拟阐明显微外科中用于端侧动脉
微吻合处的狭缝动脉切开术的有效性》

主要问题：

在观察了不同年龄和血压条件的患者，经过狭缝动脉切开术在血流和吻合的稳健性方面的疗效后，这种疗效能否通过对手术中和手术后动脉承受的机械应力进行建模来解释？

《大型无线传感器网络中的高能效数据收集》
"Energy-Efficient Data Gathering in Large Wireless
Sensor Networks"

主要问题：

如何选择传感器节点在大型无线传感器网络中转发数据，使网络中数据转发的总能耗最小？

阅读你的题目和摘要。写出它们回答的主要问题。这个问题在你的引言中是否被清楚地说明了？如果有一个以上的问题，你可能有一篇包含多个贡献的论文，也可能是一篇可以被分成多个论文的论文。或者，你可能还没有清楚地理解你的贡献。

一旦你确定了论文回答的主要问题，就把它列入你的引言。这里有一句"哦，顺便说一下"，可能是让你的引言接近完美的唯一帮助。**"哦，顺便说一下，你有没有想过把这个问题以视觉资料形式呈现给读者**？"正如你现在所知道的，没有什么比用视觉资料来证明和说服更有效。因此，务必花时间先在头脑中为自己澄清，然后再在纸上为读者澄清这个"所有问题之母"。

从这个主要的问题中产生了许多其他问题：为什么要这样？为什么是现在？为什么以这种方式？读者为什么要关注这些（你的工作如何与读者的需求相关）？

有问题的蛋糕

有天下午，弗拉基米尔·托尔多夫在实验室完成一项实验时，接到了他妻子鲁斯拉娜的电话。

"我带着蛋糕、蛋糕刀和足够四五个人用的盘子和餐具来了。"她说。

他回答说："什么？等等！首先，是什么场合？为什么是现在？不能等到今晚吗？还有，这是什么蛋糕，你为什么要在实验室里切它？你知道这里不欢迎蛋糕碎屑。"

急促的问题并没有让鲁斯拉娜惊慌失措。她了解她的弗拉基米尔，一个成熟的科学家。她停了一下，简洁地重新表述了他的问题。

"好吧，让我看看。你想知道为什么有一个蛋糕，为什么现在吃，为什么它令人垂涎的味道会让你大喊'亲爱的，马上就到'，以及为什么我应该在实验室里而不是在家里切它，我说得对吗？"

弗拉基米尔咧嘴笑了。他对他妻子的倾听能力印象颇深。

"是的，托尔多夫夫人。"他回答说。

鲁斯拉娜随后说出了几个让他欢呼雀跃的词："你的俄式蜂蜜千层生日蛋糕。"

通过这些包含"为什么"的问题，读者希望你能证明你的研究目标、研究方法以及你的贡献的及时性和价值。下面的例子来自一篇生命科学论文，说明了作者是如何回答这些问题的；它包含了你可能不熟悉的首字母缩写词或专有名字，但这不应该妨碍你理解它！这篇论文的题目是这样的：

《一种基于基因表达的方法来诊断临床上不同的弥漫性大B细胞淋巴瘤亚群（DLBCL）》

"A gene expression-based method to diagnose **clinically distinct** subgroups of Diffuse Large B Cell Lymphoma (DLBCL)"

为什么是现在？ 在下面这一案例中，是因为最近的研究提出了不同的结果。

我们很好奇，通过我们目前对GCB和ABC DLBCL之间基因差异的理解，我们是否能解决这些基因分析研究之间的差异问题。

We were curious to see whether we could resolve the discrepancy between these gene profiling studies by using our current understanding of the gene differences between GCB and ABC DLBCL.①

为什么要这样? 在下面这一案例中,是因为无论用什么平台测量基因表达,实验室都需要提供一个一致的临床诊断。

正如有人指出的(3),比较这些分析研究的结果是一项具有挑战性的任务,因为它们使用了不同的微阵列平台,这些平台在基因组成上只有部分重叠。值得注意的是,Affymetrix阵列缺少淋巴芯片微阵列上的许多基因……

As was pointed out (3), it is a challenging task to compare the results of these profiling studies because they used different microarray platforms that were only partially overlapping in gene composition. Notably, the Affymetrix arrays lacked many of the genes on the lymphochip microarrays...②

为什么以这种方式? 在下面这一案例中,是因为该方法可以

① George Wright, Bruce Tan, Andreas Rosenwald, Elain Hurt, Adrian Wiestner, and Louis M. Staudt, a gene expression-based method to diagnose clinically distinct subgroups of Diffuse Large B Cell Lymphoma, Proceedings of the national Academy of Sciences, August 19, 2003 Vol. 100, No.17, www.pnas.org, copyright 2003 National Academy of Sciences, U.S.A.
② 同上。

适用于不同的微阵列平台。

> 出于这个原因，我们开发了一种分类方法，专注
> 于那些区分生发中心B细胞样（GCB）和活化B细胞样
> （ABC）弥漫性大B细胞淋巴瘤（DLBCL）亚群的基因，其
> 意义最为重大。
>
> For this reason we developed a classification method
> that focuses on those genes that discriminate the Germinal
> Centre B-cell like (GCB) and the Activated B-Cell like
> (ABC) Diffuse Large B Cell Lymphoma (DLBCL)
> subgroups with highest significance. [1]

读者为什么要关注？ 在下面这一案例中，是因为无论实验平
台如何，它都可以预测生存率。

> 我们的方法不仅将肿瘤分配给DLBCL亚群，而且还
> 估计肿瘤属于该亚群的概率。我们证明，无论使用哪种
> 实验平台来测量基因表达，这种方法都能够对肿瘤进行分
> 类。使用这种预测因子定义的GCB和ABC DLBCL亚群
> 在化疗后的存活率有显著差异。
>
> Our method does not merely assign a tumor to a
> DLBCL subgroup but also estimates the probability that

---

[1] George Wright, Bruce Tan, Andreas Rosenwald, Elain Hurt, Adrian Wiestner, and Louis M. Staudt, a gene expression-based method to diagnose clinically distinct subgroups of Diffuse Large B Cell Lymphoma, Proceedings of the national Academy of Sciences, August 19, 2003 Vol. 100, No.17, www.pnas.org, copyright 2003 National Academy of Sciences, U.S.A.

the tumor belongs to the subgroup. We demonstrate that this method is capable of classifying a tumor irrespective of which experimental platform is used to measure gene expression. The GCB and ABC DLBCL subgroups defined by using this predictor have significantly different survival rates after chemotherapy. [1]

对于这些读者的问题，**审稿人**又补充了其他问题。尽管这些问题之间相互重叠，但它们在一些重要方面又有所不同。

1. 问题是否明确，解决它是否有用？
2. 解决方案是否新颖，是否比别人的方案好得多？

因此，在写引言时，你应该同时考虑读者和审稿人。你要让他们相信问题是真实的，并且你的解决方案是原创的且是有用的。

通过范围和定义构建引言框架

作者的知识诚实体现在许多方面，其中之一就是对研究范围的清晰且诚实的描述。读者需要知道你的研究范围，因为他们想从中受益，所以需要评估你的解决方案对他们的问题可能有多大帮助。如果你的解决方案的范围涵盖了他们的需求领域，他们就

---

① George Wright, Bruce Tan, Andreas Rosenwald, Elain Hurt, Adrian Wiestner, and Louis M. Staudt, a gene expression-based method to diagnose clinically distinct subgroups of Diffuse Large B Cell Lymphoma, Proceedings of the national Academy of Sciences, August 19, 2003 Vol. 100, No.17, www.pnas.org, copyright 2003 National Academy of Sciences, U.S.A.

会感到满意。如果没有，至少他们会知道原因，他们甚至可能被鼓励扩展你的工作以解决他们的问题。无论以哪种方式，你的研究都会对他们有所帮助。

范　围

从本质上讲，你的贡献的范围或框架是由方法、数据、时间框架和应用领域决定的。围绕着问题和解决方案建立一个框架，你就能有一定的权威性来保证你所声称的解决方案在这个框架内是"好的"。有些作者把框架问题留到论文的后面。我相信，尽早了解论文的范围会让读者有更好的感受，延迟披露的内容限制了你的研究的适用性和价值，会让读者失望。因此，在你的论文中尽早确定范围。

利用对"为什么以这种方式"这个问题的回答来使范围更加精确，同时增强你的论文的吸引力，突出其新颖性。

我们的方法不需要核函数，也不需要从低维空间到高维空间的重新映射。

Our method does not need a kernel function, nor does it require remapping from a lower dimension space to a higher dimension space.

我们的抖动算法不对图片的分辨率做任何假设，也不对像素的颜色深度做任何假设。

Our dithering algorithm does not make any assumption on the resolution of pictures, nor does it make any assumption on the color depth of the pixels.

在你的论文中，并非所有的假设都会影响范围。这些假设最好在它们所适用的段落中有所提及（通常在方法部分）。证明这些假设的使用是合理的，或者给出它们对你结果的影响的衡量标准，如下面三个例子：（1）"使用与［7］相同的假设，我们认为……"；（2）"在不丧失一般性的前提下，我们还假设……"；（3）"因为我们假设事件是缓慢变化的，所以在所有其他步骤之后更新关于事件分配的信息是合理的。"

定 义

另一种构建框架方式是通过定义来实现的。在下面的例子中，作者定义了什么是"有效"的解决方案。他们没有让读者自己决定"有效"的含义。

一个有效的签名方案应该有以下理想的特征：

- 安全性：防止被攻击的图像通过验证的能力。
- 稳健性：能够耐受……的能力。
- 完整性：整合……的能力。
- ……①

当你定义时，你通过限制词汇的含义来框定你的定义。证明"一个解决方案有效，因为它满足了预先定义的标准"，比证明"一个解决方案有效"要容易，因为后者的评价标准是由读者决定的。

---

① Shuiming Ye, Zhicheng Zhou, Qibin Sun, Ee-chien Chang and Qi Tian, a quantization-based image authentication system. ICICS-PCM, Vol. 2: 955–959. © I.E.E.E 2003.

范围和定义为读者设定期望奠定了基础，并为解决方案的可信度奠定了坚实的基础。在接下来的章节中，我们将考虑另外两个提高可信度的因素：引用和精确度。

引言是一个积极的个人故事

个　人

你的贡献是与其他科学家的研究交织在一起的（参考的相关研究）。通过使用人称代词"我们"或"我们的"来明确哪些是你的贡献，哪些是属于别人的贡献。

当然，使用人称代词会改变写作风格。值得庆幸的是，并不像许多人认为的那样，即只有一种科技写作风格。事实上有两种风格：个人风格和非个人风格。引言通过减少难懂的内容，并使用主动语态和人称代词，加强了读者阅读论文其余部分的动机。

弗拉基米尔·托尔多夫的故事

"弗拉基米尔！"他的老板波波夫的手指正指向弗拉基米尔修订的引言第三段中的一个词。

"你不能在一篇科技论文中使用'我们'。你是一个科学家，弗拉德，你不是托尔斯泰。科学家的工作不言自明。一个科学家应该消失在他的工作背后，你并不重要，弗拉德。'数据表明'……你不能写'我们的数据'。这是数据，弗拉德。数据不属于你，它们属于科学！它们为自己说话，客观地说话。而你，只会把事情搞糟，引入偏见和主观性。不，弗拉德，我告诉你：坚持你的前辈的科学传统。把句子转过来，让你这个科学家变得不可见。用被动语态来写一切。我说清楚了吗?"

"非常清楚,"弗拉基米尔回应说,"但我只是考虑了审稿人的意见。"说着,他递出了一份他从审稿人那里收到的评论的打印稿。

波波夫抓起那张纸。

"这是什么乱七八糟的东西?"他说。

(大声读信)

……你的相关工作部分不清楚。你写道,"数据表明"。哪个数据?是[3]的数据,还是你的数据?如果你想让我公平地评估你的贡献,你应该明确你的工作是什么,别人的工作是什么。因此,如果是你的数据,就写"我们的数据表明"。另外,如果我可以提出建议的话,我觉得你的引言有些冷淡、难以阅读。你可以通过使用更多的主动动词来改善它。这将使阅读更容易……

"啊,弗拉基米尔!毫无疑问,这来自一个初级审稿人。科学界怎么了!"

即使你是论文的第一作者,在大多数情况下,研究是一种合作式的努力。因此,使用人称代词(如"我们"或"我们的")是合适的,把人称代词"我"留给你在以后的教授生涯中单独撰写论文时使用。一些守旧派反对使用人称代词,主张使用被动语态,使论文具有更权威的不属于某个人的声音。但我认为,这样很难欢迎读者进入你的研究主体。

被动恋人的故事

想象一下，你在你所爱的人的家门口。你有点紧张地把一束美丽而芬芳的玫瑰花攥在背后。你按了门铃。当你所爱的人打开门，给你一个灿烂的微笑时，你递出花束，说出这些不朽的话。

"你被我所爱。"

你认为接下来会发生什么？

（a）你把花吃掉；

（b）你再按一次门铃，说同样的话，这一次，用主动语态。

积极的故事

你论文的引言有助于引导读者进入你的研究故事。但要想引人入胜，故事必须具备某些特质！作为读者，我们感兴趣的是知道**谁**在做什么——主动语态迫使这种句子结构始终存在，如：我们考虑了所有可用的选项。被动语态允许隐藏主语，如：所有可用的选择已被考虑。它们被考虑了，是的，但由谁来考虑？没有演员的故事是枯燥的，你不能在引言中就开始让读者感到无聊。

我们很好奇，通过我们目前对GCB和ABC DLBCL之间基因差异的理解，我们是否能解决这些基因分析研究之间的差异问题。

We were **curious** to see whether **we** could resolve the discrepancy between these gene profiling studies by using **our** current understanding of the gene differences between

GCB and ABC DLBCL.[1]

看看摘要和引言在写作风格上有什么不同。

摘要部分：

本数据集中确定的GCB和ABC DLBCL亚群在多药化疗后的5年生存率具有显著差异（62% vs 26%；P = 0.0051），与其他DLBCL研究团队的分析一致。这些结果表明，无论用于测量基因表达的方法如何，这种基于基因表达的预测因子都能将DLBCL群组分为在生物学和临床上不同的亚群。[2]

引言部分：

我们证明不管使用哪种实验平台来测量基因表达，这种方法都能够对肿瘤进行分类。使用这种预测因子定义的GCB和ABC DLBCL亚群在化疗后的存活率有显著差异。[3]

在谈到关键的数值结果时，摘要比引言更精确。但是，事实性的摘要并没有讲述一个个人的故事："这些结果表明"是非个人的，而"我们证明"是主动的和个人的。被动语态在论文的其他部

---

[1]　George Wright, Bruce Tan, Andreas Rosenwald, Elain Hurt, Adrian Wiestner, and Louis M. Staudt, a gene expression-based method to diagnose clinically distinct subgroups of Diffuse Large B Cell Lymphoma, Proceedings of the national Academy of Sciences, August 19, 2003 Vol. 100, No.17, www.pnas.org, copyright 2003 National Academy of Sciences, U.S.A.

[2]　同上。

[3]　同上。

分是可以接受的，因为在那些部分中知道谁做了什么并不重要。但在引言中，主动语态是最重要的！

你是否使用了代词"我们"？你是否回答了所有的"为什么"？确定每个"为什么"的答案。你是否用一些定义来弥补知识差距？你是否建立了对故事的兴趣？如果没有，为什么没有？你是否在你的摘要和引言之间复制并粘贴了文字？如果有，请重写。为了确定你是否充分地界定了你的问题和解决方案的范围，只需在涉及范围、假设和限制的句子下画线。这些句子足够多吗？它们是否在适当的位置？最后，你是否将引言和技术背景混为一谈？如果是的话，把你的技术背景放在引言之后，放在一个单独的标题下。引言能抓住人的心，而技术背景则能满足期望，这两个功能最好分开。

第十七章

引言第二部分：常见的陷阱

引言有助于读者了解你的研究源自什么背景。读者想知道，你是借用或改善其他科学家的工作来达到你的目标，还是走完全不同的研究道路。在研究领域中对你的研究进行定位是一种危险的做法，因为你很容易会通过批评他人的研究来为自己的选择辩护，这是很有诱惑力的方法。为了不使别人感到不快，不把自己的工作与别人的工作相比较，也是很有诱惑力的方法。同样有诱惑力的是，你借用别人的想法，却趁机忘记告诉读者这些想法来自哪里。这些诱惑困扰着写论文的科学家，只是因为风险很高：要么发表，**要么毙稿**。

在作者的道路上有5个陷阱：故事情节的陷阱、抄袭的陷阱、参考文献的陷阱、不精确的陷阱，以及判断性词语的陷阱。

陷阱1——故事情节的陷阱

引言讲述的是你研究的个人故事。所有好的故事都有一个故事情节，使其有趣而清晰。

一个故事

我很高兴能与你分享这个绝佳的故事。我的父亲[1]正在前面的草坪上清洗割草机。我的姐姐[2]在厨房里做蛋糕。我的妈妈[3]去购物了,我在卧室里弹我的电吉他。

你喜欢我的故事吗? 不喜欢? 这可是个很好的故事。你在说什么? 我的故事没有情节? 当然有情节了! 看,它描述了我的家庭活动,从我的父亲开始。我们都有一些共同点:家庭纽带,生活在同一个屋檐下……

如果这个故事让你反应冷淡,那么科技论文中的类似故事也会让读者反应冷淡。简而言之,这个故事说:在这个领域,这个特定的研究人员做了这个;那个研究实验室做了那个;在芬兰,其他的研究人员正在做另一件事情;而我正在做这个特定的事情。这种类型的故事的问题是,他们的工作和你的工作之间的关系没有被说明。在用符号图形表现的形式中,故事情节看起来像图17.1。这些片段是并列的,却没有联系。

$$(\square)\ (\triangleright)\ (\star)\ (\bigcirc)$$

父亲　　母亲　　姐姐　　我

图17.1

故事的所有元素:父亲、母亲、姐妹、兄弟,它们都是并列的,却没有联系。

对比最初的故事和下面这个故事。

我太兴奋了。我要给你讲一个绝佳的故事。我的父亲[1]正在前面的草坪上清洗割草机,而你知道这意味着什么吗?麻烦!他讨厌这样。他希望每个人都能帮忙带给他这个或带给他那个,让他自己不那么痛苦。当这种情况发生时,我们都会跑开,不是因为我们拒绝帮助他,而是因为他想让我们在他工作时站在那里干看着。于是,我的姐姐[2]躲进厨房,把手伸进面粉里,慢慢地做起了蛋糕。我的妈妈[3]突然发现她缺少欧芹,于是赶到超市去买了一个多小时。至于我,我逃到楼上的卧室,弹着我的电吉他,把音量调到摇滚音乐会的水平。

差异是惊人的,不是吗?在一个有趣的故事情节中,所有的部分都是相连的,如图17.2。

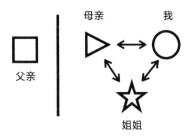

图17.2

三个故事元素(母亲、姐姐、我)有一个共同的纽带。这个纽带将我们与方形元素(父亲)隔开了。

这里有第二个故事，基于科技论文中经常出现的故事情节而改编。

一个可怕的故事

我太兴奋了。我要告诉你我的第二个好故事。一辆红色法拉利[1]会在5小时内把我带到弗拉基米尔·托尔多夫的家。它速度很快。然而，它非常昂贵[2,3,4]。一辆红色的自行车[5]要便宜得多，而且对于短途旅行相当方便。因此，如果弗拉基米尔·托尔多夫来到我家附近居住，将是相当划算的[6]。然而，自行车需要挡泥板或自行车裤夹[7]等配件，以保持裤子的清洁。然而，红色运动鞋[8]不需要任何配件，是和自行车一样对于短途旅行的良好解决方案[9]。然而，它们的外观很容易因恶劣天气而退化[10]。另外，棕色的开放式塑料凉鞋[11]不存在上述的任何问题：它们便宜、不受天气影响、方便，而且不需要配件。此外，它们很容易清洗，穿起来也很快。然而，与法拉利相反，它们对其主人的地位[12]反映不佳。因此，我正在研究一个将自我意识融入交通工具的框架，并将通过流行的SIMs 2模拟软件包对其进行验证。

是的，我有点夸张了（只有一点点），但你明白了我的意思。这种"然而"型叙述，在带着读者经历了一系列急剧的转折之后，让他们全然迷失了方向，并感到困惑。各个元素之间看似有逻辑的联系，其实很脆弱，正如图17.3所示。

图17.3

4个形状：太阳、星星、十字架和椭圆。第一个元素与第二个元素比较，第二个元素与第三个元素比较，以此类推。最终，最后一个元素与初始元素相连接，从而完成了这个循环。然而，太阳从未与十字架比较，星星也从未与椭圆比较。为了使这种连锁比较有意义，所有元素的比较标准必须是相同的，而且所有元素都必须进行比较。

在通往最后一部分内容（作者的贡献）的路上，作者给出了一长串互不相干的优点和缺点；当读者读到文章的结尾时，他们无辜地（也是错误地）认为，最终的解决方案将含有之前解决方案的所有优点，而不包含任何缺点。不幸的是，比较的标准不断变化，因此，没有什么是真正可以比较的。

上述两种故事情节：并列的故事情节和蜿蜒曲折的故事情节在论文中随处可见，因为从作者的角度来看，它们很方便。你没有必要花几个小时去阅读被引用的论文，阅读它们的标题就足够了（反正你可以在其他论文的参考文献列表中找到这些内容），形势所迫时，作者会阅读他们的摘要，仅此而已。

有更好的故事情节吗？当然有，但以纯文字形式举例会占去很多篇幅，所以这里以示意图的形式列出（见图17.4）。

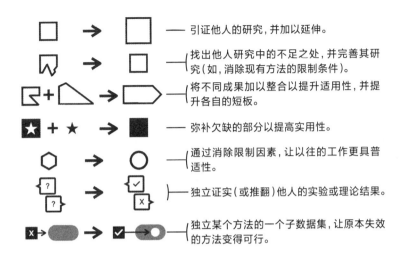

图17.4

各种有效的故事情节示意图。

我发现，流行的电影情节在科技写作中也很有用。作者在故事开始之前就向你展示了故事的结局。当读者掌握了全貌时，他们就能更好地将你的研究置于其中。他们了解你将如何以及在谁的帮助下取得你的成果。此外，他们还知道你的研究范围，并对未来的研究一清二楚。若以图形来呈现的话，它体现在图17.5中。

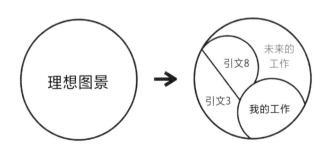

图17.5

首先描绘了理想的系统或解决方案（这里用圆圈表示）。然后，故事讲述了这幅理想图景是如何形成的：作者贡献了什么，其他人已经贡献了什么［参考文献］，还有什么仍然是开放的研究领域（未来的研究）。一切都很清楚，一切都很合适，读者也更容易相信你的贡献的价值。

 识别你的故事情节。它看起来是一条充满"然而"的蜿蜒小路，还是一系列并列的不相干的元素？你的故事是否容易理解？它是否符合逻辑：从过去到最近、从一般到具体、从具体到一般、从原始到复杂、从静态到动态、从问题到解决方案，或者从一个序列中的一个元素到下一个元素？

陷阱2——抄袭的陷阱

当在你的论文中发现了别人的句子，却没有适当地标示引文和参考文献时，就存在着抄袭。资深研究人员的名字经常在论文中作为第三作者或第四作者出现，他们不需要被告知。这使得他们的声誉受到了威胁。他们非常清楚，一旦被发现抄袭将会付出巨大的代价。他们听说过这样一个故事：在研究层次上地位很高的院长不得不辞职，因为有人发现他在20年前写的一篇论文中存在抄袭，当时他还是个初级研究员。

弗拉基米尔·托尔多夫再次被告发

"弗拉基米尔！"

弗拉基米尔的老板波波夫用手指着弗拉基米尔三个月前发表在一本高水准期刊上的论文的引言第三段。

"是的，有什么问题吗？"

"这一段关于列昂捷夫的算法的英语写作水平太好了。这些不是你的句子。"

"嗯，让我看看。啊，是的，它相当好，不是吗！那天我的状态一定很好。我记得当我把那段话从阅读笔记中剪切下来粘贴到我的论文中时，我注意到我的措辞非常好。"

"让你把你的阅读笔记带来会不会太过分了？"

"你已经能读到了。在上个月的审查会议之后，我把文件发到了你的邮箱。"

"哦，是的。这就对了。给我一点时间……啊！这是你的笔记，关于列昂捷夫的工作，这里是那个句子。现在让我从电子图书馆检索一下列昂捷夫的论文。请稍等。就在这里。让我从你的段落中复制一个句子，然后在列昂捷夫的论文上做一个字符串搜索，然后……好吧，好吧，好吧！我们看到了什么？一个完全一样的原文！"

"哦，不！"弗拉基米尔脸色变得通红。但他很快就恢复了，并露出了灿烂的笑容。"这没关系！看！我在这段话的末尾提到了列昂捷夫的著作。参考和引用是一样的，不是吗？毕竟，列昂捷夫应该很高兴。我正在增加他的引用次数。他不会来找我麻烦，因为我声称这些话是他的而不是我的。"

波波夫仍然沉默不语。他从他的收文篮的顶部取出了一封看起来像公文的东西，并大声读了出来。"亲爱的先生，我的一个学生提醒我注意，在贵研究所工作的弗拉基米尔·托尔多夫，在他最近的论文中，没有恰当地引用我的话，而是声称我的话是他写的（见他的引言的第三段）。我很失望，像贵研究所这样有声望的机构在发表论文前竟没有仔细检查。我希望收到贵研究所和托尔多夫先生的道歉信，并将副本转发给

> 该期刊的编辑。我希望这将是最后一次发生这种不当行为。
> 签名：列昂捷夫教授。"

抄袭有两种情况：无意的和有意的。

弗拉基米尔的故事说明了一个无意间抄袭的案例。它通常是由于收集和注释背景材料的过程不够完美。在以电子方式获取信息时，保留关于信息来源的相关文件是一种很好的做法。如果你不确定某个句子是不是你的，只需将其复制并粘贴到搜索引擎的窗口，看看它是否属于其他人。

另一个无意抄袭的原因是在阅读了别人论文中的相关观点后过早地写下一段话。你读到的东西仍然是未消化、未处理的、原始的，部分句子可能仍在记忆中徘徊，没有被整合、转化、丰富。无意的抄袭也可能是由于对某个概念的无知。我记得读过一篇论文，其中有一段写得比其他段落好得多，我问这段话是从哪里来的。研究者说，她在一个网站上找到了描述Java功能的段落，而且写得非常好，非常简洁，她自己不可能把它写得更好。她简单地认为，只要在网络上可以自由访问，就意味着在没有引用和注明出处的情况下进行复制是合法的。

故意抄袭是为了利益而剽窃。它可能是为了节省时间（没有时间转述或检索句子来源），也可能是为了获得关注，通过不注明他人的贡献来扩大自己的贡献。故意抄袭是避免将功劳归于他人。艾萨克·牛顿（Isaac Newton）爵士曾写道："如果我看得更远，那只是因为我站在巨人的肩膀上。"牛顿和与他同时代的帕斯卡尔都认识到，他们所取得的大部分成就都要归功于前人。帕斯卡尔在《思想录》中对那些自称靠自己的力量完成了一切的骄傲之人提出了批评。

某些作者在谈到他们的作品时说："我的书""我的文章""我的故事"等。他们就像中产阶级一样，在大街上有自己的房子，而且从不放过任何机会提到它。这些作者最好说："我们的书""我们的文章""我们的故事"等，因为在这些东西中，经常有更多的东西属于别人，而不是属于他们自己。

　　抄袭不仅仅包括简单的复制和粘贴，它还包括词语的替换。在这种情况下，抄袭肯定是故意的。作者知道这句话是来自别人的，为了回避抄袭的嫌疑，作者在抄袭的句子中这里改一下，那里改一下。文学界对这种糟糕的做法有一个术语："拼凑抄袭"。

　　故意抄袭还包括完全改写一连串的观点。作者阅读原文（它可能是用外语写的），然后用不同的词逐句改写。这是不对的。法律保护的不仅仅是思想的表达方式（版权），也保护其顺序和排列方式。如果我从一本法语书中翻译一个段落，所有的词都是不同的，但我仍然是在剽窃，因为连续的句子中所表达的思想将是完全相同的。

　　更微妙的是对自己的抄袭（自我剽窃）。你可能认为没有必要对你早期出版物中的一个句子或段落进行引用。但是，你很可能已经把版权转让给了期刊，在这种情况下，你的文章的复制权不再属于你。除非得到授权，否则大段复制你过去的出版物内容（包括视觉资料）将构成版权侵犯。好消息是，所有出版商都有专人负责处理权限问题。因此，如果你想重新使用另一篇论文中的图片或表格，特别是如果它已经在不同的期刊上发表过，请征求许可。如果你是作者，许可很少会被拒绝，但出版商可能会施加一些限制，如强制性提及等。

　　如果你在开放获取的同行评议期刊上发表论文，版权可能仍然属于你。为了保留这一权利,作者每发表一篇文章都要支付一笔出版费。不过,使用开放获取文章需要注明出处。像PLOS这样的开放获取期刊采用了知识共享署名许可。该许可①允许人们下载、重用、转载、修改、复制和传播,只要提到原作者和来源即可。

抄袭已经成为一个问题,因此大多数期刊都在使用查重软件(如Turnitin、Copyscape、iThenticate)来识别抄袭的科学家。重视自身声誉的研究机构或期刊经常要求研究人员在提交论文前检查自身是否有抄袭行为。这种检查迟早会被追溯,即使是研究人员20年前的抄袭记录,也会被发现。

抄袭只是不道德写作的罪行之一。关于更多的罪行,如选择性报道、幽灵作者和可疑的引用方式,请阅读由研究诚信办公室(Office of Research Integrity, ORI)赞助,并由米格尔·罗伊格(Miguel Roig)博士撰写的文件②。标题是《避免抄袭、自我抄袭和其他有问题的写作手法:道德写作指南》("Avoiding plagiarism, self-plagiarism, and other questionable writing practices: A guide to Ethical Writing")。

既然你已经意识到了抄袭的危险,那么让我鼓励你多引用吧。引用是一种较好的做法,它显示了你的学术诚信。引用的好处还不止于此。引用证明你已经阅读了所引用的整篇论文,而不是粗略地看了它的摘要,因此你会被认为是一个有权威的人,一个不走捷径的人。当你把功劳归功于他人时,你就会得到一切,而不会有任何损失。引用已经发表的科学家的观点,特别是如果他们是权威的,会增加你自己工作的可信度。如果你不同意他们的观点,引用你所反对的内容也不会引起争议,因为你不是在解释,而是在

---

① https://creativecommons.org/licenses/by/4.0/
② https://ori.hhs.gov/sites/default/files/plagiarism.pdf

引用。

请看费伯曼（Feibelman）教授是如何引用别人的话的。

为了显而易见地支持半解离的覆盖层，皮鲁格、里特克和邦策尔对$H_2O/Ru(0001)$的X射线光电子能谱（XPS）研究"**发现在531.3 eV的结合能状态，接近于吸附的羟基**"（28）。[①]

In apparent support of the half-dissociated overlayer, Pirug, Ritke, and Bonzel's X-ray photoemission spectroscopy (XPS) study of $H_2O/Ru(0001)$ **"revealed a state at 531.3 eV binding energy which is close to [that] of adsorbed hydroxyl groups"** (28).

请注意他是如何巧妙地引用另一篇论文来暗示（用"显而易见地"一词）支持根本不存在。事实上，下一句话（这里没有显示）以"然而"开始，以确认缺乏支持。

陷阱3——参考文献的陷阱

不正确的参考文献

你在论文的结尾处列出了多少个参考文献？20个，30个，50个？你阅读了所有相对应的论文吗？这些参考文献是从哪里来的？

---

① 经许可转载Peter J. Feibelman. "Partial Dissociation of Water on Ru(0001)"，SCIENCE Vol. 295: 99-102，© 2002 AAAS。

让我们仅以你在论文参考文献部分中添加的其中一个为例。它是从哪里来的？你写的一篇论文？一篇综述文章？一个引文索引？让我们想象一下它来自你读过的一篇论文结尾处的参考文献列表，让我们像猎犬一样追寻这个参考文献的踪迹。作者是在哪里找到这个参考文献的？在他们写的一篇较早的论文中，一篇综述文章，一个引用索引，还是在另一篇论文的参考文献部分？你明白我的意思吗？你所使用的参考文献是否可靠，取决于在你之前使用该参考文献的所有作者用来获取该参考文献的过程。这个过程可能是手动的或电子的。如果参考文献是通过OCR（optical character recognition，光学字符识别）从旧的印刷品中提取的，它可能包含错误。如果错误是在手动输入的过程中发生的，那么它就会以电子方式传播，除非有人拿到了原始文献，发现并纠正了参考文献的错误。但为什么要费心检查呢？难道我们不能相信电子版的东西吗？

　　菲利普·鲍尔（Philip Ball）发表在2002年12月12日出版的《自然》杂志上的新闻报道引起了不小的轰动，当时他报道了米哈伊尔·西姆金（Mikhail Simkin）和乌瓦尼·罗伊乔杜里（Vwani Roychowdhury）撰写的题为"论文追踪揭示作者引用未阅读的参考文献"的研究结果。在西姆金的原始论文[①]中，题为"先阅读再引用！"，作者声称："只有大约20%的引用者阅读了原始内容。"这个百分比可能太低，结论可能太草率，因为人们无法根据错误引用的参考文献从逻辑上推断作者有没有读过论文。但存在的问题是真实的。

　　关键点在此：人们不能推断出作者是否读过这篇引用出现错误的论文，审稿人可能也有这种怀疑。如果作者被怀疑在参考文

---

① 　http://arxiv.org/pdf/cond-mat/0212043v1

献部分中走捷径，那么参考文献列表就不再能说明作者具有渊博的知识了。作者的整体可信度就会下降。

不精确的参考文献

不良参考文献的问题并不限于此。很多时候，参考文献的错误不是因为它不正确，而是因为它出现在一个句子中的错误位置。想象一下我们写下这句话：论文［6］证明了水的沸腾温度是100℃。

作者约翰·史密斯却写下了以下句子：

已经证明，水在100℃时沸腾，在0℃时结冰［6］。

当然，这样引用是错的。论文［6］甚至没有提到水的冰点温度。如果你引用了约翰·史密斯的论文，写下以下内容，你就会延续这个错误。

水的冰点和沸点温度是已知的［6］。

如果约翰·史密斯把参考文献放在正确的地方，这个问题就不会发生。

已经证明，水在100℃时沸腾［6］，在0℃时结冰。

在《科技文体与规范：作者、编辑及出版者手册》（*Scientific Style and Format: the CSE manual for authors, editors, and publishers*,第八版）中给出了正确引用的准则。它非常明确："参考文献应紧随与其直接相关的短语，而不是出现在长分句或整个句子的末尾。"其他任何引用方式都可能导致不精确，或者更糟糕，在引文归属上出现错误。

检查参考文献需要时间。难道我们就不能相信其他人已经先于我们检查过它们了吗？我们就不能相信EndNote中的引文工具吗？好吧，"错进，错出"（rubbish in, rubbish out）在这种情况下也适用。简而言之，检查你所有的参考文献并阅读你参考的原始论文。

不必要的参考文献

作者知道，用过少的参考文献来支持一篇论文，会使论文的可信度降低，因此他们一定要建立自己的参考文献列表。最容易添加参考文献的地方之一，是在引言的前几句，作者确立了问题之后。很容易在一个表达共同观点的句子末尾打包添加参考文献，如"污染是海洋环境的一个主要破坏者［1—12］"。虽然所有12条参考文献可能都是相关的，但批量交给读者是不可接受的。这种以作者为中心的未经过滤的参考文献引用方法给读者和出版商都带来了麻烦。

出版商的观点：每篇文章结尾的参考文献列表是必不可少的，但它很快就会变长，特别是在有50—80条参考文献的长篇论文中！出版商的每期期刊都只有有限的页数来发表研究报告，所以他们宁愿发表有意义的文字，也不愿发表参考文献列表。事实上，现在许多期刊在给作者的说明中都拒绝过度引用参考文献，每处参考文献限制在5个以下。请确保在发表前特别检查你的目标期刊的指南！

读者的观点：作者可能认为他们在帮助读者，给他们提供了大量的文献以供选择，但在今天这个时间紧迫、以结果为导向的研究时代，确实存在着信息过多的问题。指望读者去追踪所有12个参考文献以获得完整的理解是不现实的。一个非常积极的读者充其量可能会选择追踪这些参考文献中的一小部分。但他们会选择哪些呢？你是会听天由命，祈祷他们选择最好的，或者选择与你的论文最相关的吗？作为作者，你难道不应该只精心挑选列表中最好的参考文献来介绍给你的读者吗？

不平衡的参考文献

那么，什么才是值得一提的参考文献呢？参考文献通常有两种类型。第一种类型是增加介绍性陈述的可信度。它告诉读者，你所写的东西是由同行评议过的研究支持的。问题是，人们可以很容易地用这种类型的参考文献填满一份参考文献列表。第二种类型指向与你的论文比较接近的论文。它可能与你的论文使用类似的分析、见解或方法。这些参考文献可能会出现在引言中，但也会出现在论文的其他部分，如方法部分、结果部分或讨论部分。这些参考文献对读者更有价值。它们显示了你的工作和结果如何与科学领域的其他方面进行比较。

➤ 确保你的引言中包含高质量的参考文献，并在你的论文中使用一次以上。

抄袭的参考文献

什么是抄袭的参考文献？想象一下，你刚刚读了一篇最近发表的论文，主题与你自己的论文主题相似，你认为他们在引言中做了很好的铺垫。他们清楚地明确了该领域面临的问题，并且已经找到了相关的参考文献。当你可以重新使用他们的参考资料时，为什么要费尽心思去寻找原始资料呢？只需复制和粘贴就可以了，这样一来，关于文献搜索的许多艰苦工作就消失了。从表面上看，这似乎不一定是坏行为。毕竟，如果原作者已经很好地选择了相关的参考文献，为什么还需要"重新发明车轮"呢？让我们来看看，为什么最好还是投入一些辛苦的人工工作。

这种行为类似于本科生所做的，当他们面对一个新课题的写作时，就去找最近的维基百科页面，并使用那里列出的参考文献作为他们的资料来源。最可怕的犯规者甚至从来没有阅读过参考资料，他们相信自己所引用的主题与自己论文的具体背景有关。这是一场相当大的赌博。正如我们在前面的小标题"不平衡的参考文献"中提到的那样，每个作者都应该选择那些与自己的研究有共鸣的参考文献。如果他们更挑剔一些，这些参考文献就不那么容易被人复制和粘贴了。

也就是说，其他论文的参考文献是你开始自己研究的极佳资料来源，而且许多参考文献最终可能会被重复引用。但是，你最终以相同的顺序重复使用相同的参考文献来提出相同的观点的可能性是微乎其微的。

遗漏的参考文献

在研究中避免引用你的直接竞争对手的工作是很诱人的。你可能正在与他们竞争资助机会或论文发表机会。为什么要提高他们的引用次数以及在研究舞台上的潜在知名度呢？然而，不引用你的竞争对手的策略可能会适得其反。

了解该领域的审稿人对你和你的竞争对手都很熟悉。审稿人可能会用以下两种方式之一解释你没有引用竞争对手研究的原因。一是你出于战略目的和近乎不道德的原因，故意忽略了竞争对手，把你的需要置于读者的需要之上。二是你不了解你的竞争对手。你可能没有任何不道德的两难抉择，但你给审稿人的印象是阅读量较低。

在这两个选择——不道德或无能力之间，你不可能赢。因此要引用你的竞争对手的研究。他们也将需要引用你的研究！

礼节性的引用

科学中的骚扰

今天，弗拉基米尔比往常更加沉浸地盯着他的晚间咖啡。这没有逃过鲁斯拉娜的眼睛，她巧妙地试探他在工作上是否一切顺利。

"你一如既往地敏锐，亲爱的！不，你丈夫一切都好。是我的朋友皮奥特有麻烦了。"

"麻烦？什么样的麻烦？我希望不会太严重吧？"

"那要看你对严重的定义。在离开我们的研究所后，皮奥特在一个新的实验室找到了工作，而那里的工作习惯是相当不同的。在开始工作的短短几天内，海伦娜——她是他的主管——走到他面前，或多或少地要求皮奥特在自己的论文中经常引用她的论文。你能想象吗？她说这是实验室里的一个'潜规则'。好大的鼻子①！"

---

① 原文为What nose。——译者注

"是口气①啦,亲爱的。你仍然需要学习你的英语俗语。"

弗拉基米尔自顾自地继续说:"唉,不管怎么说,皮奥特是相当迷茫的。他不希望得罪他的新雇主,但他觉得把引用他老板的论文作为规矩是不道德的。但情况变得更糟了!"

"怎么说?"

"显然,他的一个资历较浅的同事找到了他,要求皮奥特在论文中也引用他的论文!他的同事说,作为交换,他将在自己的论文中引用皮奥特的论文,这样一来,实验室里的每个人都可以一起发展他们的事业!你知道就像'你挠我的头,我挠你的头②'!"

"是'你挠我的背,我挠你的背③',弗拉德。所以你的朋友皮奥特正感受着来自各方面的压力!"

"这就对了,鲁斯拉娜。你一语中计④!"

"是一语中的,弗拉德,中的。"

皮奥特发现自己处于如此这般的困境中。礼节性参考文献是指要求(无论是否好心)你在论文中加入的参考文献,无论其对读者的价值如何。皮奥特遇到的这种行为似乎没有例外,都是令人反感的,但这种现象一直存在。与同事打交道比与老板打交道要容易一些,所以我们就从同事开始讲起。

首先,引用同事的工作并不总是错误的,即使他们要求你这样做也不一定是错的。论文引言中的许多参考文献是可以互换的,所以如果你同事的论文和另一个人的论文一样优秀,为什么不互

---

① What cheek,英语俗语,好大的口气。——译者注
② 原文为you scratch my head, I scratch your head。——译者注
③ You scratch my back, and I'll scratch yours,意为你帮我,我帮你。——译者注
④ 原文为hit on the cheek,正确用法为hit on the nose。——译者注

相支持呢！然而，如果他们的论文不相关或不太相关，就会把水搅浑。你可以温和地站在你的立场上，通过你以读者为中心的引用方法来证明你拒绝他是正确的。因为你在思想上和道德上都是客观正确的，他们很难反驳。态度要温和。仅仅因为你是正确的，并不能减轻他们所感受到的任何压力。今后只要是能有意义地引用，你就引用他们的工作，让他们看到你并不是不友好，而是你的手被你对读者的关注所"束缚"。

一个老板要求你在所有的论文中引用他的研究，这是一个更直观的案例。这是不道德的，但也更难拒绝。毕竟，他们可能对你能否保住工作有相当的发言权。你的第一道防线应该是主动提出把他们放在致谢中。这可能会以一种有道德的方式满足他们对被认可的要求。然而，如果他们坚持要求引用，你就会有更少的选择。

幸运的是，经过深思熟虑，我们这些作者想出了一个解决这个难题的办法：把它当作一个玩笑。如果你接到命令要做一些明显不道德的事情，请停顿一下，然后微笑，发出轻轻的笑声，并配上以下话语，或类似的话："啊哈哈，我知道你想做什么，但我不会这么做，我是一个有道德的研究者。这是个测试吗？我通过了吗？"你的演技有多差，或者你的老板是否能看穿你的虚张声势，这都不重要。如果你通过这种方式表达你的回应，老板就会面临做出选择：他们是否仍然要求你引用他们的论文，尽管现在这显然是一种不道德的行为？或者他们会打退堂鼓，用幽默的幌子，在不失面子的情况下退缩？许多人会选择更容易的选项，即第二种。由于你已经表明自己是一个很难被操纵的人，他们也不太可能再让你参与这样的计划。

陷阱4——不精确的陷阱

在会议或主管规定的最后期限的压力下,你可能倾向于从摘要而不是从你没有时间阅读的论文全文中来准备相关研究的部分。摘要不包含所有的结果,它们不提及假设或限制,也不证明所使用方法的合理性。因此,你的句子会类似于这样:"许多人一直在这个领域工作[1—10],其他人最近改进了前人的研究[11—17]。"审稿人会识破这个小心思。在参考文献的括号里满满地塞入超过3个参考文献,不仅表明你只略读了摘要,而且也可能表明你的知识不足、科学水平低劣或方法不健全。

略读摘要,或者在论文中引用你没有读过的文章,会在如下很多方面对你造成伤害。

- 错误会悄悄地进入你的论文。
- 因为他们发现你的领域知识过于浅显,审稿人很可能会降低对你的贡献价值的评价。
- 你的研究将与他人的研究工作脱节。
- 你的故事将缺乏细节,因此也缺乏引人入胜之处。
- 读者通常会从论文的详细程度和精确性中迅速觉察出作者的权威性。如果你的文字缺乏精确性和保证,读者和审稿人就会怀疑你的专业知识,并质疑你的可信度。

如果你的引言中出现了表17.1中的任何一个词,那么你可能已经落入了不精确的引用陷阱。但是,如果这些词汇立即被证明是合理的("若干技术,如……"),那它们就没有问题。

表17.1　在科技写作中可能表明缺乏精确性的词语

通常情况下 typically	一些 a number of	少数 several	许多 many	大多数 most
一般情况下 generally	大多数 the majority of	很少 less	另一些 others	一些 a few
普遍情况下 commonly	可观 substantial	多种 various	更多 more	通常 usually
可能、或许会 can & may	也许 probably	频繁 frequent	经常 often	………

阅读你的引言，并圈出你在不精确词语列表中发现的词语和其他你认为不精确的词语。你需要它们吗？你的权威性如何？你可以删除它们，或用更具体的词或数字代替它们，以提高精确度吗？你是否通过检查你的参考资料以追溯到他们的来源？

委婉词

西斯（Siths）①和科学家

　　"我不敢相信！又一次推迟了！"弗拉基米尔·托尔多夫今天过得并不好。他提交的论文已经收到返回意见了，大部分都是积极的评论，但他的三位审稿人都强调了同一个问题。"所有的审稿人都对我的主要论断进行了评论，说我现在宣称

————————————

① 西斯是电影《星球大战》系列虚构世界中的黑暗战士，追求欲望、权力和杀戮。——译者注

我提出的定理是正确的还为时过早。然而,我非常确定我是对的!"

他的导师波波夫路过,听到他在发泄自己的沮丧。

"你不是《星球大战》(*Star Wars*)的超级粉丝吗,弗拉基米尔?"波波夫狡黠地问道,盯着他的下属桌上的帝国冲锋队小雕像。

"是的,你为什么这么问?"弗拉基米尔回答说,他被谈话中的这一突然转折弄得晕头转向。

"你最喜欢的那部电影里不是有一句话吗:'只有西斯人才会以绝对的方式行事。'你是一个西斯人,还是一个科学家?任何实验,无论结果多么确凿,都不足以建立一个科学理论。它必须经过其他人的确认和再确认,才能作为事实被信任。"

被教训但又不服气,弗拉基米尔有些得寸进尺:"但是,任何看了这些结果的审稿人肯定会同意这些数据表明我是正确的!"

"不,弗拉基米尔,这些数据能有力地证明你是对的,但不能检验你是正确的。如果你写的是'这些结果有力地证明'(these results strongly suggest),而不是'这些结果展示'(these results show),就不会有审稿人不同意你的观点,你就会走上发表文章的道路!你还有很多东西要学!一会儿到我的办公室来,我正好有一本书给你,它是关于委婉词的。"

就这样,波波夫走了。弗拉基米尔转向他的同事,悄悄地问:"他当然不是要我在已经有这么多工作的情况下读一本书吧?"

他的同事不慌不忙地回答:"也许是的,可能他是在强烈地要求。"

我们观察到初级科学家和资深科学家之间的一个明显区别是，资深科学家拥有在避免武断的同时巧妙地展示数据的能力。初级科学家经常概括他们的发现，确信它们在所有情况下都是正确的。而资深科学家更敏锐地意识到科学不断发展的本质，并知道今天被认为是无可争议的东西，明天可能就不再是了。

为了避免表达确定性，作者求助于副词，如"可能"(possibly)和"大概"(presumably)，以及动词，如"表明"(indicate)或"建议"(suggest)。这些类型的词被称为委婉词，明智地使用这些词将帮助你避免审稿人的反对意见。

你想要在科技写作中使用委婉词的理由有四种。

1. 为了表达一种置信水平。

当我们把温度提高到200°C时，材料意外地断裂。这可能是(likely)由于……

2. 为了开放思想，接受一种可能性。

当我们把温度提高到200°C时，材料意外地断裂。我们推测(postulate)这个错误来自……

3. 为了防止错误或为过度论断提供保障。

当我们把温度提高到200°C时，材料意外地断裂。我们认为(believe)这是由……

4. 为了让事实说话。

当我们把温度提高到200°C时，材料意外地断裂。进一步对参数的探索表明(exploration of the parameters suggests)……

诺贝尔奖获得者詹姆斯·沃森(James Watson)和弗朗西斯·克里克(Francis Crick)无疑知道委婉词在他们关于DNA结构的开创性论文中的重要性。以下是他们的论文结论中的一句话，它被描述为"科学中最著名的低调"之一。

我们注意到，我们所假定的特定配对直接表明遗传物质的一种可能的复制机制。[1]

It has not escaped our notice that the specific pairing we have postulated immediately suggests a **possible** copying mechanism for the genetic material.

 花点时间再读一下上面这句话，并将其与本节介绍的四种实用委婉词的理由类型进行比较。每个下画线或加粗的短语都与一种或多种理由类型相对应。请找出它们。

　　很神奇，不是吗？在不到10个单词内容里，沃森和克里克用了所有四种可能的方式进行来委婉表达。"特定配对表明"（specific pairing suggests，委婉词类型4），他们"假定"（postulated，委婉词类型2），他们的结论是他们相信的，"可能的"一词表示他们没有足够的信心将其宣布为事实（委婉词类型1和委婉词类型3）。有必要对所有的研究进行如此彻底的委婉表达？事实上，非必要的委婉会导致研究缺乏可信度，因为它使作者看起来没有把握。但在这种情况下，这些科学家提出的东西非常重要，对他们来说，推测并被证明是正确的，要比大胆断言但被证明是错误的要好。他们需要确保得到其他科学家的认可。正如大卫·洛克（David Locke）在他的《作为写作的科学》（*Science as Writing*）一书中写道："新的（科学）社会学家认为，科学'知识'之所以是知识，不是因为它正确地描述了自然界的真实状况，而是因为它被有关科学家的工作

---

[1]　Watson, J., Crick, F. Molecular Structure of Nucleic Acids: A Structure for Deoxyribose Nucleic Acid. *Nature* 171, 737–738 (1953).

团体接受为知识。"

陷阱5——判断性词语的陷阱

在你论文的相关研究部分使用一些形容词、动词和副词是很危险的。这种危险来自它们在判断性比较中的使用。像"差"（poor）、"不好"（not well）、"慢"（slow）、"较快"（faster）、"不可靠"（not reliable）、"原始"（primitive）、"天真"（naive）或"有限"（limited）这样的形容词会造成很大的伤害。像"未能"（fail to）、"忽视"（ignore）或"遭受"（suffers from）这样的动词也具有批判性。像"可能不会"（may not）或"可能无法"（potentially unable to）这样的否定词在没有丝毫证据的情况下会引起怀疑。这些词让你的研究看起来很好，却贬低了在你之前的其他人的研究工作。艾萨克·牛顿爵士并没有这样写："我看得更远，那是因为他们都像蝙蝠一样盲目。"那些被你评判的人有一天会读到你写的关于他们的东西，并且他们会为之不悦，这是可以理解的。

这是否意味着所有的形容词都是坏的？不，它们只是危险。每一个形容词都是一种主张，而在科学中，主张必须被证明。你将如何解释和证明"差"（poor）这个形容词？

要使用哪些形容词（如果有的话）？（有理由地）称赞作者或其工作的形容词，反映无可争议的共识的形容词，有数据、视觉资料或引文支持的形容词，以及你所定义的形容词。

以下是避免直接评判某篇论文结论的8种方法。

- **表述**你的结果/结论与另一篇论文的结果/结论**一致**或**不一致**，或者表述你的结果/结论与另一篇论文的结果/结论相符、连贯或有差异。

- 用事实和数字来证明你的主张。请确保公平，并在相同条件下进行比较。

- **界定你的独特性**，以及你的差异性（没有什么能与你的工作相提并论——也许是因为你在探索一种以前从未尝试过的替代方法）。

- **引用另一篇同行评议的论文**能独立支持你的观点（也许是一篇综述性论文），或者引用你与之比较的论文的作者所声称的局限性。

- 展示**你改进或扩展了别人的工作**，而不是破坏了它。

- **平衡你的观点**：在句子的主句中承认一种现有方法的价值，而在从句中提到其局限性，如"虽然这种方法不再使用，但它帮助启动了这个领域的工作"。避免将分句倒置，如"虽然这种方法帮助启动了这一领域的工作，但它已不再使用"。

- **在视觉资料中比较**，从而避免使用评判性的词语。要尊重人们的早期工作。

- **改变观点**和评价标准。表明依据（你已经证明的）新的标准，你与之比较的方法就不再那么有效了。

从前的科学家是非常亲切的。让我们向帕斯卡尔、本杰明·富兰克林（Benjamin Franklin）和圣地亚哥·拉蒙-卡哈尔（Santiago Ramón y Cajal）学习。

帕斯卡尔

布莱兹·帕斯卡尔不仅是一位伟大的科学家，也是一位伟大的基督教哲学家，更是一个具有正确态度的人。以下是一篇帕斯卡尔关于纠正人们错误的一个沉思的译文，随后是本杰明·富兰克林的类似建议。

> 当一个人想纠正某人，并揭示某人的错误时，必须观察这个人是从哪个角度看问题的，因为，通常从这个角度看，事情看起来是对的，于是公开承认这个事实，但指出在另一个角度，同样的事情却是错误的。被纠正的人不会被冒犯，因为他没有犯错，只是没有意识到其他角度的问题。

本杰明·富兰克林

以下内容摘自《本杰明·富兰克林自传》第8章：

> 我的原则是避免直接驳斥他人的观点，以及避免所有对自己的肯定陈述。我甚至禁止自己使用语言中每一个包含固定观点的词或表达方式，如"肯定""无疑"等，我采用"我设想"、"我猜测"或"我想象"一件事是如此或如此，或"目前对我来说是如此"的表达方式来代替它们。当另一个人主张我认为是错误的事情时，我不愿意直接反驳他，也不愿意立即指出他的主张中的一些荒谬之处。在回答时，我首先指出，在某些情况下或环境中，他的观点是正确的，但在目前的情况下，在我看来他的观点似乎有一些差异，等等。我很快就发现改用这种方式带来的好处：我参与的谈话进行得更加愉快。我以谦虚的方式提出我的观点，使它们更容易被接受，并减少了矛盾；当我被发现自己是错误的时候，我的羞愧感

减少了；当我碰巧是正确的时候，我更容易说服别人放弃他们的错误，与我站在一起。

圣地亚哥·拉蒙−卡哈尔

在他的书*Reglas y Consejos Sobre Investigación Científica: Los tónicos de la voluntad*①中，圣地亚哥·拉蒙−卡哈尔建议多加包容，因为方法是许多错误的根源。他从不怀疑作者有天赋，并评论说，如果作者能获得他所使用的相同设备，他或她也会得出同样的结论。无论如何，作者的作品已经发表，他们自己的努力为科学的进步做出了贡献，不管他们是否获得了成功。

 阅读你的引言，在你认为有些过于有评判性或不必要的形容词、动词或副词下画线。用前文推荐的8种方法之一来替换它们。

所有陷阱之和的致命结果：不信任

麻省理工学院教授、*JMEMS*（《微机电系统期刊》）的高级编辑史蒂芬·D. 森图里亚（Stephen D. Senturia）在*JMEMS* 2003年6月刊上发表了一篇出色的文章，题目是"如何避免审稿人的斧头：一个编辑的观点"（How to Avoid the Reviewer's Axe: One Editor's View）。他写道："一篇论文是按照可信度逐渐降低的顺序来写的。"因此，引言中的所有内容都必须是可信的。如果审稿人怀疑

---

① 本书英文译名为*Advice for a Young Investigator*，中文译名为《学习的方法：一位诺贝尔奖获得者的人生忠告》。——编者注

你的话语的来源或可信度，怀疑你的资料和数字的准确性，怀疑你的主张的有效性，怀疑你的知识范围，或怀疑你品格的公正性，那么就会产生不信任。它们就像油脂中的苍蝇，是使审稿人对你的论文的第一印象由中性变为负面的转折点。

如果审稿人连引言部分的内容都不信任，又怎么会相信结果或对结果的解释呢？引言中的任何内容都不应该被认为是故意偏颇的（过时的内容或省略了对竞争课题组的研究论文的引用）。而且任何内容都不应该被认为是投机性的。自然，我们都知道表达猜测的词语："可能"（possibly）、"也许"（likely）、"或许"（probably）等，但森图里亚教授在这个列表中加入了一些意想不到的词语："显然"（obviously）、"毫无疑问"（undoubtedly）和"肯定"（certainly），以及其他强有力的保证词，这些词背后隐藏着的只不过是猜测。

科学家读者的批评和怀疑是有充分理由的。研究是昂贵和费时的。在采纳他人论文中的新观点之前，科学家希望确定这些观点能否满足他们的需要。他们所能得到的保证是作者的文字、同行评议过程和他们自己的经验。根据先前的知识，他们检查作者的工作，由于他们不能核实论文中提出的一切，在某些时候，他们需要决定是否相信作者。

在这个决定过程中，你会意识到论文的审稿人起着至关重要的作用。优秀的审稿人在审阅了许多论文之后，已经形成一种第六感。他们知道，一些急于发表的作者会以省略的方式撒谎（这就是为什么法官要求证人发誓说出全部事实）。这样的作者为了简便，会省略与他们的论文过于接近的参考文献。他们不会提及他们的方法或结果的已知的（而且往往是致命的）局限性，他们省略了数据，他们省略了那些不支持他们假设的结果。其中一些遗漏内容只有在读者试图复制研究成果时才会发现并了解。

引言是审稿人部署其天线的好地方,以便接收任何指向缺乏知识或缺乏学术诚信的信号。我记得我读过一篇关于演讲技巧的文章,其中声称,如果只介绍问题的一个方面,那么可信度就在10%以下;如果同时介绍两个方面,那么可信度就在50%以上。该段内容的标题是"公正",在科学界,它应该是"学术诚信"。

药物信息表

要想真正感到害怕,不要看恐怖电影,而是走近你的药箱,阅读夹在两片铝箔(里面装着也许能治疗你头痛的珍贵药丸)之间的那张折成八折的纸。花时间阅读这些密密麻麻的文字,建立一些真正不健康的焦虑。这些副作用的警告是如此具有压倒性,以至于如果这些药丸不能治愈你,它们可能会直接将你送进急诊室。制药公司披露这些限制,以避免诉讼,并帮助医生开出正确的药物。在你的科技论文中不说明局限性不会死人,但它可能会损害你的信誉,以及你获得发表的机会!

引言的意义和特点

引言对读者的意义

- 它使读者了解情况,减少最初的知识差距。
- 它提出了问题、建议的解决方案和范围。
- 它回答了标题和摘要提出的"为什么"的问题。

引言对作者的意义

- 它使作者有机会松开领带、解开衣领，以个人的方式向读者写作。

- 它增强了读者去阅读论文其余部分以了解更多信息的动力。

- 它体现了作者在沟通技巧、科学技能和社会技能方面的专长。

- 它使作者能够加强其贡献。

引言的特点

- **深思熟虑的**。作者真正在努力评估和弥补知识差距。他尊重他人的工作，并不做评判。

- **有故事性**。引言中的情节回答了读者的所有"为什么"的问题。它使用主动语态，将作者包含其中（"我们"）。

- **有权威性**。参考资料是准确的，比较是真实的，引用的文献是密切相关的，没有不精确的词语。

- **完整的**。所有的"为什么"都有其"因为"。关键的参考资料都被提及。

- **简明扼要**。没有冗长的、空洞的开头，没有目录似的段落，没有过多的细节。

关于引言的问答

问：在引言中，有些作者介绍了他们的主要成果，有些作者只介绍了他们的主要目标。最好的方法是什么？

答：请遵循期刊关于如何写引言的指南。有的要求作者介绍主要结果，有的建议不要说明结果，以便使引言简短，避免重复，并将重点集中于目标。因此，确实有两种写引言的方式，人们对每种方式都有强烈的赞成或反对意见。每一方都有令人信服的支持性论据。以下是支持复述结果的一方所提出的论据。

（1）最常见的论点围绕着那句名言："告诉他们你要告诉他们的东西，告诉他们，然后再告诉他们你告诉了他们些什么。"这个论点可能适用于容易分心的观众，但我们能假定读者都同样容易分心吗？

（2）另一个论点，这个论点更有说服力，就是一些期刊不再要求引言含有结论。任何论文的最后一部分都是讨论。在这种情况下，也许在引言中只值得重复主要结果。

（3）有人说，反正许多读者只读论文的引言，因此你最好在引言也提到你的结果……以防万一。虽然这可能是真的，但有这种行为的读者是否会跳过结论（如果有的话），是值得怀疑的。

在那些建议用另一种方式替代重复结果的人中，迈克尔·阿利主张"在引言中描绘整篇文本"。他举了一个期刊论文的例子，作者成功地以故事的形式介绍了方法论的概况，从而回答了"为什么以这种方式"（why this way）的问题。这个故事揭示了问题和用于解决这个问题的方法。它对结果保持沉默，但提到了如果能解决这个问题会带来什么影响。

我的个人观点是，引言应该通过提及预期的结果及其预见的影响来保持事情的进展和趣味性。如果你必须提到实际的结果，就不要太详细，并使其成为整个"为什么"故事的一部分。在所有情况下，无论你是否具体提到结果，都要以你工作的主要预期结果来结束你的引言。

问：我可以将引言中的句子复制并粘贴到摘要中吗？

答：读者和审稿人很容易发现这种快捷方法。不要给读者留下你很匆忙的印象。摘要的写法与引言不同，引言的写法也与论文正文不同。动词时态不同，风格不同，每个部分的作用也不同。复制和粘贴不仅仅是单纯的文字搬运，它带有的写作风格、精确程度和动词时态虽然在原来的情境中没有问题，但在新的情境中不一定没有问题。

问：如果我的新论文的背景和以前的论文一样，我可以转述一些以前的论文引言中的句子吗？

答：这样做会使论文变得乏味，而且你可能存在自我抄袭的嫌疑。引言之所以感觉重复，往往是因为作者为不同的期刊重写了同一篇论文，或者是因为同一作者的连续两篇论文之间没有填补多少知识空白。为了避免这类问题，要把每篇论文看作一篇给独一无二读者的独一无二的交流。不要复述，要重新写。

问：什么时候写论文的引言？

答：费伯曼（Feibelman）教授在他优秀的书《有了博士学位还不够》（*A PhD Is Not Enough*）中给出了合理的建议。

几乎每个人都发现，写论文的引言是最困难的任务。（……）我对这个问题的解决办法是，我在开始一个项目时,而不是在完成项目时,就开始考虑论文的第一段。[1]

当你在项目初期写论文的引言时,你仍然对未来的旅程感到兴奋,从而激励你的写作,比如,你拥有诱人的假设,支持性的初步数据,以及富有成效的方法。然而,有些人认为,引言应该在论文的最后写,在论文的贡献更加明确之后。那么,什么时候写引言呢?让你的引言的内容来决定时间。如果你写的是预告性的引言,说明你研究的目标和背景,但只说明预期的结果和影响,那么你确实可以提前写引言,但前提是你的工作保持原有的重点。如果你喜欢写一连串的短篇论文,就可以提早写引言,因为你有限的重点不太可能改变。但是,如果你的论文是许多研究人员合作数年的结果,那么你也许不能提前写引言。这时,你就必须依靠自己出色的写作技巧,重新抓住你的早期目标和动机的本质,使读者沿着一个好的故事情节走下去以保持兴趣。

问:一篇论文的引言有多长?

答:我认识的一位研究室主任曾经系统性地拒绝任何引言部分占整篇论文30%以下的论文。对他来说,这些介绍性的部分对于弥补读者的知识空白是必要的,它们包括引言,还包括紧随其后的技术背景部分。在我们举办的写作研讨会上,我们很少看到有背景如此详尽的论文。我们看到的大多数论文引言占整篇论文的10%～15%,偶尔介绍性部分的总和会略高于20%。对于较短的通讯来说,引言只有一个段落。

那么,引言应该有多长呢?不考虑读者而回答这个问题是

---

[1] Copyright 1993 by Peter J. Feibelman, "A PhD is not enough: a guide to survival in science" published by Basic Books.

不合理的。引言是为非专业的读者准备的。作者必须对可能从他或她的论文中受益的非专业读者的类型有一个准确的把握。那位科学家知道多少？该科学家需要多少背景才能使用论文的全部或部分贡献？人们可以根据期刊和关键词的选择对非专业读者做出假设。论文的标题包含许多高度具体的术语吗？或者你选择的期刊非常小众，只在一个小领域发表增量结果？如果是这样，感兴趣的读者更有可能是专家，需要的引言也更少。另一方面，如果目标是发表在像《科学》这样的拥有非常广泛读者群的期刊上，那么你需要更多的介绍性材料。请注意，一篇有多人参与的论文很可能会牺牲技术背景以适应一定的篇幅。这就是为什么最好撰写多篇论文，每篇都有一个单独的贡献，并有一个适当的缩小知识差距的引言。

问：从一位科学家的最新论文的引言中可以看出什么？

答：令人惊讶的是，人们可以学到很多东西。如果引言写得很好，而且读起来很轻松、有趣，那么作者就表现出了良好的沟通技巧。如果引言中包含有针对性的参考文献（而不是大量的参考文献），并且很少或没有不精确的词语，那么作者就表现出了良好的科学技能。如果引言中没有评判性的词语，作者就表现出了良好的社交技能。沟通技能、科学技能和社交技能是必不可少的素质。除了查看简历或出版记录外，主管们最好阅读一下他们的潜在雇员最近写的论文引言。

问：如何向读者提示我的结果不能重现一些相关论文中声称的结果？

答：在提到可能是错误的发现时，使用过去时态。使用现在时态表示，就你而言，你毫不怀疑该信息是正确的，如这句话所示：汤姆等人发现了一种催化剂，可以在高温下提高产量［7］(Tom et al. identified a catalyst that increases the yield at high temperatures [7])。

接下来是哪句话，是句子(1)还是句子(2)？

(1)斯林格等人后来报告说，产量的增加不是由于催化剂的作用［8］。

(1) Slinger et al. subsequently reported that the increased yield **is not** due to the catalyst [8].

(2)斯林格等人后来报告说，产量的增加不是由于催化剂的作用［8］。

(2) Slinger et al. subsequently reported that the increased yield **was not** due to the catalyst [8].

正确答案是句子(2)。它允许你用下面的句子来反驳斯林格等人的发现。

我们发现证据表明催化剂确实**增加了**产量。

We found evidence that the catalyst **does increase** the yield.

让我们改变"汤姆等人……"这句话，对汤姆等人的发现表示怀疑。

Tom et al. identified a catalyst that increased the yield at high temperatures [7].

Slinger et al. subsequently showed that the increased yield is not due to the catalyst [8].

We also found evidence that the yield increase at high temperatures is not linked to the catalyst but to…

问：在你列出的四个论证问题（"为什么要这样？""为什么是现在？""为什么以这种方式？""读者为什么要关注？"）中，我注意到缺少"为什么是你"的问题。我是否也需要回答这个问题？

答："为什么是你"的问题没有直接的回答。你有四种方法来回答它。（1）你的过去成就——你以前的论文的引用记录。（2）致谢——如果人们资助你的研究，那是因为他们相信你能提供有价值的东西。（3）你在作者名单中提到的最资深的作者——一个知名的、被广泛引用的作者起到了保证作用。（4）你的研究机构的声誉，以及它在你的领域中发表的被广泛引用的研究论文的记录。

但是，如果你是该领域的新手，类似局外人，没有研究赞助者，作者名单上没有重量级的学术人物，也没有光鲜亮丽的大学或研究中心附在你名字之后，请不要感到绝望。即使条件似乎对你不利，但最重要的是你的写作质量，以及你的研究的及时性和影响力。

不要忘记，除了你提到的四个读者问题，还有来自审稿人的两组关于问题和解决方案的疑问。（1）问题是否真实，是不是一个需要解决的有用问题；（2）解决方案是否新颖，是否比其他解决方案更好。

问：我是否应该将引用的标注放在句子的最后？

答：参考文献必须是不含糊的。比如，在下面的句子中，引用应该放在哪里，以避免在提到综述论文时产生歧义，是放在*位置还是放在**位置？

> 有三种语音识别技术*在当今较为常用：隐马尔可夫模型、神经网络，以及一些统计方法，如模板匹配，或最近邻**。

正确答案是放在*位置。放在**位置会产生歧义，因为它可能仅指最近邻统计方法，而不是指涵盖所有三种技术的综述论文。简而言之，引用应该紧跟在它要引用的信息之后。如果每项技术都有自己的参考文献，那么则适用以下方案。

> 有三种语音识别技术在当今较为常用：隐马尔可夫模型[1]、神经网络[2]，以及一些统计方法，如模板匹配[3]，或最近邻[4]。

问：我应该在参考文献部分放什么参考文献？

答：多种类型的参考文献。(1)最新的参考文献，因为它们表明你对该领域正在发生的事情保持着最新的了解；(2)引用你所投递的期刊上发表的论文[1]；(3)当你使用的信息只能在综述论文中找到时，引用综述论文；(4)当综述论文只指向原始论文而没有增加价值时，引用原始论文而不是综述论文；(5)引用**你读过**的论文；

---

① 为什么来自目标期刊？因为你向该期刊的编辑表明你的工作与他们的兴趣相关。但要合理——20%～30%的参考文献来自目标期刊是可以的。80%～90%的话可能会给人一种错觉，即你没有认真阅读，只是知道他们的期刊而已。

（6）引用所有包含对你的论文有直接贡献的结果、数据或方法的论文；（7）引用你所在领域的领军人物的论文。

问：哪些参考文献不应该写在参考文献部分？

答：简单地从一篇论文中复制和粘贴的参考文献，你没有读过的论文的参考文献，与你正在做的事情联系不紧密的参考文献，以及几类人发表的只稍微与你的研究相关的论文的参考文献：你的研究人员朋友，你的主管，同一所大学或研究所的人，或引用了你的论文的不知名的研究人员——你只是为了回报他们。

问：如何进行转述？使用能对你提交的文本进行改写的网站，可以吗？

答：不要一边看着你想转述的内容，一边改写，因为这样很容易出现抄袭问题。相反，只需阅读并充分了解其他论文的内容，然后在看不到该论文的情况下，用你自己的话来总结主要内容，在最后加上对该论文的引用。改写网站与人类不同，无法得益于深刻的语义理解，因此改写网站是从原文的字句开始转述的，而不是从理解开始。因此，很多时候，改写网站会在你的写作中引入错误，甚至有时会歪曲原来的事实。请务必避免！

引言的衡量指标

（+）引言快速切入正题，没有热身活动。

（+）引言以研究的预期结果结束。

（+）引言部分使非专业的读者能够从论文中受益。其篇幅占整篇论文的15%以上。

（+）参考文献一组从不超过3篇，大多数是单篇。

（+）所有四个"为什么"的问题都得到了明确的回答：为什么要这样？为什么是现在？为什么以这种方式？以及读者为什么要关注？

（+）引言是主动的、个人的和有故事性的。

（+）方法、数据和/或应用领域正确地划定了论文的范围。

（+）在引言中发现的少数不精确的词，在使用后立即进行了限定（"几个……，比如"）。

（+）从不使用评判性的词，故事情节前后衔接良好。

（+）为每个具体的题目关键词都提供了背景信息。

（−）引言的第一句话是非专业读者所熟知的，或试图通过提及热门研究课题来给读者热身。

（−）引言没有以你的贡献的影响来结束。

（−）没有考虑弥补知识差距。常规科技论文的引言篇幅占比低于10%。

（−）参考文献以每组超过3个的形式出现。

（−）缺少一个或多个"为什么"问题的答案。

（−）引言大部分都是被动语态，使用的人称代词少于3个。

（−）只提及论文的部分范围，范围不容易被确定。

（−）不精确的词语散布在整个引言中。

（−）引言中出现评判性的词语，或故事情节中不包括比较，或没有将论文与过去的论文联系起来。

（−）缺少一些具体的和过渡性的题目关键词的背景信息。

下面是加分项：

（+++）引言中包含一张视觉资料。

（+++）引言中每句话的平均单词数为22个或以下。

© Jean-Luc Lebrun 2011

第十八章

视觉资料：论文的声音

声音能吸引注意力，它能宣布，它能警告。它是写作的替代物：人们可以读一本书或听一本书的录音版本。同样，照片、表格、图表和图形即使没有文字也能吸引人们的注意。它们胜过千言万语。声音走出了身体，不一定要看到身体才能听到它的声音。视觉资料也可以独立地告知读者信息，甚至在读者开始阅读论文第一段之前就提供信息。声音有它自己的语言，一种通用的、无字的语言，就像孩子咿呀学语、大笑和哭泣时使用的语言。视觉资料也有自己的语言，即科学图像的通用语言。它们用最少的文字直接而快速地讲述了一个故事。语音、语调加强了身体所表达的信息。视觉资料也加强了文本的主要信息，并与之形成合力。

只需观察本章的题目几秒钟，然后将你的视线拉回到这个"☞"标记上。

题目、标题和小标题都在呐喊，不是吗？它们的粗体字是如此有权威性。以白色空间为衬托，在宽敞的环境中，没有任何东西挤压它们。它们一目了然。

表格和图表，与照片一样能说明问题。在垂直线和水平线组成的网格、粗体字和箭头的引导下，读者可以在很短的时间内捕捉到大量的信息，并轻松地提取趋势和视觉元素之间的关联。视觉故事用很少的文字就能讲述。

　　表格擅长比较，如之前与之后、有与无的比较。更多的优势在表18.1中得到体现。

表18.1　表格的典型用途

表现复杂性	总结	揭示顺序
分类	揭示模式	建立联系
比较和对比	提供精确性和细节	提供背景

　　读者喜欢视觉资料，而不是文字，有以下几个原因。

- 在线性文本中，眼睛就像蚂蚁一样沿着文字排成的狭窄路径行走。在视觉资料中，眼睛像蟋蟀一样从一个感兴趣的地方跳到另一个感兴趣的地方，带着无声的问题进行探究。读者喜欢这种自我引导的探索所带来的速度和自由。
- 因为视觉资料的文字部分（标题和图注）是对其图像部分的补充，所以读者更容易理解。

　　视觉资料只有当你能让它们说话的时候，才会发出响亮而令人信服的声音。它们的语言基于一种特殊的语法，体现在对字体、间隔、字距、框架、空白、线条和颜色的正确使用上。这种视觉语言被平面设计师很好地理解。他们可以让视觉大声呼喊，而我们大多数人只能让它低声细语或咕咕叫。这一章不是关于平面设计的，而是关于在科技论文中正确使用视觉资料的。它也关乎一些原则，这些原则将帮助你设计出从科学角度来看具有影响力的视觉效果，即使线条有点细，留白分布不均，或者字符间距太大。虽然你可能无法在设计竞赛中获得奥斯卡奖，但你将拥有比低声细语或咕咕叫更令人印象深刻的视觉资料。无论一个声音多么响亮，多么清晰，如果它含糊不清或是胡言乱语，那就是没有用的。视觉资料需要传递一个响亮、清晰、可理解和有说服力的信息。

优秀视觉资料的七大原则

在阅读了数百篇论文后，我发现了常见的错误模式。一个糟糕的视觉资料会破坏以下一个或多个原则。

- 视觉资料不会引起意想不到的问题。
- 视觉资料是定制设计的，只支持一篇论文的贡献。
- 视觉资料的复杂性与读者的理解能力保持同步。
- 视觉资料的设计是基于它的贡献，而不是基于它容易创建。
- 视觉资料中元素的安排能使其目的一目了然。
- 如果在一个新的元素被添加或删除后，视觉资料的清晰程度下降，那么这个视觉资料就是简洁的。
- 除了标题和图注，一个视觉资料不需要外部的文字支撑就能被理解。

原则1：视觉资料不会引起意想不到的问题

视觉资料一出现，读者的眼睛就会探查视觉效果。他们正在进行一项事实调查任务。追踪他们的路线对我们很有益处！利用眼球追踪设备，我们做到了这一点。四个参与者被要求看一个特定的视觉资料5秒钟（他们不知道会看到什么），然后再看一次，这次是为了尽可能多地提问视觉资料中暴露出的问题。

因此，如果你不介意的话，我们希望你也能这样做。因为没有眼球追踪设备，所以你只能靠自己记住你的眼睛在最初5秒钟内的移动路径。我们相信，在这段时间内，你的大脑会有预见性地将你的眼睛引至视觉资料的关键部分，并探究、评估和提出无声的问题。第一个问题将是"我在看什么"。

现在是考验你的眼睛的时候了，但不要去寻找标题和图注中提供的信息，因为我们已经删除了这些信息，以帮助你专注于视觉资料本身。现在看着图18.1，持续5秒钟，每秒钟眨一下眼睛，每次都要记住你在看什么。之后，回到这里并阅读下一段。

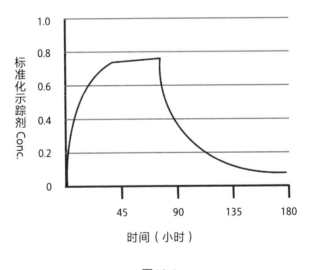

图18.1

在最初的5秒钟里发生了许多事情。第一件事是发现了整体图像：一个X-Y坐标图，其中有一条曲线，除非你知道它的坐标的含义和数值，否则它就没有意义。然后你的眼睛移到两个轴中的一个。有些人去看X轴,可能先看终值,再看单位(小时),然后再看Y轴。其他的人则先看Y轴的标签,试图破译那晦涩难懂的缩写词,然后把目光移到X轴的单位(时间)上,他们目光移过90小时,去看曲线上的变化点,然后看该点的Y值。有趣的是,并不是所有人都先看Y轴,尽管它应该包含因变量。那些先看X轴的人不是受逻辑的驱使,而是受阅读的便利性驱使。水平信息比垂直信息更容易阅读。

再看一遍这个图表,这次没有时间限制,找出这个图表引出的所有问题。在你再次看图18.1时,让我回答前两个问题。缩写Conc.的含义是什么,以及为什么时间进展如此缓慢?这张图表示的是一个装有淤泥状有毒污泥的大罐子里的荧光示踪剂的浓度变化。这就解释了"小时"的使用。现在轮到你了。你还有什么问题?在你想好问题后,请阅读下一段。

下面的曲线图18.2,看起来像一条二次函数曲线,但它并不是。其中的差别需要解释。

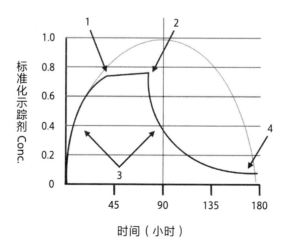

图18.2

我在图18.1的基础上叠加了一个常规抛物线。这张图"问"了5个问题。每个箭头对应着一个问题。你能猜到第5个问题是什么吗？

- 问题1：为什么曲线的顶部在点1和点2之间是线性的？
- 问题2：在点2发生了什么，使该现象的行为发生了如此大的变化？
- 问题3：为什么曲线在上升过程中是凸曲线，而在下降过程中是凹曲线？
- 问题4：为什么曲线在高的时间值下是渐进的？
- 问题5：浓度标准化到什么程度，并且为什么曲线没有达到1.0？

　　读者将在图注中寻找这些问题的答案。如果这些问题没有找到回答，读者就会感到沮丧，**因为视觉资料上提出的问题比作者愿意回答的还要多。**

　　视觉效果中引出不必要的问题的罪魁祸首是屏幕截图。它被广泛用于说明性论文，因为只要鼠标点击就可以捕捉到它，如图18.3。

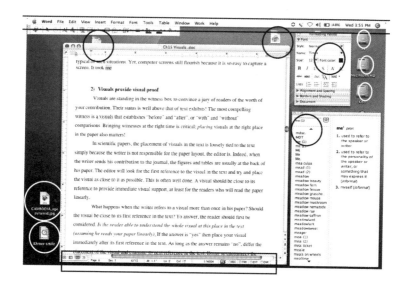

图18.3

错误的例子。满屏杂乱的"垃圾"。如果我的目标是展示中心窗口的内容，那么多余的窗口、被圈起来的文件和文件夹以及被框起来的菜单在这张视觉资料中有什么作用呢？

屏幕截图包含了软件应用程序中所有的人为项目：菜单项、窗口、图标、工具调色板和其他引出疑问的元素。

当然，对于捕捉屏幕的作者来说，屏幕上的一切都是清楚和熟悉的。但是，你心目中的非专业读者，也就是那位从你的作品中受益的人，是否也能清楚理解呢？只有两种方法可以知道：询问读者，或者像第一次看自己论文的每个视觉资料那样，假装是那位读者。

读者会提出最出乎意料的问题！这是由什么引起的？

你常常会发现，这是由于读者缺乏相关知识。你看，作者知道得太多了！这就是为什么请别人来做这个练习是有用的。你也许可以自己找出其他的问题来源，如不熟悉的首字母缩写词和缩略语等。一旦你确定了读者可能存在（或已经存在）的所有问题，你就有如下5种选择。

- **让视觉资料保持原样**。但在视觉资料的标题、图注或论文正文中回答读者未被回答的问题。
- **为视觉资料添加素材**。增加清晰的视觉元素（方框、箭头、链接……）。
- **为视觉资料减少素材**。移除任何会引起分心的问题，使人们的注意力集中在视觉资料所表达的基本观点上。
- **分割视觉资料**。把它分成两个或更多独立的、不那么复杂的视觉资料。
- **修改视觉元素**（形状、大小、顺序、字体等）。这样做可清楚地揭示视觉资料的目的。

你唯一没有的选择，就是忽略这些问题。

 你的视觉资料所提出的问题是什么？选择你论文中的关键视觉资料（最能代表你的贡献的视觉资料），并将其展示给一两个同事。把图注隐藏起来，只显示视觉资料和标题。问他们这个视觉资料引发了哪些问题。在他们告诉你后，把这些问题写下来。当他们不再有问题时，不要回答问题，而是揭开隐藏的图注。向他们询问，他们的问题是在图注中还是在论文中提到该视觉资料的部分得到了回答。一旦你发现了问题，问一问读者，图注中是否包含了未经阐释的新信息（视觉资料的背景描述和视觉资料的解释内容除外）。如果图注确实包含视觉资料上没有支持的信息，那么把它删除；否则，这将是一个没有被视觉资料中的证据所支持的信息。

向另一位同事展示你修改后的视觉资料，并确认现在图注已经回答了所有的问题，而且本身没有引起不必要的问题。

原则2：视觉资料是定制设计的，只支持一篇论文的贡献

还记得你花了几个小时做的这个特别的视觉资料吗？那是一件艺术品。你或平面设计师花了很多时间使用Photoshop来使它看起来完美。它曾在内部技术报告或以前的会议上为人所欣赏。它的一部分确实说明了你的论文中的一个关键点，但这一部分如果不经过认真加工，就很难从你的原始杰作中提炼出来。你很想重新使用整个制图/图表，原封不动地重新使用。然而，视觉资料包括了与你的目的无关的信息：名称、曲线、数字，或对读者来说陌生的缩写词。所有这些都会引起疑问。因此，第二个原则是：视觉资料是定制设计的，只支持一篇论文的贡献。

重新绘制是你为定制设计的视觉资料付出的一个很小的代价，因为（1）你的贡献没有被无关的细节所掩盖，更容易被识别；（2）如果版权属于某个期刊，你不必向他们请求重新使用原件的许可。

原则3：视觉资料的复杂性与读者的理解能力保持同步

视觉资料是你的关键证人。它们站在证人席上，说服读者陪审团相信你的贡献的价值。它们在你的文章中的位置就像律师选

择的让重要证人上场的时机一样关键。要知道在论文中，视觉资料的位置摆放要考虑读者的理解水平。当读者已经填补了知识空白时，将复杂的视觉资料放在论文的最后更符合逻辑。简单的视觉资料或自成一体的视觉资料可以放在任何地方。

当你不止一次地提到一张视觉资料时，会发生什么？假设读者从引言到结论线性地阅读你的论文，当他们第一次被要求看你的视觉资料时，他们可能会发现它太复杂了，因为他们还没有获得能完全理解视觉资料的知识。在论文中到处对某一张视觉资料进行解释，这打破了原则1。它所引发的问题总是比作者愿意立即回答的要多。

因此问问自己，为什么有必要不止一次提到某张视觉资料？是不是因为你在一张大型或复杂的视觉资料中提出了多个观点？如果是这样，那么你需要把这一张复杂的视觉资料图1分为（a）、（b）、（c）几个部分，以减少其复杂性。接下来，确保读者在到达文本中的图1（a）时有足够的信息来理解图1（a）中的所有内容，对（b）和（c）部分也同样如此。但是，如果在把视觉资料分成几个部分后，你意识到把图1（a）、图1（b）和图1（c）放在一起没有价值，如出于一些比较的原因，那么请把它们分成相互独立的视觉效果，并让其及时出现在正文中提到它们的地方。

当你把论文投递给期刊时，论文的图表和表格通常在最后，排在参考文献之后（除非你把论文作为PDF文件提交）。负责版面设计的人将在你的文章中寻找第一次提及该视觉资料的位置，并尽量把视觉资料放在提及它的文字附近的地方。这种排版通常具有很好的效果。但是，一张大的视觉资料会产生页面布局问题。因此，如果你希望视觉资料被正确放置，请（1）对其加以设计，使它的宽度与期刊的栏宽相匹配——如果期刊提供模板，则使用模板；（2）避免使用小的衬线字体（例如Times），因为这种字体变小后会明显降低可读性，从而限制视觉资料的放置范围。使用没有衬线的字体，如Helvetica或Arial，因为它们的笔画粗细均匀。当字号缩小时，它们的线条不会像衬线字体中的细线那样快速消失。

原则4：视觉资料的设计是基于它的贡献，而不是基于它容易创建

具有视觉冲击力的信息需要创造力、画图技巧和时间。因为这些东西大多供不应求，所以硬件和软件生产商提供了加强技巧和省时的工具，只需点击几下鼠标就能制作出漂亮表格、图片和图表的数据包；只需点击一下就能捕捉到光线不足的测试台设备上堆满电线的照片（我感觉画面越糟糕，看起来就越真实）；还有能轻松截取和缩小你的工作站屏幕，使图片适应你的论文的屏幕捕捉程序。视觉资料制作的容易程度有助于提升其丰富性——点击鼠标成了大规模的作图方式。当我给你看一张键盘的照片时，标题是"这本书是在键盘上打出来的"，如 18.4所示，它对这本书的实用性有很大贡献吗？

图18.4

错误的例子。一个标准键盘，但谁想知道呢。这张照片很能说明问题，不是吗？它告诉你，我用的是带钛合金外壳的苹果PowerBook，

我没有使用法语键盘，尽管我是法国人，我的右shift键断成了两截，最后还告诉你，我不是一个好的摄影师！但这与这本书本身有什么关系？没有关系。

这种无关紧要的照片在科技论文中也经常出现。它们没有用处。它们只能证明作者用真实的设备做了一个实验。为了确保每张视觉资料都对你的论文至关重要，你要问自己它是否取代了很多文字或有力地支持了你的贡献。简洁性这一标准同时适用于文字和视觉资料。

大量视觉资料会产生令人不快的副作用，其中最主要的是读者无法识别论文中的关键视觉资料。当我要求研究人员阅读一篇论文并指定代表该论文贡献的一张关键图片、图表、表格时，他们往往会产生分歧，甚至与该论文的作者产生分歧。当然，不应该这样！所有人都应该同意某个视觉资料是最重要的。然而，为什么会有分歧呢？可能是因为作者没有能力在视觉资料上把自己的贡献描述清楚，但原因也可能在于其他方面。视觉资料越多，你的贡献就越难找到，读者也就越难简洁地理解你的全部贡献。此外，还隐藏着另外一种令人不快的副作用：如果你的贡献被分散（稀释）在许多视觉资料中，那么移除某一个视觉资料会削弱你的贡献。

总而言之，如果你的论文以弱的（被稀释的）视觉资料形式的间接证据为主导，而牺牲了简洁但详细的支撑性证据，那么你的文章就会不清晰和不简洁。

 你的论文中有多少视觉资料？你能找出那个概括了你的贡献的核心东西吗？其他人能吗？当涉及视觉资料时，你是滔滔不绝还是简明扼要？你的读者是怎么认为的？

原则5：视觉资料中元素的安排能使其目的一目了然

视觉炮弹是导致复杂视觉资料的众多错误之一（图18.5）。

图18.5让人印象深刻，但读者没有被其吸引。这一原则——视觉资料中元素的安排能使其目的一目了然——在这里当然没有被运用。要想让读者了解意义，作者必须明确自己的目的。让意义不明显很容易：只要把关键信息埋在其他数据中间，使其目的不突出就可以了。比如，作者可以通过以下方式无意中掩盖关键信息：以错误的排序方式呈现数据，将数据聚集在具有一定方差的聚类中，或者将其置于松散的相关数据中。

关键数据必须脱颖而出。它们是你的皇冠上的宝石，但它们需要一个皇冠；而皇冠的作用不是隐藏这些宝石，而是通过赋予它们适当的结构使它们脱颖而出。这种结构是对数据的安排，使其目的明确。因此，当视觉资料不能揭示其目的时，通常有以下几个原因。

- 作者没有具体的目的——视觉资料是一堆数据垃圾。
- 作者有一个目的，但把从数据中识别出这个目的的工作留给了专业读者。作者没有考虑到非专业的读者在没有他或她的帮助下是无法将目的识别出来的。
- 作者有一个明确的目的（甚至在题目中已提到），但数据的安排并不能支撑这个目的，读者很难将目的和数据重新联系起来。

为了突出视觉资料的重点，需要组织它的元素。在表18.2中，标题要求读者比较一步法和两步法。尽管表格元素的安排并非杂

≈	PostAt15(liquid)		PostAt30(liquid)		PostAt30(solid)		PostAt30(solid)	
	β = 1	β = 20	β = 1	β = 20	β = 1	β = 20	β = 1	β = 20
B4	0.5323+17.4%	0.5323+18.9%	0.4225+19%	0.4254+20.0%	0.2157+9.6%	0.2185+11.1%	0.1493+9.3%	0.1501+8.4%
B6	0.5323+17.4%	0.5373+18.9%	0.4202+18.0%	0.4254+20.1%	0.2156+9.5%	0.2171+10.8%	0.1493+9.0%	0.1500+8.5%
B8	0.5324+17.5%	0.5373+18.9%	0.4189+17.7%	0.4255+20.0%	0.2156+9.5%	0.2182+10.9%	0.1492+9.1%	0.1496+8.5%
BJ1	0.4720		0.3706		0.2997		0.2380	

Table 1 Statistics on β – 1 or 20, LG = 3

≈	PostAt15(liquid)		PostAt30(liquid)		PostAt30(solid)		PostAt30(solid)	
	β = 1	β = 20	β = 1	β = 20	β = 1	β = 20	β = 1	β = 20
B4	0.5456+23.4%	0.5423+23.9%	0.4324+26.0%	0.4341+27.0%	0.2192+12.6%	0.2232+14.9%	0.1544+13.3%	0.1554+14.8%
B6	0.5440+23.4%	0.5473+23.9%	0.4332+25.0%	0.4341+27.1%	0.2193+12.5%	0.2235+14.1%	0.1544+13.3%	0.1550+14.6%
B8	0.5424+23.5%	0.5473+24.0%	0.4299+24.7%	0.4341+27.0%	0.2126+12.6%	0.2231+14.7%	0.1543+13.0%	0.1556+14.0%
BJ1	0.4720		0.3706		0.2997		0.2380	

Table 1 Statistics on β – 1 or 20, LG = 4

≈	PostAt15(liquid)		PostAt30(liquid)		PostAt30(solid)		PostAt30(solid)	
	β = 1	β = 20	β = 1	β = 20	β = 1	β = 20	β = 1	β = 20
B4	0.5400+22.1%	0.5323+18.9%	0.4195+27.2%	0.4254+28.5%	0.2198+13.2%	0.2241+15.0%	0.1545+13.8%	0.1580+15.2%)
B6	0.5401+22.5%	0.5349+18.9%	0.4242+28.0%	0.4254+28.5%	0.2198+13.1%	0.2140+15.8%	0.1546+14.0%	0.1550+15.1%
B8	0.5397+22.7%	0.5373+18.9%	0.4201+27.7%	0.4255+28.5%	0.2130+13.2%	0.2235+14.9%	0.1546+13.8%	0.1567+15.7%
BJ1	0.4720		0.3706		0.2997		0.2380	

Table 1 Statistics on β – 1 or 20, LG = 5

图18.5

错误的例子。视觉炮弹。大量的视觉资料并排摆放；每个视觉资料都与前面的视觉资料有很小的不同，以至于眼睛几乎看不出它们之间的区别。在这种情况下，视觉资料是表格，但它们也可以是图形或图像。

乱无章,所有的一步法都被归类在表格的最后,但读者还是迷失了方向。要比较的是什么? 一步法的平均值与两步法的平均值? 每种一步法与它相应的它作为第二步重新出现的两步法(比如,MO与BN&MO、COR&MO和PSY&MO相比)? 最好的一步法与最好的两步法?

表18.2

错误例子。没有明确信息的表格。一步法、两步法的所有组合的比较。

方法	真阳性率(%)	假阳性率(%)
BN&BN	22.0	1.3
BN&MO	24.9	1.9
BN&MSV	39.2	0.2
PSY&BN	27.1	2.6
PSY&MO	27.0	2.7
PSY&MSV	66.9	0.3
COR&BN	23.0	1.9
COR&MO	25.8	2.5
COR&MSV	38.1	0.2
BN	21.8	1.2
MO	24.8	1.9
MSV	35.9	0.2

表格中充满了论文中其他地方定义的首字母缩写,对读者记忆力很不友好。作者想表达的是什么意思? 你认为是什么意思? 再看一下表18.2,然后回到下一段。

大多数读者认为,作者想说明的是,一个由PSY和MSV两个步骤组成的组合,具有最高的真阳性得分和极低的假阳性得分。如果作者想立即说明这一点,最好是像表18.3中那样将数字按升序排列。但是,如果作者确实想让读者比较那些在第二步中重复一步法的方法,那么下面的表18.4会更有针对性。

表18.3

该表的信息更清晰。所有一步法、两步法组合的最佳方法。

方法	真阳性率(%)	假阳性率(%)
BN	21.8	1.2
BN&BN	22.0	1.3
COR&BN	23.0	1.9
MO	24.8	1.9
BN&MO	24.9	1.9
COR&MO	25.8	2.5
PSY&MO	27.0	2.7
PSY&BN	27.1	2.6
MSV	35.9	0.2
COR&MSV	38.1	0.2
BN&MSV	39.2	0.2
PSY&MSV	66.9	0.3

表18.4

表格的布局更有利于帮助读者比较一步法、两步法。

方法	真阳性率(%)	假阳性率(%)
BN(一步法)	21.8	1.2
BN&BN	22.0	1.3
COR&BN	23.0	1.9
MO(一步法)	24.8	1.9
BN&MO	24.9	1.9
COR&MO	25.8	2.5
PSY&MO	27.0	2.7
PSY&BN	27.1	2.6
MSV(一步法)	35.9	0.2

续　表

方法	真阳性率(%)	假阳性率(%)
COR&MSV	38.1	0.2
BN&MSV	39.2	0.2
PSY&MSV	**66.9**	**0.3**

如果作者严格来说不是对比较的步骤感兴趣，而是完全对一个新的观点感兴趣呢？如果作者的兴趣在于强调最有效的第二步呢？现在的重点是一步法和两步法之间的区别。请看表18.5。

表 18.5

该表的信息非常清楚，尽管呈现的数据较少，但更具指导性。比较了一步法、两步法的所有组合。

一步法	真阳性率(%)	第二步的方法 （BN、COR或PSY）	真阳性率的增长率(%)
BN	21.8	PSY	24.31
MO	24.8	PSY	8.87
MSV	35.9	PSY	88.02

*所有一步法、两步法组合的假阳性率都低于2.7%。

从表18.5中，读者立即看到PSY方法作为第二步是系统性的最佳的方法，而MSV是与之配套的最佳第一步。与原先的表18.2相比，许多原始数据已经消失，特别是假阳性率。但作者没有遗漏它们，在脚注中给出了它们的最大值。

现在想象一下，每一步都是一个复杂的聚类算法，因此，增加第二步需要额外的计算资源。作者想回答的问题是："增加第二步是否值得？"两个图表会迅速说明这个问题（图18.6和图18.7）。注意标题是如何被改写以帮助读者理解的。

总之,对于你想表达的每一个观点,应该找到最适当的视觉表达方式。一个特定的视觉资料能说明一个特定的观点,不同的观点会由不同的视觉资料来说明。选择数据的依据是它们对你的贡献的附加值和它们的简洁性(即它们能用较少的元素表达相同的观点)。一旦选择了,就排列你的数据,直到它们的组织能清楚地表达你的观点。这通常需要很多版草稿。诚然,改进需要时间,但这些时间的意义重大:视觉效果比文字段落更有说服力。

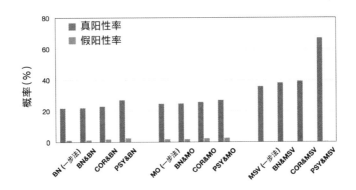

图18.6　一步法/两步法的比较

　　一步法和两步法的比较显示,一步法MSV方法(35.9%真阳性率)优于BN方法和MO方法。MSV还与PSY方法有协同作用,使真阳性率几乎翻倍,达到67.5%的真阳性率,同时保持较低的假阳性率。

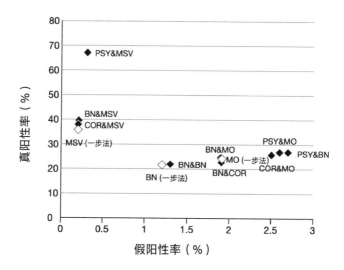

图18.7　一步法/两步法的比较

一步法和两步法的比较显示，一步法MSV方法（35.9%真阳性率）优于BN方法和MO方法。MSV方法还与PSY方法有协同作用，在保持低假阳性率的同时，使真阳性率几乎翻倍，达到67.5%（一步法为空心菱形，两步法为实心菱形）。

原则6：如果在一个新的元素被添加或删除后，视觉资料的清晰程度下降，那么这个视觉资料就是简洁的

每个视觉资料都有一个最佳的简洁度。图18.6和图18.7包括假阳性数值。这些对于作者想要表达的观点是否至关重要？有没有可能得出与表18.5相同的结论？

请看图18.8。它包含了所有与图18.6相同的信息，但要紧凑得多。它用3条数据柱而非12条来说明同样的问题。其布局沿水平方向而不是垂直方向，也确保了它总是能排在同一列。

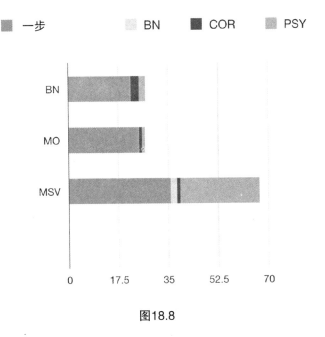

图18.8

　　在视觉资料中添加视觉元素是很诱人的,将两个图形合并以腾出空间容纳更多的文字,也是一个很好的选择。由此产生的视觉资料是如此复杂,以至于它不再能被理解。它看起来简直就像包含了所有东西,它每平方厘米的元素密度都阻碍而不是促进了理解。

　　图18.9中的草图有诱人的彩虹色、3D元素、箭头、链接和其他一些元素。有些人可能会认出其中心的酵母细胞生长周期。

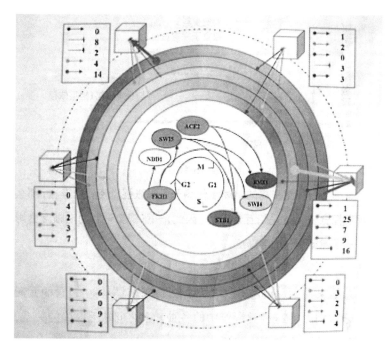

图18.9

错误的例子，一张过于复杂的视觉资料。这张美丽的示意图将两张相关的图片组合成一张。复杂性的增加大大降低了清晰度和理解程度。

它还需要很多时间来设计，但已经是一个杰作了。它在共享相同细胞周期的两种现象之间建立了一个平行的比较。它本来是完美的，但有一个小问题：只有它的作者理解它。这个图后来被简化了，当视觉元素被拿走后，清晰度又恢复了。

如果在一张视觉资料中增加或减少元素会影响另一张视觉资料元素的清晰度，那么这两张视觉资料显然是相互依赖的（图18.10）。它们必须被重新设计以增加其独立性。

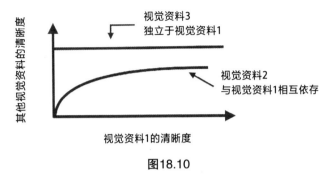

视觉资料2
与视觉资料1相互依存

视觉资料1的清晰度

图18.10

　　如果一张视觉资料的清晰度依赖于另一张视觉资料的存在,那么这两张视觉资料就是相互依存的,因此,一张视觉资料的清晰度会影响另一张视觉资料的清晰度。

　　总结来说,复杂性产生于:(1)在选择视觉资料中包含的元素时缺乏辨别力,(2)视觉资料中的各种元素之间缺乏明确的关系,(3)视觉资料之间缺乏独立性。

　　简化会降低视觉资料的简洁性,而合并则会提升简洁性。但是,简洁永远是清晰的仆人,而不是它的主人。这就是为什么当一个新的元素被添加或删除时,视觉资料的清晰度下降了,这就意味着原先的视觉资料是简洁的。

检查每张视觉资料。是什么使它难以理解?
是否有更好的方法用更少的元素来表达同样的观点?视觉资料有很多类型:图片、图表、表格、照片、列表等。用一种类型代替另一种类型是否会使你的视觉资料更清晰?把一张视觉资料分成两张会使表意更清楚吗?将两张视觉资料结合起来会使表意更清晰吗?重新组织视觉资料中的信息会不会使元素之间的关系更加明显(使用箭头、颜色、文字,或以不同的顺序对数据进行分类)?

原则7：除了标题和图注，一个视觉资料不需要外部的文字支撑就能被理解

奇怪的绿洲

　　一位老贝都因人喜欢讲述他曾经在撒哈拉沙漠中遇到的一个奇怪绿洲的故事，在那里，一场沙尘暴使他的商队陷入了困境。坐在商队中最高的骆驼上的那个高个子首先看到了它。"绿洲就在前面！"他喊道。他们继续前进。在离阴凉和解渴不远的地方，旅行者注意到，一簇簇饱满的椰子躺在沙丘上，与绿洲的椰子树相隔较远。椰子的皮很柔软，但摸起来很热，所以人们把它们带到绿洲里面，待会儿再喝。绿洲很小，没有水井，所有的椰子树都是枯萎的，所以唯一的饮料就必须是来自沙丘上的椰子。不幸的是，这些椰子并不普通，它们柔软的外皮一进入绿洲的阴凉处就变得像钢铁一样坚硬，最锋利的匕首也无法切开它们。因此，人们不得不回到沙漠中去打开它们，再回到绿洲中去喝它们，这个过程让他们觉得很不愉快。贝都因人称，绿洲还在那里，它现在是一个景点，游客们可以乘坐直升机去参观（现在骑骆驼太慢了）。

　　在我们的故事中，绿洲是令人耳目一新的视觉资料及其图注，沙漠是文字段落，而椰子是本应出现在图注中，却被变成了文字段落的内容。如今，读者的时间很紧张。因此，他们直接跳到你的文章中，明显偏爱令人愉快的视觉资料，它们比文字段落要清爽得多。然而，读者很沮丧，因为要想理解它们，首先他们需要回到文本中去寻找"见图×"；然后他们需要找到句子的开头；最后他们需要在说明性文本、视觉资料及其图注之间来回走动，直到理解

完毕。这种耗时和反复的过程是非常令人不快的。用贝都因人的不朽名言来说,"椰子是要放在绿洲里的"。我们不再生活在无声电影的时代了,视觉资料必须自己"说明一切",而不需要在其图注之外再加上文字。为了适应科学家的非线性阅读行为,每张视觉资料都应该是自成一体的,也就是能自我解释的。有些人反对这样做,认为这造成了文字冗余,因为段落中的文字会在图注中重复。他们默认,在视觉资料的图注使其具有自明性的情况下,论文正文中的文字依旧保持不变。实际情况并非如此。论文主体部分的段落应变短,只陈述视觉资料的关键贡献,而不提供细节,只重复推动故事发展的必要内容。这样做有两个好处:(1)不需要阅读整篇文章就能理解视觉资料;(2)论文的主体部分更短(因此阅读起来更快),因为它浓缩了精华。

在原始的图18.11中,没有定义CALB和MCF-C18这两个缩写词的含义。

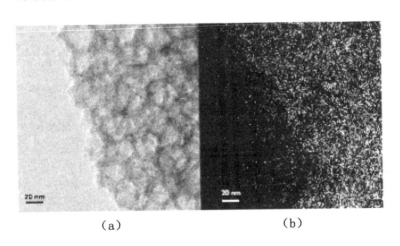

(a)   (b)

图18.11

一张不独立的、缺乏自我解释的图片。

(图注)图18.11(a)压力驱动法的CALB/MCF-C18的TEM显微

照片，以及图18.11（b）相应的氮元素的ELS元素图谱。

在理解和"获得全貌"之前，读者必须在文本、视觉资料和图注之间来回走动几次。

（论文正文中的文字）

图5说明了CALB/MCF-C18样品上均匀的氮元素分布，表明含氮的酶在介孔二氧化硅基质中的均匀分布。CALB/MCF-C18在1650 cm^{-1}和3300 cm^{-1}处也显示出PAFTIR峰（图3c），这些峰与酶的酰胺基团有关，证实了酶的结合。

将该视觉资料与修改后的图18.12做比较。新的视觉资料现在是可自我解释的，它的图注更长，但论文正文中的描述被削减到了最基本的部分。

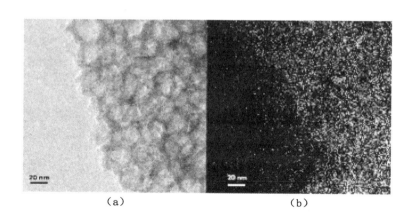

（a） （b）

图18.12

现在是一个独立的、可自我解释的视觉资料。

（修改后的图注）图5.（a）南极洲念珠菌脂肪酶B（CALB）的透射电子显微照片，该酶被压力固定在疏水性中层硅质泡沫（MCF-C18）的多孔基质中，和（b）相应的氮的电子能量损失光谱图。氮在酶中含量非常丰富。它的检测被用来作为其存在的证据。在这里，氮，也就是CALB，被视为均匀地纳入并分布在多孔基质中。

修改后的论文正文：

CALB/MCF-C18的电子能量损失光谱（图5b）和FT-IR光谱（图3c）都证实了该酶在硅质泡沫中的结合。

图5（a）和图5（b）的图注现在是解释清楚的，而论文正文中的文字被删减，只集中在作者想表达的观点上（酶被困在多孔基质中）。即使读者直接去看图5而绕过了文字，也会得到同样的信息。

 检查你的论文中的每一张视觉资料。重写图注，使你的视觉资料变得可以自我解释。修改论文正文中对视觉资料的描述，只说明视觉资料存在的目的或其关键的贡献点，以缩短其长度。

视觉资料的意义和特点

视觉资料对读者的意义

- 它允许读者自我探索论文的内容。

- 它帮助读者验证作者的主张。
- 节省阅读时间，让读者更快地了解复杂的信息，更快地理解问题和解决方案。
- 它提供了一个直接的（捷径）和令人愉快的（难忘的）接触作者贡献的机会。

视觉资料对作者的意义

- 它通过取代许多文字使论文更简洁，特别是在引言中，提供了快速切入的背景，并帮助作者弥补知识差距。
- 它促使读者多读，但又让他们不必全部读完。
- 它提供令人信服的证据，特别是贡献的证据。
- 它使作者能够简明地表达复杂的关系。
- 它（重新）抓住了读者的注意力，提高了记忆力。

视觉资料的特点

- **能够自我解释**。读者理解视觉资料不需要依靠标题和图注以外的其他元素，它能回答读者的所有问题。
- **清晰而有说服力**。它有结构，可读性强，包括视觉提示，帮助读者关注关键点。
- **简明扼要**。它不包含多余的细节。它不能在不损失基本信息或清晰度的情况下与其他视觉资料相结合，也不能被简化。
- **相关性**。它有目的性，对贡献是必不可少的。它不会分散读者的注意力。
- **快速掌握**。它应该在20秒内被理解。

审视你论文中的每一个视觉资料。它是否简明？你能将细节隐藏在说明或脚注中吗？某一视觉资料是必要的吗？对于不是你所在领域的专家的读者来说，它是否能迅速被他们理解？它是可自我解释的、可以理解的，不需要你的正文的任何支持吗？它应该出现在论文的前面部分还是后面部分？

关于视觉资料的问答

问：我想重新使用一张视觉资料，它首次发表在一个会议论文的长摘要中，我想将它在期刊上再次发表。这两篇论文内容非常接近。我可以直接重新使用它吗，还是需要重做？

答：除非你拥有原论文的版权，否则你有义务向会议论文集的所有者请求允许重新使用该视觉资料。如果两篇论文非常相似，你还必须给期刊一份原始会议论文的副本，以便编辑可以断定二者之间是否有足够的差异，是否值得再次发表。简而言之，重新做视觉资料吧。有很多方法来展示数据，我相信，原始的视觉资料可以让另一张草图受益。毕竟，任何已发表的文字段落，或任何已发表的视觉资料都只是一版草稿。有很多方法可以改进文字，同样，也有很多方法可以改进视觉资料。

问：我可以改变我的视觉资料的对比度，使其更容易阅读吗？

答：任何处理后的视觉资料都会被怀疑，而且往往为期刊所禁止，因此要查看期刊对作者的视觉资料的要求，并严格遵守。有一些规定并非不可商榷，如可以适当提高对比度，但是需要做到两点。第一，如果提高对比度会从你的视觉资料中删除信息或掩盖信息，你就不应该这样做（提高对比度可能会删除一个重要的灰度等级）；第二，你应该告知期刊你已经处理了图像，并提供原始图像进行比较。

问：能否在一张图片（称为图3）的图注中提到另一张图片（称为图2）？

答：最好不要。这样做的话，图3就不是能够自我解释的，因为理解它需要事先理解图2。但是，如果你不能使图3能够自我解释，请在其图注中提及图2。这至少可以引导读者找到所有相关信息。

问：我可以在图注中写出对视觉资料的解释吗，还是把它留给讨论部分？

答：如果该视觉资料在你的论文的结果部分，你就不需要在图注里解释它。但请记住，你安排数据呈现的方式已经把读者引至你的解释上了。当你提供解释时，突出的数据或重点将在讨论部分中被提及。如果视觉资料出现在讨论部分，那么没有什么可以阻止你在图注中提供解释。这肯定会帮助你实现让每一张视觉资料都能自明这个有价值的目标。

问：既然期刊无论如何都会重新安排视觉资料布局，那么我需要为我的视觉资料在页面中如何布局的问题而烦恼吗？

答：如果你想增加你的表格或图表在正文中被保留的机会，就应该这样做。当你的目标期刊在一页上的排布为多栏时，这一点尤其重要。在这种情况下，你可能要重新设计一个横向的表格，使其能竖着放入两栏页面的其中一栏。比如，本章中的图18.6可以很容易地通过倒置X-Y轴而使其变成竖直的，并且不损失任何意义！但是，应该让人们期望看到的竖直的坐标保持竖直，如温度；让人们期望看到的水平的坐标保持水平，如距离。在作图方面，不要犹豫，插入额外的空间或线条，以添加结构并突出你认为重要的内容。如果你预计视觉资料必须被缩小以适应一页或一栏的大小，请使用（较大的）无衬线字体。更好的做法是，重新设计你的视觉资料，提高简洁性和清晰度，使其自然地适应一个页面或一个栏目。

问：有这么多方法可以使我的数据可视化，那么哪种方法是最好的？

答：在回答这个问题之前，**先按照以下顺序问自己这些问题**。

- 我想在我的视觉资料中表达哪一点？问这个问题可以帮助你避免无意义的数据堆砌。
- 我需要哪些数据来说明我的观点，哪些数据我可以不提及？
- 我是否有能够表达我的观点的数据？如果没有，我可以用拥有的数据提出什么观点？
- 哪种形式的数据集合或变换（频率、百分比、平均值、增长率、对数等）能最好地说明问题？
- 现在我有了正确的数据，并且我知道用它来表达什么观点，那么它的呈现维度是什么（二维、三维、n维向量）？它的性质是什么（定性的、离散的、连续的、时间性的、图像性的、数字化的、象征性的，如化学符号或图表中的元素）？它的精确度如何（误差、范围、概率、分辨率）？它的范围和规模是什么（有限的、无限的、零到一、已知属性集、给定名称集等）？

- 鉴于我的数据类型，哪种排序方案能支持我的观点：数据的内在顺序（按时间顺序、数字顺序、空间顺序、逻辑顺序、层次顺序），还是一种新的顺序（功能性近似、功能性类别，包含—排除、有—无、前—后、一般—具体、简单—复杂、最可能—最不可能、低优先—高优先、最有利—较不利、最相关—较不相关、相似—不同、母集—子集等）？

- 哪种视觉表现是读者期望看到的，从而更容易被我的有序数据说服？（可能不止一种视觉表现方式——使用能最直接、最清楚地说明问题的那一种）。表格、列表、折线图、堆叠折线图、流程图、条形图、照片、维恩图、方框图、树状图、原理图、二维条形图、三维折线图、饼形图、圆环图、二维面积图、三维浮动条、点图、气泡图、网格面图、网状面图、雷达图、高低图、误差条图、漏斗图、箱形图、XYY图、蛋白免疫印迹、诺瑟杂交、帕累托图、散点图，以及其他许多表现形式，都可以使用。

问：为什么我在看一些视觉资料的时候会迷失方向，我应该怎么做才能让我的读者不在视觉资料中迷失方向？

答：与只有一个切入点（即第一个词）的文字段落相反，视觉资料可以有许多切入点。在没有引导的情况下，读者的眼睛会在这里和那里转来转去，试图从视觉资料中找到可以学习的东西。你必须设计视觉资料，使眼睛在探索视觉资料时得到引导。图表或表格的标题作用与段落中的主题句作用相同。它帮助读者选择正确的切入点。酶在硅质泡沫中被截留的照片可以命名为"硅质泡沫中（a）酶氮被压力捕获的证据（b）"。根据你想表达的观点，一步法/两步法对比表的标题可以是"一步法的阳性率越高，第二步PSY的阳性率增加越快"，或者是"除了MSV-PSY配对，增加第二步在计算上没有提升效率"。虽然视觉资料上允许自由的视觉探索,但这些标题可以将读者的眼睛,引导至对作者来说很重要的特定路径上。

问:如何将读者引领到我论文中的主要视觉资料上来?

答:你可以让这个视觉资料所占空间最大,或成为唯一的彩图,以让它脱颖而出。你可以把你的论文标题中的许多字放在该视觉资料的标题中,或放在图注的第一行中,或者你可以简单地在图注的开头写上"此图代表我们的核心贡献"。

问:我应该在图注中重复X轴和Y轴的含义吗?

答:没有必要重复图中明显可见的东西。相反,要写出不明显的东西,并且是使该图表可以被读者理解并能自我解释的必要内容。不要复述该图表,要解释它。

视觉资料的衡量指标
(计算每个视觉资料的得分)

(+)该视觉资料是能够自我解释的。

(+)视觉资料中没有缩略语(无论是在标题、图注还是视觉资料内部)。

(+)视觉资料对于支持贡献和增加其价值是必要的。

(+)读者在20秒内就能看到视觉资料所表达的观点。

(+)视觉资料能很容易地被安排在一栏中。

(+)视觉资料的标题、表格的表头、坐标的图例都很清晰,信息量大。

(+)所用的视觉资料类型符合读者的期望,或者比读者期望的更好。它完全支持文本或标题/图注中的观点。

（+）视觉资料引出的问题没有超出作者愿意回答的问题。

（+）图注提供背景以帮助理解视觉资料。

（−）视觉资料的理解依赖于标题/图注以外的外部支持。

（−）视觉资料中有缩略语。

（−）视觉资料不是必要的，只提出了一个次要的观点。

（−）视觉资料所表达的观点被遗漏，或没有被看到，或很难看出来。

（−）视觉资料需要很大的空间，而且可能远离文本中讨论它的段落。

（−）视觉资料的标题、表格的表头、坐标的图例不明确或过于简略。

（−）所用的视觉资料与图注中表达的论点不相符。

（−）视觉资料引出的问题比作者愿意回答的要多。

（−）视觉资料中没有提及相关背景。

下面是加分项：

（+++）读者和作者，或两个独立的读者，在哪张视觉资料代表本论文的核心贡献上，达成了一致。

© Jean-Luc Lebrun 2011

第十九章

结论：论文的笑脸

在排除了许多选择之后，我感觉没有任何身体部位比笑脸更能代表结论。为什么是笑脸？我又想到了许多令我失望的结论，以及过于低调甚至打消我热情的结尾，比如"为了测试真正的性能改进……"或"这可以通过……大大改进"。我曾怀着极大的兴趣阅读这些论文，直到我发现结论说没有取得任何重大的成果。我觉得自己就像一个将要买走一辆被称为最安全的汽车的顾客，在最后一刻却被告知这辆车没有安全气囊，也没有防抱死系统。前文中未披露的局限性被伪装成未来的工作，经常会在结论中浮出水面，让那些真正以为作者已经处理了这些问题的读者感到失望。想象一下，一个律师在整个法庭程序中设法证明他的客户是无罪的，但在最后一天，他在陪审团面前道歉，因为没有足够的证据来支撑无罪的辩护。多么令人难以置信啊！

辩护律师在陪审团面前结束答辩的方式也应该被采用，用来结束一篇科技论文：带着保证、坚定和微笑，相信陪审团会发现当事人在科学上无罪。律师们知道，陪审团聚集在一起进行最后申辩的那一天是一个重要的日子。作者为论文写下结论的那一天也是一个重要的日子。作者不能在深夜写，不能在接近精疲力尽的时候写，否则他的写作将毫无生气。作者不能在研究结束后隔太久再去写结论，否则他对过去的成就的感觉可能会消失。

因此，在写结论之前，作者必须重新振作起来，再次阅读引言和讨论，以确定研究的一些重要阶段。他必须将中间部分的每一点科学价值累积起来，成为他的最终得分：论文的整体贡献。重新给自己打气，在考虑自己的得分时微笑，保持正能量……因为负能量就在那里：你的疲惫、研究结束后间隔的时间，以及未来需要解决的局限性问题。然而，不要把这些正能量浪费在自己身上，不要去擦亮你的名望，或者沉溺于你过去的辉煌阳光下。结论不是一个自我陶醉的机会。它是一个擦亮的机会，不是擦亮你的名望，而是擦亮你钻石般的贡献，因为你需要出售它来"兑现"引用，鼓励别人使用你的工作。

你可能已经注意到，在一些期刊上，并没有被称为"结论"的标题；论文在讨论部分结束。然而，即使没有标题，结论的必要性仍然存在。有些期刊——《自然》就是其中之一，建议在文章结束时不写结论。他们宁愿让作者在最后一段写上"关于读者所读内容的意义"[1]，而不是总结已经取得的成果。富有常识的雷尔斯巴克（Railsback）教授写道："结论只是可以从你的数据中得出的推论，而不是对整个论文的重述。"结合专家的建议，结论是"推论"和"影响"，很明显，结论不只是另一个摘要。

摘要与结论

读者肯定不会注意到你的摘要与结论相似，对吗？他们会的！

读者是以非线性的方式阅读的。他们倾向于跳过论文的大部

---

[1]　Nature Physics, "Elements of Style", editorial, Vol. 3 No. 9 September 2007.

分章节,如从摘要跳到结论,就像匆忙的记者只参加法庭的第一天和最后一天的庭审。从作者的角度来看,这种行为并不理想,但作者可以利用这一点为自己服务。第一,作者现在明白了在摘要和结论之间复制、粘贴语句是多么危险,因为读者会立即注意到它们。第二,作者应该将结论与摘要区分开来,以免让读者感到厌烦。二者如何区别?

- 有时,期刊建议在摘要中使用过去式。不幸的是,结论中使用的主要时态也是过去式,因为你提到的是你所做的事情。只有那些已经毫无疑问被证明的事实,即不容置疑的科学事实,才用现在时态陈述。律师说"我的当事人是无辜的",而不是"我的当事人曾是无辜的"。结论中的现在时态加强了你的贡献。如果期刊不强制要求在摘要中使用过去时态,那么用现在时态写整个摘要就变得有利了,因为这样做可以区分结论和摘要。

- 摘要简要地提及了贡献的影响,而结论则集中在这个方面,以激发读者的热情。费伯曼(Feibelman)教授在他的《有了博士学位还不够》一书中,提出了很好的观点。

  结论部分的目标是让你的读者思考你的研究将如何影响他自己的研究计划。好的科学研究能打开新的大门。[①]

- 结论比选择性的摘要更全面。结论不是对自成一体的摘要所宣布的内容进行总结,而是对引言和讨论所展开的

---

① Copyright 1993 by Peter J. Feibelman, "A PhD is not enough: a guide to survival in science" published by Basic Books.

内容进行总结。它们在打开通往未来的"新门"之前，会先关闭过去的大门。

- 摘要采用的是事实性的、中性的语气。结论使读者保持积极的心态。记住，读者需要强烈的动机来阅读整篇论文，而不仅仅是你的结论。传统上，激励作用由引言承担，但如果读者跳过它直接阅读结论，那么结论也必须激励读者深入了解你的论文。因此，保持较高的能量水平，积极思考你的贡献。

- 摘要中的一切对读者来说都是新的，而在结论中，没有什么是新的。结论不会让已经读过你论文其他部分的读者感到惊讶。按照辩护律师在陪审团面前的最后陈述的类比，任何试图在最后一刻用未经盘问的证据来说服陪审团的做法都是不可接受的，也是不可取的。这种最后一刻的戏剧性惊喜只属于好莱坞电影。甚至关于未来研究的部分也应该是在预料之中的。在讨论部分，你大胆地做出了需要在未来进一步验证的解释，或者你提出不同的方法可能有助于绕过有制约性的限制。读过你的讨论部分的读者会预料到，在你未来的研究中，你会探索这些新的假设或使用这些不同的方法。

例子与反例

例 子

在下面的例子中，作者重复了他在讨论部分已经宣布的贡献中的一个主要方面。这是对其他人使用他的方法的一种鼓励。

我们的方法已被用于确定一种特定金属–分子结的最佳端基。此外，我们已经证明，原则上，它也适用于其他金属–分子耦合。

　　并非一定要有结论性的结果才能得出结论。有时，引言中提出的假设只能得到部分验证。选择什么样的词来表达是你的事，但你必须承认，这里的措辞是相当关键的。以下这些句子中哪一个更好？

　　　　总之，我们修改后的梯度矢量流不能证明……

　　　　In conclusion, our modified gradient vector flow failed to demonstrate that…

　　　　总之，我们修改后的梯度矢量流尚未证明……

　　　　In conclusion, our modified gradient vector flow has not been able to demonstrate that…

　　或：

　　　　总之，我们修改后的梯度矢量流还没有为支持或反对……提供明确的证据。

　　　　In conclusion, our modified gradient vector flow has not yet provided definitive evidence for or against …

　　最后一句话要好得多，不是吗？"还"表明，这种情况可能不会持续。科学家远没有感到绝望，而是充满了希望。"还"创造了对本段之后的好消息的期待。为了说服读者，作者通过使用现在时态（例子中加粗的字）来分享他的信念。

> 总之，我们修改过的梯度矢量流模型还没有为主动
> 轮廓模型在三维大脑图像分割中的使用提供明确的支持
> 或反对的证据。然而，它**证实**史密斯等人［4］所建议的
> 极坐标比直角坐标更能代表有间隙和薄凹边界的区域。
> 此外，我们现在已经在不影响模型性能的情况，消除了
> 对被建模区域的先验信息的需求。

> In conclusion, our modified gradient vector flow
> model has not yet provided definitive evidence for or
> against the use of active contour models in 3D brain image
> segmentation. However, it **confirms** that polar coordinates,
> as suggested by Smith et al. [4], **are** better than Cartesian
> coordinates to represent regions with gaps and thin concave
> boundaries. In addition, we have now removed the need for
> a priori information on the region being modeled without
> affecting model performance.

研究结果是不确定的，但它们揭示了：（1）一个不受欢迎的制约已经被移除；（2）对于一个特别复杂的轮廓类型，另一种坐标表示方案被证实是更有效的。即使是部分成就，对科学界来说也很重要，因为它们验证或否定了其他人的理论和观察结果，而且它们确立了一种对某一特定类型实验的方法比其他方法更有效。科学一步一步地探索着一个有许多维度的迷宫。在回头之前，标记出一个死胡同是必要的，特别是当已经花了很多精力去探索那条路的时候。

如果研究结果足够确凿，那么为什么要等到所有可能的路径

都被探索过后再提交论文呢？提及你接下来打算做什么，以阻止你潜在的竞争对手，或鼓励他人与你合作。

> 通过使用与前5份文档中发现的检索关键词相邻的单词来重新给前10份文档排序，效率提高了25%，这证明了我们的假设的有效性。我们预计，在前5份文档中发现的高频率但非检索性的关键词也可能提高重新排序的效率，并计划在未来的研究中将这些关键词也包含进去。

在上述例子中，作者准确地说明了他未来的研究计划，以确立他的想法的先进性，保护未来的研究。

在结论中指出任何降低你的高期望上限的局限性，都是一种危险的做法。但是，这一上限并不是永久的——至少，这是你想传达给读者的东西。你知道，解决这些局限，肯定是值得今后研究的方向。放宽你的某个强有力的假设，或找到绕过某一个限制的方法，可能会让其他人利用你的结论解决他们的问题。花时间陈述假设和局限不仅是一种良好的科学实践，也是促进科学发展、提升你在科学界名望的一种方式。但是如何在结论中建设性地提出这些假设和局限呢？下一个改写自IEEE论文的例子以一个让人感到脊背发凉的句子开始。

> 最后，我们总结我们的优化算法的局限性，并提出我们未来的研究计划。
>
> Finally, we summarize the limitations of our optimizing algorithm and offer our future research plan.

有这么多的局限性，作者认为有必要对它们进行总结。该论文的两位作者是资深研究员，我猜他们知道如何在逆境中保持积极的态度。的确，他们是知道的。以下是他们列表中的第一项内容。

● 参数的调整。正如第4.2节所讨论的，alpha的值不难得到，但只有在对数据集进行实验后才能得到满意的gamma值。我们在本文中给读者指出了加快确定gamma值的方法。我们计划研究一种可以直接确定所有参数的启发性方法。在这方面，我们认为玻尔兹曼模拟退火将是一种有效的方法。

● ……

通过两种方式将参数调整的限制降到最低：(1)通过强调已经给出了一种方法来加速算法的劳动密集部分，以及(2)通过表明对绕过这一限制的解决方案的信心。

反　例

当涉及结论时，要保守并保持克制。不要用下面这样的句子破坏你的优秀作品。

在未来，我们希望验证聚类结果不仅来自启动子结合位点分析，而且还包括更多的信息，如蛋白质−蛋白质相互作用、路径整合等，以便获得更有说服力和更准确的结果。

作为一个读者,你是如何看待这些成就的? 你觉得作者对自己的贡献感到满意吗?

下面是一个熟悉的句子,以谦虚、自卑的方式写出,过于低调,无法激励读者。

我们的方法仅用于一种特定金属-分子结的最佳端基,虽然在原则上,它也适用于其他金属-分子耦合。

你会相信一篇论文以下面这句话做结尾的结论吗?

在未来,我们打算使用更大的数据集来实验我们的方法。

这是否意味着目前的方法依赖于作者认为太小的数据集? 下一句似乎不错……如果作者没有使用"我们相信"的话。

虽然这些协议将继续改变,但我们相信它们为那些展开生物芯片实验的研究者提供了可靠起点。

虽然积极的贡献被放在句末的主句中,但一些读者认为这句话略显消极。再读上面这句话,跳过"我们相信"。你可能会发现这些协议变得更吸引人了。事实似乎不言自明,即不需要用信念来影响读者的决定。

在下一个句子中,主句和从句都含有积极的事实。因为主句包含关于未来的信息,所以未来应该显得很有吸引力,但情况并不完全如此:

尽管该模型能够处理重要的传染病，但对于更复杂的传染病载体的新规则尚在构建中。

从句和主句都确立了积极的事实，然而整体的看法却不一定是积极的。为什么呢？读者感到困惑。通常情况下，"尽管"引导的从句包含一个积极的论据时，读者就会期望主句能否定或中和该论据的价值。在这种情况下，例句中的主句也包含一个积极的论点。因此，句子的整体印象就令人困惑了。

结论的意义和特点

结论对读者的意义

- 通过对比"贡献前"和"贡献后"的情况，它们更好地结束了引言中所预告的内容。过去未证实、未核实、未解释、未知、部分或有限的东西现在已证实、已核实、已解释、已知、完整或通用。
- 它们使读者能够更好地理解贡献，比在摘要中更详细地评估其有用性。
- 它们告诉读者，可以期待同一作者的后续论文。

结论对作者的意义

- 结论特别强调该贡献对其他人直接或潜在的帮助。
- 它们提出新的研究方向，以防止重复研究，鼓励合作，指出未开发的领域，或宣称对新想法有优先权。

结论的特点

- **积极**。
- **能引起强烈感情**。他们保持了在引言中激起的兴奋。
- **可预测的内容**。没有惊喜。所有的东西都已经在论文的其他部分说过或暗示过了。
- **简洁**。注重对读者的益处。关闭之前的门，打开新的大门。
- **与标题、讨论和引言部分相一致**。它们是同一个故事的一部分。

 审视你的结论部分。它们有多大的积极意义？它们的内容与你在摘要和引言中提出的主张一致吗？它们是否"打开了新的大门"？

关于结论的问答

问：如果研究不再继续，我们是否还应该在结论部分提及未来的研究？

答：最糟糕的事情是编造未来的研究，以便有东西可写。不过，你可以提到开放性研究问题。读者会明白，你的工作已经停止，你不打算继续研究这些问题，因此，正如他们所说的那样，这些问题是"有待解决的"。

问：对我来说，列举我的研究给读者带来的许多好处，感觉就像一连串以"此外"（in addition）、"再者"（moreover）、"更多"（futhermore）开头的句子……有没有更好的方法？

答：当你提到这些好处时，你可能想给读者一个时间框架：挂在枝头的成熟果实，可以立即采摘，不必再做其他事；绿色的果实，需要额外的研究才能成熟（也许是你的下一篇论文）；孕育着果实的花朵（你们课题组的长期研究工作）；等待其他蜜蜂授粉的花朵（不是你的课题组所做的工作）。

结论的衡量指标（如果你有结论）

（+）结论是有积极意义的。

（+）结论与摘要明显不同。

（+）结论比摘要稍长。

（+）结论没有宣布前文没有提出过的新的好处或发现。

（+）结论鼓励读者从贡献中受益或进一步开展工作。

（−）结论将局限性作为缺点，而不是作为改进的机会。

（−）结论与摘要差别不大。

（−）结论只是简单地重述了结果，如果含有对影响的表述，也是简单地复述摘要，没有详细说明。

下面是加分项：

（+++）读者能够从结论中重构标题。

© Jean-Luc Lebrun 2011

第二十章

热心学习者的额外资源

首先,我们要向你表示祝贺。如果你正在阅读本章,就说明你已经决定通过上网来进一步了解科技写作的技巧。我们花了多年时间探索互联网花园的丰富养料,收集了许多值得你注意的网站。如果有些资源看起来有点过时,请不要感到惊讶——当工程科学和生物科学飞速发展的时候,写作科学却明显更像一只乌龟。然而,它包含了丰富的内涵,使现代读者和作家受益匪浅,毫无疑问对未来的作者也是如此。所有的URL都是出版时测试过的。它们可能会随着时间的推移而改变,但你总能在图书网站上找到最新的列表:https://www.scientific-writing.com/the-bonus-page。

一旦你发表了论文,并被邀请在会议上介绍你的论文,你将需要一套新的技能。我们的科学演讲博客(scientific-presentations.com)将对你大有裨益。我们写的书《**当科学家演讲时——科学演讲的音频和视频指南**》(*When the Scientist Presents—An Audio and Video Guide to Science Talks*)也是如此。你可以在出版商的网站上找到它的页面:https://www.worldscientific.com/worldscibooks/10.1142/7198。

在发表了几篇论文之后,你可能希望把它们作为资本,开始撰写基金申请书，在这里，我们也可以提供帮助。我们编写了《*科学界年轻研究者的项目书写作和经费募集指南*》(*The Grant Writing and Crowdfunding Guide for Young Investigators in Science*) 一书，你可以在出版商的网站上找到：https://www.worldscientific.com/worldscibooks/10.1142/10526。关于项目计划书写作的进一步帮助，也可以在我们的博客上找到 (www.thesciencegrant.com)。

最后，在本书的前面，我们已经提到了（甚至引用了）让-吕克的最新著作：一本专门针对读者写作技巧的书。这本书：《*考虑读者*》(*Think Reader*) 对本书中的一些章节做了进一步的介绍。它可以在这里访问：https://www. amazon.com/THINK-READER-Writing-Reader-based-techniques/ dp/173389750X。

对于所有关于我们在全球进行的培训事宜，你也可以通过以下方式联系我们：www.scientificreach.com。

尾声：你未来的工作

我们的工作到此结束，而你的工作现在才开始。写一本书并不容易。有时，只有在重写和重读一个章节N次之后，它的结构才会最终出现。有时，一章的结构甚至在其内容出现之前就已经存在了，艰巨的工作包括寻找例子和比喻来使事情变得清晰。但有一点是不变的：重写得越多，你的论文就越清晰。波士顿动力公司总裁、卡内基梅隆大学和麻省理工学院的Leg实验室前负责人马克·H. 雷波特（Marc H. Raibert）令人难忘的话仍然在我耳边回响："好文章就是被重写的坏文章。"多么真实啊！

写作是很难的。为了避免使它变得更难，请尽快开始写你的论文。它将不那么痛苦，甚至有时会很愉快。刚开始时，你可以写一些较短的论文（如长摘要或给期刊的通讯）。你可以多写一些，而且有可能，有几篇会被接收。在这个过程中，一些好的审稿人会鼓励你，并指出你写作中的不足之处，而一些好的读者会告诉你，你在哪些方面缺乏清晰度。

本书的每一章都没有针对读者的练习。珍惜你的读者朋友。他们花时间阅读你的论文是他们给你的礼物。毫无保留地接受他们的意见，并怀着一颗感恩的心。感谢他们的帮助，并回报他们（作为法国人，我们建议给他们一瓶波尔多红酒作为回报，但也可以随意提供其他类型的酒）。不要把负面的评论看作针对个人的事；相反，把它们看作改进你写作的黄金机会。试图为自己辩解是毫无意义的，因为最终，**读者永远是对的**，特别是审稿人。只要注意到他们的评论和问题，并努力消除让他们感到有障碍的东西。不要争论。

让你的引言传达令人激动的研究，并让这种激动成为读者的动力，因为他们期待着你的研究开启的未来。向全世界展示科技论文的阅读趣味。创造期望，推动阅读前进，维持注意力，减少对读者记忆的要求。为了使阅读像丝绸一样顺滑，用你的努力作为蒸汽熨平草稿中的褶皱。

让我们以一份临别礼物结束。曾几何时，在一个以天鹅为国鸟、满是湖泊和白桦树的国家，一位曾经听过我们课程的天才研究员决定说服一些IT专业的硕士生，让他们相信这本书中的原理可以在一个免费的Java应用程序中进行编程。这个应用程序被称为SWAN——"科技写作助手"，该名称对这个国家来说很合适。好吧，这个首字母缩略词并不完美，而且如果有更好的替代品，我们也并不会满足于SWAN。

令人惊奇的是，2021年，在约恩苏大学网站上提供SWAN的11年后，SWAN仍然可以在Mac、PC和UNIX计算机上运行。它涵盖了你在本书第二部分各章结尾处看到的衡量指标。虽然界面可能看起来有点过时，但这个小程序已经证明自己对时间的流逝有相当大的适应力。在我们Scientific Reach公司在世界各地举办的写作班上，我们仍然使用SWAN。SWAN的用户界面并不完美，但其网站（http://cs.joensuu.fi/swan/index.html）提供了关于如何使用它的帮助视频链接。你的电脑上必须安装64位版本的Java才能运行它。

尽管SWAN不再被支持，但你可以通过我们的科学联系网站与我们联系。如果时间允许，我们也许可以帮助你。

祝你在研究领域的事业长久而繁荣，并祝愿写作的乐趣与你同在！